地表水自动监测数据审核技术

SURFACE WATER

DIBIAOSHUI
ZIDONG JIANCE SHUJU
SHENHE JISHU

中国环境监测总站／编

中国环境出版集团·北京

图书在版编目（CIP）数据

地表水自动监测数据审核技术 / 中国环境监测总站编 .
—北京：中国环境出版集团，2020.12（2022.5 重印）
ISBN 978-7-5111-4497-3

Ⅰ.①地… Ⅱ.①中… Ⅲ.①地面水—水质监测—
自动监测—数据管理 Ⅳ.① X832

中国版本图书馆 CIP 数据核字（2020）第 221647 号

出 版 人 武德凯
责任编辑 赵惠芬
责任校对 任 丽
装帧设计 彭 杉

出版发行 中国环境出版集团
（100062 北京市东城区广渠门内大街 16 号）
网 址：http://www.cesp.com.cn
电子邮箱：bjgl@cesp.com.cn
联系电话：010-67112765（编辑管理部）
010-67112736（第五分社）
发行热线：010-67125803，010-67113405（传真）
印 刷 北京中科印刷有限公司
经 销 各地新华书店
版 次 2020 年 12 月第 1 版
印 次 2022 年 5 月第 2 次印刷
开 本 787×1092 1/16
印 张 19
字 数 370 千字
定 价 108.00 元

《地表水自动监测数据审核技术》
编写指导委员会

主　　任：陈善荣　　吴季友

副 主 任：刘廷良　　景立新　　肖建军　　王业耀

委　　员：（以姓氏笔画为序）

王业耀　　刘廷良　　孙宗光　　李健军

肖建军　　吴季友　　陈善荣　　徐　琳

景立新

《地表水自动监测数据审核技术》
编写委员会

主　　编：刘　允　　姚志鹏　　杨　凯

副 主 编：陈亚男　　刘　京

编　　委：（以姓氏笔画为序）

王延军	王明翠	王　亮	亢福慧
曲桂玉	刘　允	刘　京	刘晓娟
刘喜惠	李东一	李芃芃	李苏山
李晓明	杨　凯	吴　赛	陈文鹏
陈亚男	陈　妲	陈　鹏	邵美琪
姜明岑	姚志鹏		

统　　稿：刘　允　　陈亚男

前　言

以习近平新时代中国特色社会主义思想为指导，坚定不移地贯彻落实习近平生态文明思想，不断改善生态环境质量是生态环境工作的必然要求。环境监测数据是生态环境质量的直观反映，是开展生态环境工作的基础和依据。

随着环境监测体制改革的深入进行，谋划新时代生态环境监测体系，按时完成地表水国家考核断面水质监测事权的上收是环境监测部门面临的重要课题。为确保监测数据“真、准、全”，加大环境监测信息公开力度，根据生态环境部的战略决策，我国今后的地表水环境质量监测工作将采用以自动监测为主、手工监测为辅的技术体系。2018 年，全国 2 050 个地表水国家考核断面上全面建设了水质自动监测站（以下简称“水站”），由中国环境监测总站（以下简称“总站”）负责统一建设与管理，真正实现了“国家考核、国家监测、数据共享”的管理目标。

为确保地表水环境质量监测数据真实有效，国控水站已构建了贯穿水站运行全过程的多级质控措施（包括日质控、周质控、月质控、盲样考核）和多维度质控体系，并对环境监测数据进行了严格的审核流程设计，经运维人员、省级及流域中心数据审核员和总站数据审核员三级审核，以确保入库数据的真实、有效。

影响环境监测数据有效性的原因多种多样，既有仪器反应原理、组成结构的原因，也有外部因素造成干扰的原因。数据审核人员应具备较高的业务能力、专业水平；不仅要掌握系统组成、仪表原理及其构造理论知识，还需具有丰富的现场运维经验，以确保准确地判断数据的有效性和问题原因。为此，我们编制了《地表水自动监测数据审核技术》，指导和帮助数据审核人员学习数据审核知识、掌握数据审核技巧、提高数据审核能力。同时，本书还可作为水站运维人员进行运维工作的参考书籍，有助于提升水站运维质量。

本书由刘允和姚志鹏制定编制大纲，统筹全书的编写工作。第一章“术语和定义”由刘京、吴赛等编写，第二章“地表水监测基本指标介绍”由李东一、陈妲等编写，第三章“数据审核技术要求”由刘允、刘晓娟等编写，第四章“质量控制体系”由陈亚男、陈鹏等编写，第五章“自动监测数据获取及存储”由姚志鹏、吴赛等编写，第六章“数据发布”由姚志鹏、李晓明等编写，第七章“自动监测水质评价与分析”由刘允、曲桂玉等编写，第八章“常见问题及典型数据审核实例”由姜明岑、陈亚男等编写。

本书受到国家水体污染控制与治理科技重大专项“国家水环境监测监控及业务化平台技术研究课题”（2017ZX07302002）的资助。

《地表水自动监测数据审核技术》由总站负责组织编写和审定，适用于国家地表水水质自动监测站的数据审核工作，其他地表水自动监测水站的数据审核可参照此书。

由于时间仓促，加之水平有限，书中难免会有不足之处，恳请读者批评指正。

目　录

1

术语和定义

1.1 有效数据

有效数据是指系统正常采样监测时段获取的经三级审核符合质量要求的水样数据。

1.2 无效数据

无效数据是指系统处于维护期间、不满足质控要求的区间、中心平台（国家水质自动综合监管平台，以下简称“平台”）未获取到或未通过审核的水样数据。

1.3 数据有效率

数据有效率是指考核时段内有效数据数量占理论应传数据数量的比例。

1.4 跨度

跨度是监测仪器根据监测项目的水质类别要求需满足的测量范围。

当监测项目的水质类别为Ⅰ～Ⅱ类时，跨度范围最大值通常采用Ⅱ类水质标准限值的 2 倍；为Ⅲ～Ⅴ类时，跨度范围最大值通常采用水质类别标准限值的 2 倍；总磷（湖、库）Ⅰ～Ⅲ类水跨度范围最大值通常为 0.2 mg/L；当监测项目无水质标准限值时，跨度范围最大值为监测项目上一周水质平均值的 2 倍。

1.5 零点核查

零点核查是指利用监测仪器测试浓度为跨度值 0～20% 的标准溶液，用以判断仪器可靠性的措施。

1.6 跨度核查

跨度检查是指利用监测仪器测试浓度为跨度值 20%～80% 的标准溶液，用以判断仪器可靠性的措施。

1.7　24 h 零点漂移

24 h 零点漂移是指监测仪器以 24 h 为周期，测试浓度为跨度值 0～20% 的标准溶液，仪器指示值在 24 h 前后的变化，具体示例如图 1-1 所示。

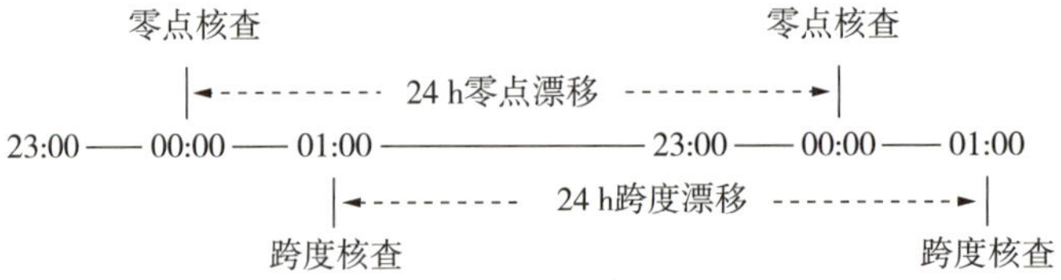

图 1-1　24 h 零点漂移和 24 h 跨度漂移检测方法示例

1.8　24 h 跨度漂移

24 h 跨度漂移是指监测仪器以 24 h 为周期，测试浓度为跨度值 20%～80% 的标准溶液，仪器指示值在 24 h 前后的变化，具体示例如图 1-1 所示。

1.9　多点线性核查

多点线性核查是指水质自动分析仪依次测试均匀覆盖跨度范围内的 4 个浓度的标准溶液，根据测试结果进行线性拟合，用以判断仪器可靠性的措施。

1.10　实际水样比对

实际水样比对是指比对实验所用水样应与自动监测仪器所分析的水样相同。若仪器需要过滤水样，则比对实验水样可采用相同过滤材料过滤（但不得改变水体中污染物的成分和浓度），并采用分样的方式，将一个样品分装至 2 个或 3 个采样瓶中，分别由自动监测仪器和实验室进行分析。

1.11　集成干预检查

集成干预检查是指系统开始采水时在采水口处人工采集水样，经预处理后取上清液摇匀直接经监测仪器测试，与系统自动监测的结果进行比对，用于检查系统集成对水样代表性的影响。

1.12 加标回收率自动测试

加标回收率自动测试是指每种水样按照以下检测方法进行加标回收率测试：仪器进行一次实际水样测定后，对同一样品加入一定量的标准溶液，仪器测试加标回收率，然后再测试一次样品，以加标前后水样的测定值计算回收率，以加标前后 2 次样品测定值计算仪器相对偏差。

1.13 日质控

日质控是指每日对测定高锰酸盐指数、氨氮、总磷及总氮的仪器所进行的零点检查和跨度核查。

1.14 周质控

周质控是指每周对测定 pH、溶解氧、电导率和浊度的仪器进行的标准溶液核查，考核仪器准确度是否符合要求。

1.15 月质控

月质控是指每月进行的多点线性核查、实际水样比对、集成干预检查及加标回收率自动测试。

2

地表水监测基本指标介绍

为协调水资源开发利用和保护、整体和局部的关系，确定该水域的功能及功能顺序，为水资源的开发利用和保护管理提供科学依据，以实现水资源的可持续利用，将水资源（本书中仅指地表水）根据水域的自然属性，结合经济社会需求，按功能区划分，是为水功能区划分。

各功能用水区域标准符合《水功能区划分标准》（GB/T 50594—2010），其中：

源头水：指符合《饮用水水源保护区划分技术规范》（HJ 338—2018）水源地标准的地表水。

饮用水水源区：指为城镇提供综合生活用水而划定的水域。

工业用水区：指为满足工业用水需求而划定的水域。

农业用水区：指为满足农业灌溉用水需求而划定的水域。

渔业用水区：指为满足鱼、虾、蟹等水生生物养殖需求而划定的水域。

景观娱乐用水区：指以满足景观、疗养、度假和娱乐需要为目的的江河湖库等水域。

各区域水质应满足相应功能需求。根据《地表水环境质量标准》（GB 3838—2002）规定，地表水环境质量应控制的基本项目主要有 24 项（见表 2-1），并依据地表水水域环境功能和保护目标，按功能高低依次划分为五类，分别为：

Ⅰ类主要适用于源头水、国家自然保护区；

Ⅱ类主要适用于集中式生活饮用水地表水水源地一级保护区、珍稀水生生物栖息地、鱼虾类产卵场、仔稚幼鱼的索饵场等；

Ⅲ类主要适用于集中式生活饮用水地表水水源地二级保护区、鱼虾类越冬场、洄游通道、水产养殖区等渔业水域及游泳区；

Ⅳ类主要适用于一般工业用水区及人体非直接接触的娱乐用水区；

Ⅴ类主要适用于农业用水区及一般景观要求水域。

对应地表水上述五类水域功能，将地表水环境质量标准基本项目标准值分为五类，不同功能类别分别执行相应类别的标准值。水域功能类别高的标准值严于水域功能类别低的标准值。同一水域兼有多类使用功能的，执行最高功能类别对应的标准值。实现水域功能与达功能类别标准为同一含义。

表 2-1　地表水环境质量标准基本项目标准限值　单位：mg/L

序号	项目		标准值				
			Ⅰ类	Ⅱ类	Ⅲ类	Ⅳ类	Ⅴ类
1	水温 /℃		人为造成的环境水温变化应限制在： 周平均最大温升≤1 周平均最大温降≤2				
2	pH（量纲一）		6～9				
3	溶解氧	≥	饱和率 90%（或 7.5）	6	5	3	2
4	高锰酸盐指数	≤	2	4	6	10	15
5	化学需氧量（COD）	≤	15	15	20	30	40
6	五日生化需氧量（BOD_5）	≤	3	3	4	6	10
7	氨氮（NH_3-N）	≤	0.15	0.5	1.0	1.5	2.0
8	总磷（以 P 计）	≤	0.02（湖、库 0.01）	0.1（湖、库 0.025）	0.2（湖、库 0.05）	0.3（湖、库 0.1）	0.4（湖、库 0.2）
9	总氮（湖、库，以 N 计）	≤	0.2	0.5	1.0	1.5	2.0
10	铜	≤	0.01	1.0	1.0	1.0	1.0
11	锌	≤	0.05	1.0	1.0	2.0	2.0
12	氟化物（以 F^- 计）	≤	1.0	1.0	1.0	1.5	1.5
13	硒	≤	0.01	0.01	0.01	0.02	0.02
14	砷	≤	0.05	0.05	0.05	0.1	0.1
15	汞	≤	0.000 05	0.000 05	0.000 1	0.001	0.001
16	镉	≤	0.001	0.005	0.005	0.005	0.01
17	铬（六价）	≤	0.01	0.05	0.05	0.05	0.1
18	铅	≤	0.01	0.01	0.05	0.05	0.1
19	氰化物	≤	0.005	0.05	0.2	0.2	0.2
20	挥发酚	≤	0.002	0.002	0.005	0.01	0.1
21	石油类	≤	0.05	0.05	0.05	0.5	1.0
22	阴离子表面活性剂	≤	0.2	0.2	0.2	0.3	0.3
23	硫化物	≤	0.05	0.1	0.05	0.5	1.0
24	粪大肠菌群 /（个 /L）	≤	200	2 000	10 000	20 000	40 000

各检测项目常用自动监测仪器、手工检测方法及检出限和检出精度等情况见表 2-2。

表 2-2 各检测项目常用自动、手工检测方法及检出限和检出精度

序号	项目	检测方法		方法检出限 /（mg/L）（方法推荐）		方法检出精度（方法推荐）	
		水质自动站	实验室检测	水质自动站	实验室检测	水质自动站	实验室检测
1	水温 /℃	热电阻法	温度计法	—	—	—	—
2	pH（量纲一）	玻璃电极法	玻璃电极法	—	—	—	—
3	溶解氧	电化学探头法	碘量法	—	—	—	—
4	高锰酸盐指数	高锰酸钾氧化 -ORP 电位滴定法	化学氧化法	0.5	0.5	0.01	0.01
5	化学需氧量（COD）	快速消解分光光度法	重铬酸盐法	5	4	0.001	0.001
6	五日生化需氧量（BOD_5）	稀释与接种法	稀释与接种法	2	2	0.5	0.5
7	氨氮（NH_3-N）	水杨酸分光光度法 / 氨气敏电极	纳氏试剂 / 水杨酸分光光度法	0.05	0.05/0.01	0.01	0.01
8	总磷（以 P 计）	钼酸铵分光光度法	钼酸铵分光光度法	0.01	0.01	0.01	0.01
9	总氮（湖、库，以 N 计）	过硫酸钾紫外分光光度法	碱性过硫酸钾消解 - 紫外分光光度法	0.1	0.05	0.01	0.01
10	铜	阳极溶出伏安法	原子吸收分光光度法	0.000 1	0.001	0.001	0.001
11	锌	原子荧光法	原子吸收分光光度法	0.05	0.05	0.01	0.01
12	氟化物（以 F^- 计）	离子选择电极法	离子选择电极法 / 离子色谱法	0.05	0.05/0.02	0.001	0.001
13	硒	原子荧光法	石墨炉原子吸收分光光度法	0.000 4	0.003	0.01	0.001

续表

序号	项目	检测方法		方法检出限 /（mg/L）（方法推荐）		方法检出精度（方法推荐）	
		水质自动站	实验室检测	水质自动站	实验室检测	水质自动站	实验室检测
14	砷	二乙基二硫代氨基甲酸银分光光度法 / 原子荧光法	二乙基二硫代氨基甲酸银分光光度法	0.007/0.000 3	0.007	0.01	0.001
15	汞	原子荧光法	冷原子吸收分光光度法	0.000 04	0.000 05	0.000 01	0.000 01
16	镉	阳极溶出伏安法 / 原子荧光法	螯合萃取法	0.001	0.001	0.000 1	0.001
17	铬（六价）	二苯碳酰二肼分光光度法	二苯碳酰二肼分光光度法	0.01	0.004	0.001	0.001
18	铅	阳极溶出伏安法 / 原子荧光法	螯合萃取法	0.005	0.01	0.000 1	0.01
19	氰化物	吡啶 - 巴比妥酸比色法	吡啶 - 巴比妥酸比色法	0.002	0.002	0.001	0.001
20	挥发酚	4- 氨基安替比林分光光度法	4- 氨基安替比林分光光度法	0.002	0.002	0.001	0.001
21	石油类	红外分光光度法	红外分光光度法	0.01	0.01	0.01	0.01
22	阴离子表面活性剂	亚甲基蓝分光光度法	亚甲基蓝分光光度法	0.004	0.005	0.001	0.001
23	硫化物	亚甲基蓝分光光度法	亚甲基蓝分光光度法	0.004	0.004	0.001	0.001
24	粪大肠菌群 /（个 /L）	多管发酵法	酶底物法	1（个）	10（个）	1	10

2.1　水温

一般来说，水生生物中鱼类对水温的变化相对敏感，大幅度的温度升降会对水生生物造成影响，严重的可以致死（见表 2-3）。水温还可以通过影响水中氧气含量、生物耗氧量以及水中某些物质（如氰化物）的毒性进而影响水生生物的生存能力和水质。温度升高 10℃，水体中的氰化物对鱼类可产生双倍毒性，同时水中鱼类的耗氧量也增加近 2 倍。另外，水温也影响水体的自净能力。

表 2-3　几种鱼类对温度的忍耐极限　　单位：℃

鱼类名称	最低值	生长最佳值	最高值
小狗鱼	0	25.4	34.4
鲦鱼	0	27	33.4
鲇鱼	0	30	37.1
翻车鱼	≤2.5	27.5	35.7
欧洲黑鲈鱼	≤1.6	27	36.5
克勒皮鱼	—	≈ 23	32.5
河鲈	0	24.2	30.9
均值	0	26.3	34.4

水体温度的变化能够改变水生植物群落，稳定的人为温度变化能够改变原有的水生生态系统，短期的人为水温波动会引起鱼类和无脊椎动物的繁殖减少。

在地表水自动监测系统中，水温常用其他仪表（pH、溶解氧等测量仪）内置的温度元件进行测量，常用的温度元件有热敏电阻和热电阻（见图 2-1）。

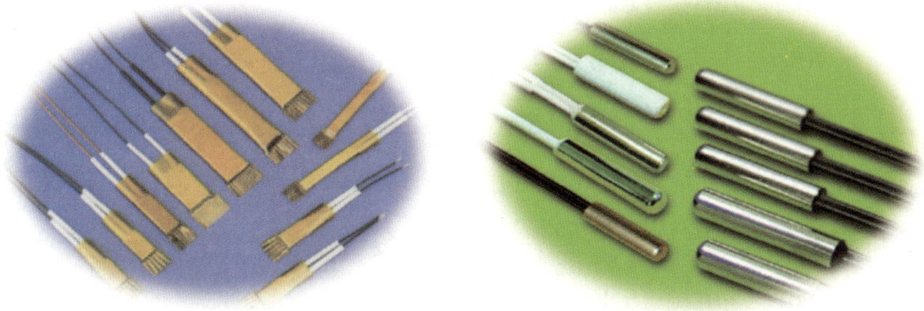

热敏电阻　　热电阻

图 2-1　常见温度元件

2.1.1 热敏电阻

热敏电阻是利用半导体的热敏性制成的电阻，采用 NTC 温度探头法进行监测。在一定的测量功率下，NTC 热敏电阻的电阻值随着温度上升而迅速下降。

2.1.2 热电阻

热电阻是中低温区最常用的一种温度检测器，其主要特点是测量精度高、性能稳定。其中铂热电阻的测量精确度是最高的，它不仅广泛应用于工业测温，而且被制成标准的基准仪。

2.2 pH

pH 为控制水体酸碱性的一般化学指标，通常采用玻璃电极法检测，以 $-\lg[H^+]$ 计。

水体的酸碱性不仅直接影响水生生物的生存状态，而且可以通过影响水中弱酸、弱碱的电离平衡进而影响某些毒性物质（如氰化物等）的浓度。pH 对于生活、工业用水处理工艺的影响也比较大。较极端的 pH 不仅有腐蚀性，而且也影响水处理工艺结果。此外，农业灌溉用水也需将 pH 限制在一定范围，以防土壤酸化或碱化。

评价水质 pH 对水生生物的影响，一般以与人类关系最为密切且分布广泛的鱼类作为代表物种。从现有资料来看［欧洲内陆渔业咨询委员会、美国国家环境保护局（EPA）保护淡水水生物基准］，pH 为 6.5～9.0 能够充分保证水生生物的良好生存，超过这一范围，鱼类将受到不同程度的不良影响。

在适应水处理工艺及工农业用水用途上，pH 为 5.0～9.0 的源水可用于水处理厂的常规工艺流程，pH 为 4.5～9.0 的源水能够较好地避免灌溉水的不良影响。

在地表水自动监测系统中，pH 一般采用玻璃电极法进行测量。玻璃电极是将指示电极和参比电极组装在一个探头壳体中的复合电极。电极测 pH 是通过测量测量电极和参比电极之间的电位来实现的，如图 2-2 所示。

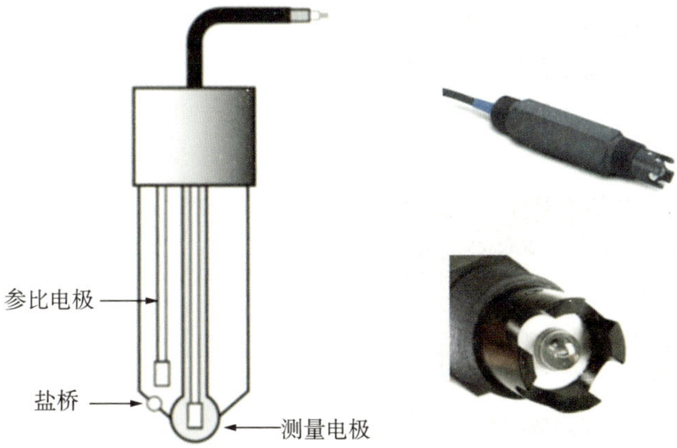

图 2-2 pH 电极结构示意图

电极在接触溶液时，其玻璃膜上会形成一个随 pH 变化而变化的电势，且该电势需另一个恒定的电势来进行比较，这个恒定电势是由参比电极来提供的，它不会因溶液中 pH 的大小而变化。

pH 电极不应暴露在空气中，暴露在空气中会造成其使用寿命缩短，使电极失效。pH 电极的具体保存方法应严格遵照说明书，置于蒸馏水或电解液中。

2.3 溶解氧

2.3.1 概述

溶解氧是指溶解在水中的分子态氧，是水体感官指标及保护水生生物生存的指标。

天然水的溶解氧含量取决于水体与大气中氧的平衡，当水中的溶解氧降低到一定程度以后，不仅造成水体内鱼类等动物缺氧死亡，而且造成厌氧菌大量繁殖，进而造成水体黑臭，释放甲烷、硫化氢等有毒气体。溶解氧也可以用来指示水体中可被生物利用的有机物残留量是否符合水质要求。

当水中溶解氧浓度为 3 mg/L 以下时，鱼的进食将减少或停止。参考 EPA 的标准，4 mg/L 的溶解氧是保障一个鱼群生存的最低浓度，对于绝大多数鱼类来说，为保证其胚胎和幼体的存活与生长，水体中的溶解氧浓度最低应维持在 5 mg/L 左右。故Ⅳ类水质标准的溶解氧浓度为 3 mg/L，可保证鱼类维持正常生存，Ⅴ类水将溶解氧浓度标准定为 2 mg/L，可以保证鱼类不发生急性死亡。

溶解氧的饱和含量和空气中氧的分压、大气压、水温等有密切关系，清洁的地表水溶解氧一般接近饱和。

以下给出水中氧的溶解度与温度和压力的关系。

2.3.1.1 作为温度和含盐量函数的氧的溶解度

①表 2-4 中第二栏给出纯水中氧的溶解度，以每升水中氧的毫克数表示，纯水存在被水蒸气饱和的空气，空气中含有 20.94% 的氧，气压为 101.3 kPa。

②表 2-4 中第三栏给出含盐量为 1 g/L 时氧溶解度的变化量。

表 2-4 温度和含盐量函数的氧的溶解度

温度 / ℃	溶解氧 /（mg/L）	溶解氧的变化量 /（mg/L）	温度 / ℃	溶解氧 /（mg/L）	溶解氧的变化量 /（mg/L）
0	14.64	0.092 5	20	9.08	0.048 1
1	14.22	0.089 0	21	8.90	0.046 7
2	13.82	0.085 7	22	8.73	0.045 3
3	13.44	0.082 7	23	8.57	0.044 0
4	13.09	0.079 8	24	8.41	0.042 7
5	12.74	0.077 1	25	8.25	0.041 5
6	12.42	0.074 5	26	8.11	0.040 4
7	12.11	0.072 0	27	7.96	0.039 3
8	11.81	0.069 7	28	7.82	0.038 2
9	11.53	0.067 5	29	7.69	0.037 2
10	11.26	0.065 3	30	7.56	0.036 2
11	11.01	0.063 3	31	7.43	—
12	10.77	0.061 4	32	7.30	—
13	10.53	0.059 5	33	7.18	—
14	10.30	0.057 7	34	7.07	—
15	10.08	0.559 0	35	6.95	—
16	9.86	0.054 3	36	6.84	—
17	9.66	0.052 7	37	6.73	—
18	9.46	0.051 1	38	6.63	—
19	9.27	0.496 0	39	6.53	—

2.3.1.2 大气压力或海拔高度的校正

如果大气压 p 不是 101.3 kPa，那么溶解度 C_s'' 可由 101.3 kPa 的 C_s 值通过式（2-1）计算而求得。

$$C_S'' = C_s \times \frac{p - p_W}{101.3 - p_W} \tag{2-1}$$

式中：p_W——在选定温度下和空气接触时，水蒸气的压力，kPa。

大气压为 77.5～110 kPa，间隔为 0.5 kPa，C_S'' 值以每升中氧的毫克数表示，在 GB 11913—89 附录 A 的表 A3 中给出。

海拔高度函数的平均大气压值可用式 2-2 计算：

$$\lg p_h = \lg 101.3 - \frac{h}{18\,400} \tag{2-2}$$

式中：p_h——海拔高度为 h（以 m 计）时的平均大气压，kPa。

表 2-5 给出了部分海拔高度和平均大气压的对应值。

表 2-5 海拔高度和平均大气压的对应值

海拔高度 h/m	p_h/kPa	海拔高度 h/m	p_h/kPa
0	101.3	1 100	88.3
100	100.1	1 200	87.2
200	98.8	1 300	86.1
300	97.6	1 400	85.0
400	96.4	1 500	84.0
500	95.2	1 600	82.9
600	94.0	1 700	81.9
700	92.8	1 800	80.9
800	91.7	1 900	79.9
900	90.5	2 000	78.9
1 000	89.4	2 100	77.9

2.3.2 分析原理

目前，溶解氧的在线检测方法主要有电化学法（Clark 溶氧膜电极）、荧光淬灭法等。

2.3.2.1　电化学法（膜电极法）

电化学法是以电流测定法根据分子氧透过薄膜的扩散速率来测定水中溶解氧的含量。整个电化学测试系统由一个金阴极（工作电极 A）、两个银电极（其中一个银电极为计数阳极 G，另一个为参考电极 R）及氯化钾或氢氧化钾电解液组成（见图 2-3）。

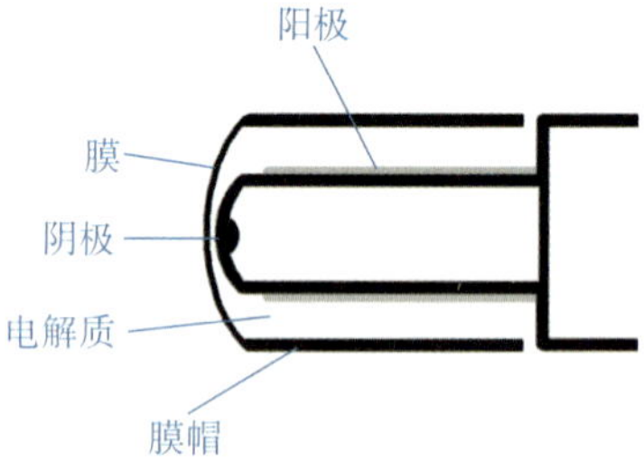

图 2-3　电化学法（Clark 溶氧膜电极）示意图

当给溶解氧电极加上极化电压时，分子氧通过膜扩散到电解液中，阴极释放电子，阳极接受电子，产生电流。

根据法拉第定律：流过溶解氧分析仪电极的电流和氧分压成正比，在温度不变的情况下，电流和氧浓度之间呈线性关系。

溶解氧电极用一选择性薄膜将铂阴极、银阳极以及电解质与外界隔开，氧气和一定数量的其他气体及亲液物质可透过这层薄膜，但水和可溶性离子几乎不能透过，一般情况下阴极几乎是和这层膜直接接触的。氧以和其分压成正比的比率透过膜扩散，氧分压越大，透过膜的溶解氧就越多。溶解氧不断地透过膜渗入腔体，在阴极上还原而产生电流，此电流和溶解氧浓度直接成正比，只需将测得的电流转换为浓度单位即可。

2.3.2.2　荧光法

荧光法溶解氧传感器的工作原理是基于荧光淬灭原理。光电传感器向荧光层发射蓝色脉冲光，蓝色脉冲光照射到荧光物质上使荧光物质激发并发出红光，由于氧分子可以带走能量（淬灭效应），所以激发红光的时间和强度与氧分子的浓度成反比（见图 2-4）。

通过测量激发红光与参比光的相位差或测定达到相同光强所花时间，并与内部标定值对比，从而可计算出氧分子的浓度。传感器可以计算流体温度和大气压。

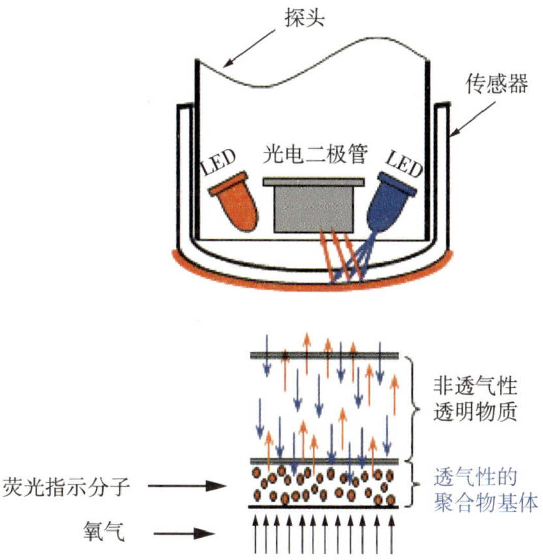

图 2-4 荧光淬灭法示意图

2.4 化学需氧量

化学需氧量（Chemical Oxygen Demand，COD_{Cr}）是指水体中易被强氧化剂（重铬酸盐）氧化的还原性物质所消耗的氧化剂的量，结果折算成氧的量（以 mg/L 计），是评价水体污染程度的重要综合指标之一，在一定程度上反映水体受还原性物质（有机污染物）污染的情况。化学需氧量浓度高的废水进入自然水体后，消耗自然水体中的溶解氧，水体的复氧能力不能满足要求，导致除微生物外几乎所有生物的死亡，水体发黑、发臭，从而影响周边环境。

根据中国淡水渔业研究中心的试验结果，分别选取有代表性的幼鳗、鳝鱼和中华绒螯蟹作为实验对象进行水生生物毒性试验，得出水中 COD_{Cr} 的安全指标浓度分别为 50 mg/L、59.5 mg/L 和 42 mg/L。一般认为，将水中 COD_{Cr} 浓度控制在 40 mg/L 以下，对大多数鱼类和水生生物都比较安全。

化学需氧量反映了水体受还原性物质污染的程度，水中还原性物质包括有机物、亚硝酸盐、亚铁盐、硫化物等。水体被有机物污染是很普遍的现象，化学需氧量是能够反映有机物相对含量的指标之一，只能反映能被氧化的有机物污染情况，而不能反映多环芳烃、PCB、二噁英类等的污染状况。化学需氧量是我国实施水污染物排放总量控制的指标之一。

2.5 高锰酸盐指数

2.5.1 概述

高锰酸盐指数是指在一定条件下，用高锰酸钾氧化水样中的某些有机物及无机还原性物质，由消耗的高锰酸钾量计算耗氧量，单位为毫克氧 / 升（O_2，mg/L），与化学需氧量一样，高锰酸盐指数也反映了水体受还原性物质污染的程度。由于高锰酸盐很难将一些有机酸、苯、纤维素和氨基酸等有机化合物氧化，因此参考目前国内水质情况，其主要适用于地表水监测，而不适用于测定工业废水中有机污染物的耗氧量。

通过鳗鱼、鳝鱼和中华绒螯蟹对水中 COD_{Mn} 耐受度实验验证，水中的安全浓度指标分别是 COD_{Mn} 19.9 mg/L、23.8 mg/L 和 16.8 mg/L。在确定高锰酸盐指数水质浓度标准时，参考类似实验将Ⅴ类水质标准确定为 20 mg/L，使多数鱼类不至出现急性死亡。

根据水体中氯离子含量不同，高锰酸盐指数测定分为酸性法和碱性法，常规地表水一般采用酸性法测定，当水样中氯离子浓度大于 300 mg/L 时，则需采用碱性法测定。

2.5.2 分析原理

高锰酸盐指数自动分析仪采用的方法原理主要有两种：高锰酸盐氧化－比色滴定法、高锰酸盐氧化 -ORP 电位滴定法。

水样进入仪器的反应室后，加入硫酸（碱性法测定时加入氢氧化钠）和定量的高锰酸钾，加热到一定温度进行消解，消解完成后加入过量草酸钠（碱性法测定时先加入硫酸酸化）还原剩余的高锰酸钾，然后缓慢加入高锰酸钾标准溶液进行滴定，直至将多余的草酸钠全部氧化，此时根据溶液的 ORP 电位值（电极检测法）变化或者溶液颜色（分光光度法）的变化来判定滴定终点，并计算水样高锰酸盐指数的测定值。

2.6 五日生化需氧量

很多工业废水及生活污水中含有较多的有机物（如油脂、含氮化合物或含碳化合物等），这些有机物大量排放进入水体后容易引起好氧微生物大量繁殖，消耗水体内的氧气，造成其他水生生物的生存危机。

五日生化需氧量（BOD_5）是控制水体有机物污染的指标，是指水中的有机物在 20℃下经 5 日生物作用所消耗的溶解氧量，间接反映了水中可生物降解的有机物的量。通常采用稀释接种法测定，以 mg/L 计。

2.7 氨氮

2.7.1 概述

水体中的氮是指以氨（NH_3）或铵离子（NH_4^+）形式存在的化合氨。

水中的氮主要以氨氮、硝酸盐氮、亚硝酸盐氮和有机氮等几种形式存在。氨氮是各类型氮中影响最大的一种形态，是水体受到污染的标志，其对水生态环境的危害表现在多个方面。与化学需氧量一样，氨氮也是水体中的主要耗氧污染物，氨氮氧化分解消耗水中的溶解氧，导致水体发黑、发臭。氨氮中的非离子氨是毒害水生生物的主要因子，其毒性比铵盐大几十倍。在氧气充足的情况下，氨氮可被微生物氧化为亚硝酸盐氮，进而分解为硝酸盐氮，亚硝酸盐氮与蛋白质结合生成亚硝胺，会致癌和致畸。同时，氨氮是水体中的营养素，可为藻类生长提供营养源，增加水体富营养化发生的概率。3 种含氮化合物在水中出现所代表的意义见表 2-6。

表 2-6　3 种含氮化合物在水中出现的意义

氨氮	亚硝酸盐	硝酸盐	意　义
+	—	—	最近被污染
+	+	—	最近被污染，分解在进行
+	+	+	以前被污染，已开始分解并仍有新污染
—	+	+	水体中污染物已分解，趋向自净
+	—	+	旧的污染分解已完成，现又有新的污染

续表

氨氮	亚硝酸盐	硝酸盐	意 义
—	+	—	污染物已分解，但未完全自净或硝酸盐氮还原成亚硝酸盐氮
—	—	+	水中污染物都已分解并达到净化
—	—	—	清洁水体

在一系列研究中发现，水体的 pH 和温度对氨的毒性影响非常大，主要与氨在水中的具体形态有关，NH_4^+ 的毒性约是非离子氨的 1%，且二者可以联合毒性的形式来描述 pH 及温度对氨毒性的影响。pH 的增加使总氨表现出更大的毒性，温度也对氨的毒性有较大影响，5℃时非离子氨对鱼类的毒性是 25℃时的 4 倍。EPA 在制定标准时，区分了不同温度与 pH 下的毒性变化，换算成总氮标准，见表 2-7。

表 2-7 美国总氮基准（1986） 单位：mg/L

pH	总氮基准					
	5℃	10℃	15℃	20℃	25℃	30℃
6.5	2.4	2.2	2.2	1.49	1.04	0.73
7.0	2.4	2.2	2.2	1.49	1.04	0.74
7.5	2.4	2.2	2.2	1.50	1.05	0.74
8.0	1.44	1.37	1.33	0.93	0.66	0.47
8.5	0.47	0.45	0.44	0.32	0.23	0.17
9.0	0.16	0.16	0.16	0.13	0.10	0.08

可以看出，在低 pH 和低水温条件下，由于考虑了它们对 NH_4^+ 的毒性影响，总氮的基准值更加严格。

《地表水环境质量标准》中Ⅰ类标准值参考了美国氨氮基准最小值，为 0.15 mg/L，其他定类参考对应级别水质功能，并与总氮标准值相协调。

2.7.2 分析原理

在地表水自动监测系统中，常用的氨氮测定方法有水杨酸 / 纳氏试剂分光光度法、电极法、气相分子吸收法等。

2.7.2.1 水杨酸分光光度法

在碱性介质（pH=11.6）中，亚硝基铁氰化钠［$Na_2(Fe(CN)_5)NO$］· $2H_2O$ 存在

下，水中的氨、铵离子与水杨酸盐和次氯酸离子反应生成蓝色化合物，在 697 nm 波长处具最大吸收，用分光光度计测量其吸光度。

2.7.2.2　纳氏试剂分光光度法

碘化汞和碘化钾的碱性溶液与氨反应生成淡黄棕色胶态化合物，其色度与氨氮含量成正比，通常可在波长 410～425 nm 范围内测其吸光度，计算其含量。

水中的游离氨或铵盐，与纳氏试剂作用，根据不同的氨浓度形成淡黄、深黄到红棕色的络合物，可在 420 nm 波长处测其吸光度，计算其含量。

分光光度法氨氮测试流程见图 2-5。

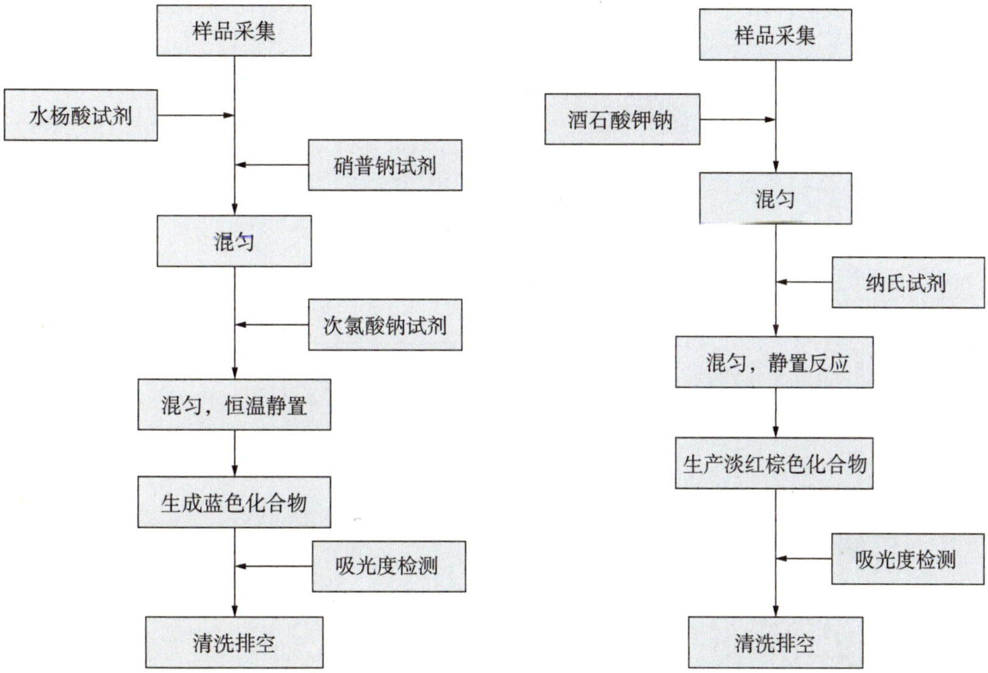

（a）水杨酸分光光度法测试流程　（b）纳氏试剂分光光度法测试流程

图 2-5　分光光度法氨氮测试流程

2.7.2.3　电极法

氨气敏电极为复合电极，以 pH 玻璃电极为测量电极，银 - 氯化银电极为参比电极。电极对放置于盛有 0.1 mol/L 的氯化铵电解液的塑料管中，管端部紧贴指示剂电极敏感膜处装有疏水半渗透膜，使内电解液与外部试液隔开，半透膜与 pH 玻璃电极之间有一层很薄的液膜。在水样中加入强碱溶液将 pH 提高到 11 以上，使水样中的铵盐转化为氨（$NH_4^+ + OH^- = NH_3 + H_2O$），生成的氨由于扩散作用通过半渗透膜（水和其他粒子则不能通过），使氯化铵电解液膜层内 $NH_4^+ = NH_3 + H^+$ 的反应向左移动，引起氢离子浓度改变，由 pH 玻璃电极测得其电压变化，pH 的变化量正比于氨氮的浓度。电极法氨氮测试流程见图 2-6。

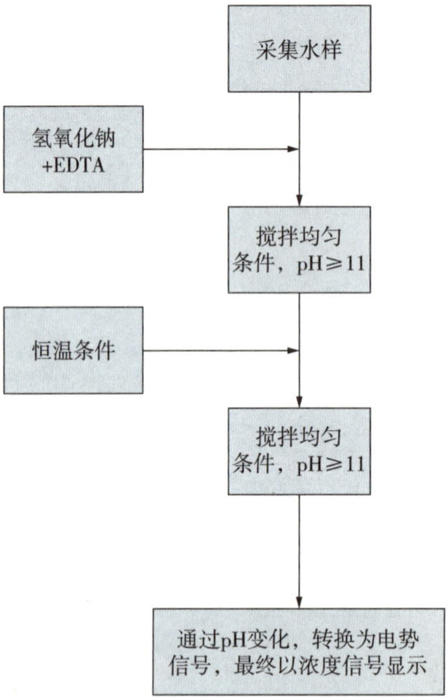

图 2-6 电极法氨氮测试流程

2.8 总磷

2.8.1 概述

总磷（TP）是指水样经消解后将各种形态的磷转变成正磷酸盐后测定的结果，以每升水样含磷毫克数计量。水中的总磷含量是衡量水质的重要指标之一。水中磷可以元素磷、正磷酸盐、缩合磷酸盐、焦磷酸盐、偏磷酸盐和与有机团结合的磷酸盐等形式存在，其主要来源为生活污水、化肥、有机磷农药及近代洗涤剂所用的磷酸盐增洁剂等。

水体中含磷过高会引起藻类及其他浮游生物迅速繁殖，形成水华，导致水中含氧量急剧下降。研究人员普遍认为能被植物直接吸收的含磷物质是正磷酸盐态磷，故水体中所有能被氧化转变为正磷酸盐的各种形态磷均应作为营养源考虑。

进入水生系统的磷相对较难去除，水中磷酸盐可被藻类和其他高等水生植物利用，多余的也可贮存于植物细胞中。随着细胞分解，部分磷会被释放进入环境参与循环，部分随沉积物沉降。当水体中总磷超过一定标准后，会刺激藻类和其他水生植物过剩生长或有害生长，给水体带来不良感官影响并改变供水的化学特性。一般湖泊专家认为发生富营养化的水体中磷浓度在 0.02 mg/L 左右，该值远低于我国富营养化湖泊中的磷浓度。磷酸盐含量过高还会干扰水处理厂的处理工艺。

因为河流、湖泊水体的交换量、分层等情况差异很大，而且国内外对水体富营养化的评价角度和指标也不尽相同。目前，我国地表水受污染情况也比较普遍，考虑我国水质实际情况，并根据不同水体的不同流动性使得水体内水生植物生长条件及生长能力不同，对水体的富营养化影响程度也不同，制定了相关的总磷标准。

2.8.2 分析原理

总磷自动测定仪器一般使用钼酸铵分光光度法，是在中性条件下用过硫酸钾使试样消解，将所含磷全部氧化为正磷酸盐。在酸性介质中，正磷酸盐与钼酸铵反应，在锑盐存在下生成磷钼杂多酸后，立即被抗坏血酸还原，生成蓝色的络合物。该蓝色络合物在 700 nm 波长处有最大吸收。该方法适用于地表水、地下水、工业废水和生活污水中总磷含量的测定。总磷测试流程见图 2-7。

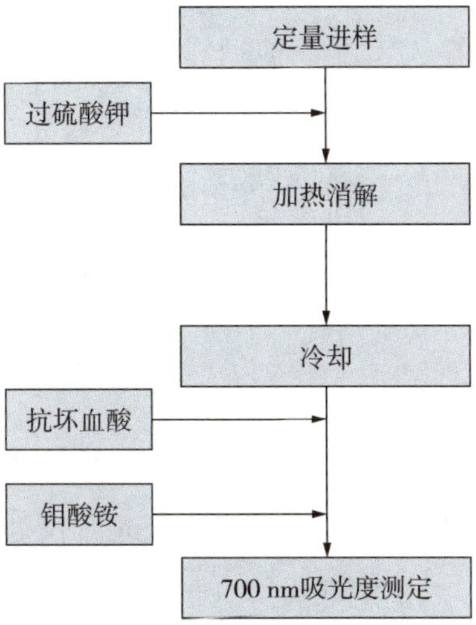

图 2-7　总磷测试流程

2.9 总氮

2.9.1 概述

总氮（TN）是水体中各种形态的有机氮和无机氮的总称，即硝酸盐氮、亚硝酸盐氮、氨氮等无机氮与有机氮的总称，以每升水含氮毫克数计算（mg/L）。总氮常被用来表示水体受营养物质污染的程度。水体中的有机氮和无机氮有很多，如 NH_4^+、NO_3^-、NO_2^- 等无机氮及蛋白质、有机胺、氨基酸等有机氮，这些都是水体中氮的主要表现形式。

水体的总氮含量是衡量水质的重要指标之一，其测定有助于评价水体被污染程度和自净状况。地表水中氮、磷物质超标时，微生物大量繁殖，浮游生物生长旺盛，出现富营养化状态。

富营养化是指因水体中 N、P 等植物必需的矿物质元素含量过多而造成水质恶化的现象。水体中含有适量的 N、P 等矿物质元素，这是藻类植物生长发育所必需的。但是，如果这些矿物质元素大量进入水体，就会使藻类植物和其他浮游生物大量繁殖。这些生物死亡以后，先被需氧微生物分解，使水体中溶解氧的含量明显减少。接着，生物遗体又会被厌氧微生物分解，产生出硫化氢、甲烷等物质，致使鱼类和其他水生生物大量死亡。发生富营养化的湖泊、海湾等流动缓慢的水体，因浮游生物种类的不同而呈现出蓝、红、褐等颜色。富营养化发生在池塘和湖泊中叫作“水华”，发生在海水中叫作“赤潮”。池塘和湖泊的富营养化不仅影响水产养殖业，而且会使水中含有亚硝酸盐等致癌物质，严重影响人畜的饮水安全。

因此，制定标准时参考了总磷的评价角度，并结合国内具体情况，限制了湖库水体中的总氮含量。

2.9.2 分析原理

在 120～124℃条件下，碱性过硫酸钾溶液使样品中含氮化合物的氮转化为硝酸盐，采用紫外分光光度法于 220 nm 和 275 nm 波长处，分别测试吸光度 A_{220} 和 A_{275}，按式（2-3）计算校正吸光度 A，总氮（以 N 计）含量与校正吸光度 A 成正比。

$$A=A_{220}-2\times A_{275} \tag{2-3}$$

硝酸盐在 220 nm 波长处有最大吸收，水样中的有机物也在 220 nm 波长处有吸收，所以需要将有机物的干扰除去。由于硝酸盐在 275 nm 波长处几乎没有吸收，但有机物在 275 nm 波长处还有吸收，所以用 220 nm 波长处吸光度减去 275 nm 波长处吸光度的 2 倍，以得到校正吸光度 A。

2.10 铜

铜是水质感官指标及水生物毒性指标，国家标准方法为 2,9- 二甲基 -1,10- 菲啰啉分光光度法。通常采用螯合萃取法测量最终产物吸光度以确定其含量，以“mg/L”计。

铜是人体必需的微量元素，缺铜会发生贫血、腹泄等症状，但过量摄入铜会产生危害。铜对水生生物的危害较大，铜离子会因为其他金属离子的竞争而在不同硬度的水中显示不同程度的毒性，另外也会因为被水中的阴离子络合影响毒性。铜对水生生物的毒性受水体碱度影响较大，当碱度未知时可以考虑水体硬度。许多水生生物在碱度高或有机物含量高的水体中可以耐受更高的环境铜浓度。

经试验测定，对多种水生生物不产生有害影响的铜浓度为 5～15 μg/L。而以目前研究来看，没有发现铜对人体有明显的毒理学影响，限制的目的主要是出于感官需要，在浓度标准以下时水体不会产生特殊味道。

2.11 锌

锌是水质感官指标及水生物毒性指标，国家标准方法采用原子吸收分光光度法测量，以“mg/L”计。

锌也是人体必不可少的有益元素，每升水含数毫克锌对人体和温，对动物无害，但对鱼类和其他水生生物影响较大。

锌在水中的毒性受水体硬度、氧含量和温度等影响，温度升高和溶解氧下降都会增加锌的毒性，较高浓度的锌会产生慢性毒性引起鱼类多器官衰弱和组织变化，影响鱼类生长和成熟。常温静水测试条件下，多种鱼类在 $CaCO_3$ 含量为 50 mg/L 左右的水体中对锌的 24 h 平均耐受量（TL_{50}，24 h）为 0.28～14.3 mg/L，耐受能力在

一定范围内随 $CaCO_3$ 含量升高而有所上升。总体来说，除极软水外，锌对鱼类的安全浓度约为 0.1 mg/L。

2.12 氟化物

氟化物是针对人体健康设置的毒理指标。国家标准方法为离子色谱法，而在线监测产品通常采用离子选择电极法测量氟化物，以水中“F^- mg/L”计。

低量的氟有利于儿童生长，还可预防龋齿，但摄入过多就会与人体中的钙产生拮抗作用，影响细胞酶系统、破坏钙磷代谢平衡引起氟中毒。氟化物广泛存在于自然界水体中，有色冶金、钢铁和铝加工、焦炭、玻璃、陶瓷、电子、电镀、化肥等行业的废水中常常存在氟化物。

成人每天摄入 0.3～4.5 mg 的含氟化合物（以 F^- 计），其中约 35% 来自食物，65% 来自饮用水。饮用水中含氟量为 0.5～1.0 mg/L 时，龋齿和氟斑牙发病率最低，无氟骨症发生；含氟量高于 1.0 mg/L 时，随着水中含氟量升高，氟斑牙发病率上升，当含氟量大于 4 mg/L 时氟骨症发病率逐渐增加。而且水中含氟量超过 1.5 mg/L 时，不仅对农作物有害，还可能在农作物中积累。

2.13 硒

硒是针对人体健康设置的毒理指标。国家标准方法推荐采用石墨炉原子吸收分光光度法。一般采用 2,3- 二氨基萘荧光法测定水中总硒，以“mg/L”计。

硒是人体必需的微量元素，适量摄入对维持人体正常生长具有重要意义，但过量摄入会引起中毒。人体对硒的摄入几乎都来自食物，每日摄入量超过 0.07 mg/L 时会出现中毒症状。

美国相关文献已经证实，当亚硒酸钠浓度为 2.0 mg/L 时，18～46 d 会使鲫鱼致死（俄亥俄河流域水质卫生管理委员会，1950）。EPA 建议酸可溶性硒的 4 d 平均浓度，平均每 3 年不能多次超过 10 μg/L，1 h 平均浓度平均每 3 年不能多次超过 190 μg/L。参考相关基准，可认为水中四价硒含量在 0.01 mg/L 以下时对包括敏感种类在内的各种鱼类都是安全的。

2.14 砷

砷是针对人体健康及水生物毒性设置的毒理指标，国家标准方法采用二乙基二硫代氨基甲酸银分光光度法测量。一般采用冷原子荧光法测量水中砷总量，以“mg/L”计。

元素砷毒性极低，而砷的化合物均有剧毒，三价砷化合物比其他砷化物毒性更强。砷化物容易在人体内积累，造成急性或慢性中毒，而且水体中的砷难以降解，是公认的致癌物。

水环境中的砷多以三价或五价形态存在，可能是有机态也可能是无机态。这些化合物对水生生物和农作物都会有较大毒性。灌溉水中砷含量超过 0.5 mg/L 时，作物不同部位砷的残留量均有所增加，土壤中也会有不同程度的积累。EPA 1985 年制定的三价砷 4 d 慢性毒性平均浓度基准为 0.19 mg/L，我们将相关总砷标准确定为 0.05 mg/L 来保护水生生物相对安全，水中砷含量允许的最高限值定为 0.1 mg/L 以保证最基本的农用灌溉水安全。

2.15 汞

汞及其化合物均属于剧毒物质，是针对人体健康及水生生物毒性设置的毒理指标。国家标准方法采用冷原子吸收分光光度法，以“水中汞总量 mg/L”计。

各种形态的汞，无论是金属汞、无机汞，还是有机汞均都会对人类健康造成巨大危害。一次性摄入超量的汞会引起急性汞中毒，长时间微量摄入汞会在人体内积累引起慢性中毒。水生生物对汞也有较强的富集作用，可以通过食物链进入人体。此外，汞在水环境中不易降解。

水环境中的某些微生物可以将无机汞和有机汞转化为毒性较强的甲基汞或二甲基汞，使得水中任何形态的汞都对环境有潜在危害。无论什么形态的汞进入水体以后，在生物催化反应和化学平衡反应的共同作用下都会产生浓度稳定的甲基汞、甲基汞离子、金属汞、二价汞离子和一价汞离子。

人的急性口服汞盐致死剂量为 20 mg～3.0 g。无机汞造成的长期慢性毒性一般是由于职业暴露引起，而环境中的慢性汞毒性一般形态为有机汞衍生物，其中烷基汞是对人体毒性最大的一种，可以造成不可逆的神经损伤。人体每天摄入汞的最大值应低于 30 μg，通常不应高于 4 μg。

汞元素可以被富集在食物链中，且积累速度快、排出速度慢，浓缩系数高达 3 000 倍甚至以上。而作为水体食物链中相对顶层的鱼类，体内的汞含量可达到周围水体的 10 000 倍以上。故应在充分考虑了汞在生物体内极强的富集效应后制定相关标准。

2.16 镉

镉是针对人体健康及水生物毒性设置的毒理指标，国家标准方法采用螯合萃取法，以“水中镉总量 mg/L”计。

镉对人体和水生生物有很强的毒性，可以引起急性或慢性中毒，可以在水生生物体内富集，在水环境中不易降解，是公认的致癌金属物。镉在水中的毒性也与水的硬度有关，在一定程度内随着水的硬度升高，水体中水生生物对镉毒性的耐受能力增强。

镉在自然界中多与锌、铅、铜、锰等矿物共存，这些矿物在精炼过程中可以排出大量的镉。20 世纪日本曾因镉中毒发生大面积骨痛病，相关日本学者研究估计每天摄取 600 μg 的镉不会产生骨痛病（Yamagata，Shiegematus，1970）。EPA 结合美国安全饮水委员会的建议将美国生活供水中的镉基准定为 10 μg/L，同时这个浓度范围也能够保证一般水体中水生生物的正常生长。我国在制定地表水标准时，因为目前尚未制定环境中的水的硬度标准，为防止镉在人等生物或作物体内积累，制定了相对较严格的镉含量标准。

2.17 六价铬

六价铬是针对人体健康及水生生物毒性设置的毒理指标，国家标准方法采用二苯碳酰二肼分光光度法测量，以“mg/L”计。

水环境中的铬多以二价铬、三价铬和六价铬存在，是公认致癌物。二价铬、三价铬一般较难溶于水且毒性远低于溶于水的六价铬，所以一般以控制六价铬污染为主。

六价铬对人体健康的影响多见于职业接触。六价铬会刺激和腐蚀黏膜，哺乳动物可以通过饮食、皮肤接触及呼吸等渠道吸收六价铬并产生毒性反应。已经发现的疾病有肺癌、鼻中隔穿孔、溃疡以及其他多种呼吸道并发症和皮肤病。EPA 将保障人体健康的六价铬水平定为 50 μg/L。在对水生动物和作物的影响实验中发现，水体中六价铬浓度低于 0.1 mg/L 时对水生生物和作物都没有明显的影响和积累。我国在确定地表水水质标准时，参考了镉对敏感生物的慢性毒性影响以及使用安全上限，将浓度定为 0.01～0.1 mg/L。

2.18 铅

铅是针对人体健康及水生物毒性设置的毒理指标，国家标准方法采用螯合萃取法，以“mg/L”计。

铅对人体和水生生物有很大的毒性，可以引起急性或慢性中毒，可以在水生生物中富集，在水环境中不易降解。因为铅在工业生产中的广泛存在，使得虽然绝大多数铅盐不溶于水，但水体除天然存在的铅以外，还可以通过沉淀效应、粉尘吸附、土壤冲刷渗透、城市污水排放等多种污染途径受到污染。

铅在水中的毒性受 pH、硬度、有机质和其他金属含量的影响，儿童对铅的毒性比成年人更敏感。铅的毒性会影响人体的多个系统和器官，通过络合酶官能团干扰机体多方面生化生理活动，对儿童可造成身体发育或智力发育迟缓。饮用水中的含铅量在 50 μg/L 以下时，能够保证相对安全。鱼类对于水中的铅含量较为敏感，根据水的硬度不同，铅的溶解性和沉淀性不同，鱼类的耐受能力相差较大。而土壤中的铅对作物影响相对较低，且主要集中在根部很难向上传输，很多作物对铅的吸收有限。我国在制定地表水水质标准时，根据不同水体的不同功能要求参考一般水质条件，将浓度限值定为 0.01～0.1 mg/L。

2.19 氰化物

氰化物是针对人体健康及水生物毒性设置的毒理指标，国家标准方法采用吡啶 - 巴比妥酸比色法，常用方法还有异烟酸 - 吡唑啉酮比色法测量水中游离 CN^-，以“mg/L”计。

氰化物的毒性体现在 CN^- 对生物细胞内呼吸链含铁生物酶的破坏作用。这一特点使得氰化物虽然致死浓度未必如公众所想的那样低，但是它几乎能影响所有以铁离子为核心的细胞色素氧化酶进行呼吸作用的生物。

天然水体内一般不含有氰化物，如果发现，很有可能是受到含氰工业废水的污染。地表水中的氰化物 pH 越低、水温越高，氰化物降解越快，故夏天比冬天降解得快，且混合越充分降解越快。

在水体中毒性最大的氰化物是氢氰酸。正常情况下，氢氰酸与总氰化物的比值变化相当大，且随 pH 的波动而变化，也会受到光学作用的影响。水生植物的光合作用、呼吸循环也影响氢氰酸的形成、稳定性和毒性。地表水水质标准中氰的毒性以游离氰化物为指标，EPA 1999 年制定的保护人体健康基准为 700 μg/L。

当氰化物浓度为 50～200 μg/L 时，会使大多数鱼类急性中毒；氰化物浓度在 200 μg/L 以上时，会使大多数鱼类快速致死。由于氰化物在土壤中可以很快降解，在灌溉水含氰化物浓度为 10 mg/L 以下时，对农作物生长没有明显影响；水中氰化物浓度在 1 mg/L 时，氰化物在多种作物中残留不明显，且土壤中无积累。

2.20 挥发酚

根据酚类的沸点、挥发性和能否与水蒸气一起蒸出等特性，分为挥发酚和不挥发酚。通常认为沸点在 230℃以下为挥发酚，一般称为一元酚；沸点在 230℃以上为不挥发酚。酚的主要污染源有煤气洗涤、炼焦、合成氨、造纸、木材防腐和化工行业的工业废水。

苯酚只有一个羟基，是典型酚，毒性最大，而且苯酚的特性为酚类化合物共有，常作为模式化合物。酚类为原生质毒物，属高毒物质，人体摄入一定量会出现急性中毒症状；长期饮用被酚污染的水，可引起头痛、出疹、瘙痒、贫血及各种神经系统症状。当水中含酚 0.1～0.2 mg/L 时，鱼肉有异味；大于 5 mg/L 时，鱼类中毒死亡。酚类化合物一般在水体中随温度增加，降解速度加快。

由于苯酚不能用常规的水处理方法有效去除，且在水处理的最后工艺过程中经过氯化而形成具有持久气味的化合物，人们的嗅觉对酚类气味又较为敏感，因此会给饮用水带来问题。根据《水质　挥发酚的测定　4- 氨基安替比林分光光度法》（HJ 503—2009），地表水、地下水、饮用水中的挥发酚一般采用 4- 氨基安替比林蒸馏萃取光度法测定。用蒸馏法使挥发性酚类化合物蒸馏出，并与干扰物质和固定剂分离。由于酚类化合物的挥发速度是随馏出液体积而变化，因此，馏出液体积必须与试样体积相等。被蒸馏出的酚类化合物，于 pH 为 10.0±0.2 介质中，在铁氰化钾存在下，与 4- 氨基安替比林反应生成橙红色的安替比林染料，用三氯甲烷萃取后，在 460 nm 波长处测定吸光度。

据 EPA 标准，为保障生活供水并防止鱼肉玷污，将水中酚含量定为不高于 1 μg/L。对于农作物来讲，高浓度酚会造成危害，抑制光合作用和酶的活性、破坏植物生长素的形成等，且会造成植物内酚含量增加。一般认为当酚含量在 5 mg/L 以下时，土壤中残留不明显。对于人类来说，水中挥发酚的毒性浓度阈值显著高于其嗅味阈值。

2.21 石油类

石油类是针对人体健康及水生物毒性设置的毒理指标，国家标准方法推荐采用红外分光光度法，以“石油类 mg/L”计。

水中石油类主要包含各种烃类混合物以及一些硫、氮、氧化合物，可以以溶解态、乳化态和分散态存在于水中，有些物质可以由生物积累并对人体有致癌作用。地表水水质标准中的石油类是指以四氯化碳为萃取剂可以被提取而不被硅酸镁吸附，且在一定红外波长处有特征吸收的石油类。

石油类产品在水中的慢性毒性包括干扰水生生物摄食和繁殖等生理过程，水生生物对石油类非常敏感，水中石油类浓度为 10～100 μg/L 时，就可以明显造成其行为异常。对于人类来说，除原油中某些强致癌化学物（如苯并芘）等影响外，人对石油类的嗅味阈值远高于毒性阈值。我国在制定标准时综合考虑了人类的感觉阈值与对水生生物的危害性。

2.22 阴离子表面活性剂

表面活性剂是指具有固定的亲水亲油基团，在溶液的表面能定向排列，并能使表面张力显著下降的物质。表面活性剂的分子结构具有两亲性：一端为亲水基团，另一端为憎水基团。将在水中电离后起表面活性作用的部分带负电荷的表面活性剂称为阴离子表面活性剂，国家标准方法对阴离子表面活性剂的测定采用亚甲蓝分光光度法，以“直链烷基苯磺酸 mg/L”计。

阴离子表面活性剂是合成洗涤剂的重要原料，在洗涤、化工、纺织、浮选等行业和日常生活中使用较多，排放的工业废水和生活污水中的洗涤剂已被公认为环境水质的污染物之一；当水体中的阴离子表面活性剂浓度（以 LAS 计）>0.5 mg/L 时，它们就会在水体表面形成泡沫覆盖层，阻碍大气中的氧进入水体，从而造成水域局部缺氧，导致水质恶化；近期研究发现，阴离子表面活性剂浓度（以 LAS 计）>1.0 mg/L 时，就会对水生生物过氧化酶的活性产生急剧影响，破坏细胞生理功能，严重时会导致大量水生生物死亡。我国地表水水质标准制定时参考了各国标准，将最高允许浓度定为 0.3 mg/L，低于起泡浓度。

2.23 硫化物

硫化物是针对水生物毒性设置的毒理指标。水中的硫化物主要是在厌氧条件下由细菌作用使硫酸盐还原产生的，还有些是由含硫有机物的分解而产生的。硫化物主要以有溶解性的 H_2S、HS^-、S^{2-} 形式存在于水中，悬浮物中的可溶性金属硫化物、可溶性硫化物和未电离的有机及无机类硫化物也是水中硫化物的主要存在形式。国家标准方法推荐采用流动注射－亚甲基蓝分光光度法，以“水中 S^{2-}mg/L”计。

水中硫化物的毒性主要体现在对于水生生物的毒害作用上。硫化物对水生生物的危害受温度、pH 和溶解氧的影响。水中硫化物在较低 pH 条件下，大部分以有毒的未解离硫化氢形式存在，特有的臭鸡蛋气味不仅使水质感官变差，对金属设备也会有腐蚀作用。清洁水中硫化氢的嗅阈值为 0.035 μg/L。当温度降低，溶解氧浓度也在低水平维持时，水中硫化物的危害加剧。鱼类对硫化物有比较强烈的回避反应，水中硫化氢浓度超过 2.0 μg/L 时，对水中鱼类会构成慢性危害。

2.24 粪大肠菌群

粪大肠菌群是总大肠菌群的一部分，是针对人体健康设置的卫生指标。在 44.5℃下能生长并发酵乳糖产酸、产气的大肠菌群称为粪大肠菌群，国家标准方法使用滤膜法或多管发酵法测定，以“粪大肠菌群数目个 /L”计。

粪大肠杆菌只能存在于温血动物的肠道中，故比总大肠菌群更具有指标意义。通过检测粪大肠杆菌，估测水体受到粪便污染的程度，以控制传染性疾病通过各类水途径的传播。粪大肠杆菌的出现即表明水质下降，且有疾病传播危险。

粪大肠杆菌与沙门氏菌存在一定联系，当水体中粪大肠杆菌检出超过 200 个 / 100 ml 时，沙门氏菌检出率急剧升高接近 100%。为有效控制生活污水对地表水水质的影响，尤其是水源地安全，我国将 I 类水粪大肠杆菌检出限值定为 200 个 /L，V类水定为 40 000 个 /L。

3

数据审核技术要求

国家地表水自动监测数据实行在线审核，经运维人员、省级及流域中心数据审核员、总站数据审核员三级审核，审核全过程各环节记录留痕。

3.1 人员职责

3.1.1 运维人员

运维人员审核水站原始监测数据，对系统预审数据进行确认及标记；对异常数据及时响应并进行现场核实。

3.1.2 省级及流域中心数据审核员

省级及流域中心数据审核员审核水站原始监测数据，对系统预审数据进行确认及标记。

3.1.3 总站数据审核员

总站数据审核员对运维人员、省级及流域中心审核人员审核的数据进行审核并处置，并将数据入库。

3.2 数据审核流程

平台根据质控结果、数据标识、数据波动情况自动判断监测数据的有效性，对存疑数据进行标记提示。一级运维人员对平台自动判断结果和标记的监测数据进行确认，对无效及存疑数据说明原因，并提交佐证材料；二级省级及流域中心数据审核员对存在疑问的数据提供佐证材料说明后，可标记存疑或无效，提交总站审核；三级总站数据审核员对运维人员及省级及流域中心数据审核员提交的审核结果进行综合判定，结合断面情况、质控情况、现场维护情况提交审核意见，必要时联系运维人员进行现场确认后进行审核。现场确认后仍无法判断数据有效性时，组织专家进行审核，确保入库数据真实、准确。数据审核流程见图 3-1。

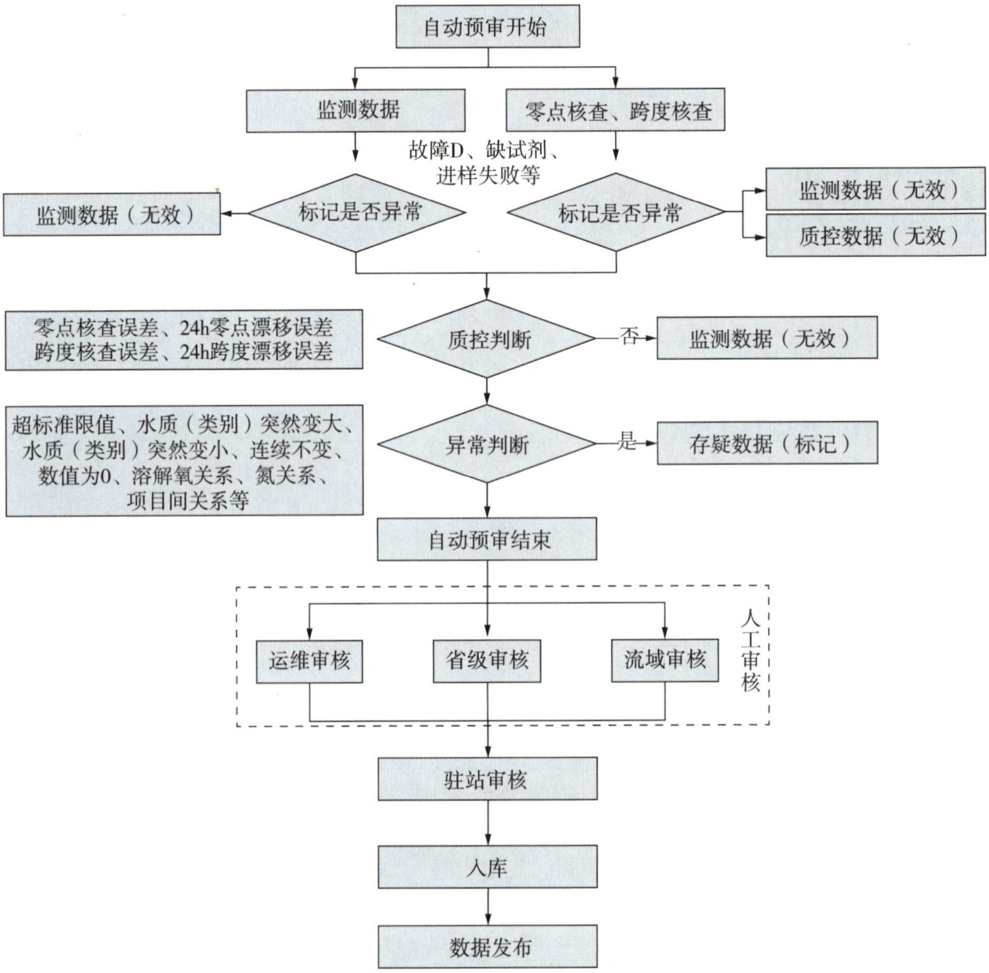

图 3-1　数据审核流程

3.2.1　每日审核

3.2.1.1　审核原则

审核时应保证审核数据的代表性及准确性，严格区分无效数据与有效数据，数据审核依据充分，在规定时间内完成审核工作。

3.2.1.2　审核时限

一级、二级审核于每日 12 时前完成。三级审核于每日 12 时后，对运维人员和省级及流域中心数据审核员的审核结果进行复核，如有存疑数据无法当日判定的，应及时与相关人员联系了解情况，在每月数据结转前必须完成存疑数据的审核。如未对存疑数据进行审核，平台系统结转时，自动判定为有效数据。

每月 1 日 8 时前总站数据审核员完成上月全部数据的审核工作。平台于 1 日当天完成上月数据的结转并入库。

3.2.1.3　审核参数及方式

（1）审核参数

审核参数包括水温、pH、溶解氧、电导率、浊度、高锰酸盐指数、氨氮、总磷、总氮、叶绿素 a、藻密度。

（2）审核方式

数据审核员通过个人账号、密码登录“国家水质自动综合监管平台”（http://106.37.208.243:8068/），进入数据审核页面，调取前一日各水站的监测数据，完成原始数据的审核，并提交审核结果。

3.2.1.4　审核流程

每日审核时，可按照以下流程进行审核。

（1）水站基本情况

查看水站所在断面的水文、气象、水质等信息，结合历史数据掌握断面水质变化规律。

（2）系统运行情况

查看水站的采水、预处理、系统运行等情况，结合系统运行日志（如进水水压、站房温湿度、留样情况、伴热管温度、预处理设置、清洗设置等）对水站运行状态进行确认。

（3）仪器运行情况

查看仪器的关键参数（测量量程、校准曲线、消解温度、消解时长、校准时间、测量信号值等）、仪器性能指标（测量精度、检出限、浓度单位）、仪器原理、仪器流程日志等对仪器运行状态进行确认。

（4）维护情况

查看近期的维护记录，了解维护前后数据的相关变化，可结合现场视频进行核实。

（5）质控情况

查看仪器的日质控、周核查、月比对等质控情况，根据实际情况可采取其他质控措施（如标样核查、留样复测、集成干预检查、加标回收率测定、平行样测定、实际水样比对等）进一步核实数据。

（6）数据逻辑关系

查看参数之间监测数据的逻辑关系（如氨氮与总氮、pH 与溶解氧等）、上下游之间监测数据关系等是否合理。

（7）数据确认

查看上述内容后，对监测数据进行确认，并对数据有效性进行标记。总站数据审核员不能对数据有效性进行判断时，应当天与运维人员进行核实，佐证材料不足以证明数据有效性时，可向运维人员提出补充佐证材料的要求，尽快确认数据的有效性。

（8）补传数据审核

由于断网、断电等原因，部分水站数据没有在规定的时间内上传，待数据上传后，由总站数据审核员在补传日历中选择未审的时段进行数据审核。

（9）停运补测数据核实

对于因水站停运而进行实验室或自动仪器补测的数据，每日进行核实。主要结合历史数据、补测数据的监测报告、监测数据各参数间关系、上下游水站数据、比对数据等情况，综合分析补测数据的真实代表性，并核对数据在线填报的准确性，对于存在疑问的数据进行登记。

3.2.2 数据审核会商会

3.2.2.1 审核时间及形式

每月组织 3 期自动监测数据审核会商会，分别为上、中、下旬的最后一天，每期邀请 3 名运维公司技术人员作为专家参会。

3.2.2.2 审核流程

（1）疑难问题讨论

①总站数据审核员提交上一阶段审核存在的疑难问题清单，并根据运维人员提

供的佐证材料给出初步判断。

②专家组听取总站数据审核员对存在疑难问题水站的整体情况汇报，并根据数据问题的类型，查看平台上的相关信息，主要包括：水站基本情况、系统运行情况、仪器运行情况、维护情况、质控数据、历史数据及趋势、各参数间关系、上下游数据关系、现场视频等。

③查看疑难问题的佐证材料，主要包括：维护记录及内容、现场比对结果、仪器核查结果、采样点现场周边情况等（以上材料均须提供报告、图片或影像资料）。根据佐证材料，最终判定数据的有效性。

④若佐证材料不足以说明问题，则可立即要求运维人员进一步进行现场核查或比对，在规定的时间内（通常为 3 天内）提交有效的佐证材料。数据审核会商会上，由专家给出进一步核查或比对有可能出现不同结果的数据有效性判断意见。

（2）部分水站抽查

①对完成审核的水站数据进行抽查，专家通过查看历史数据及趋势、各参数间的关系，综合查看数据审核结果的准确性。

②当发现审核后的数据存在疑问时，继续进一步查看平台上相关信息，主要包括：水站基本情况、系统运行情况、仪器运行情况、维护情况、质控数据、上下游数据关系、现场视频、佐证材料等。如果上述信息不足以说明问题，则由总站数据审核员再次与运维人员进行沟通，结合水站实际情况，由专家做出数据合理性的判断。

（3）全部水站排查

①对全部水质月均值数据环比变化较大的水站进行排查，筛选出自动监测评价结果环比在优Ⅲ类和非优Ⅲ类之间波动、劣Ⅴ类和非劣Ⅴ类之间波动，或相差两个及以上类别的水站。

②对于上述水质变化较大的水站，总站数据审核员与运维人员进行逐一核实并分析原因，给出初步意见：数据异常、水质异常、审核错误及其他原因等。

③每月下旬（当月最后一天）的会商会，由专家对上述水站逐一复核，通过查看历史数据及趋势、各参数间的关系等，综合判定数据审核结果的准确性。

④当发现审核后的数据存在疑问时，继续进一步查看平台上的相关信息，主要包括：水站基本情况、系统运行情况、仪器运行情况、维护情况、质控数据、上下

游数据关系、现场视频、佐证材料等。结合水站实际情况，由专家判断水质变化是否合理。

3.2.3 月度数据审核专家会

3.2.3.1 审核时间及形式

每月 2 日，组织召开数据审核专家会，邀请省级生态环境监测站专家、运维公司技术负责人、各流域生态环境监测中心相关专家参会，主要讨论自动监测数据是否可替代采测分离断面数据。

3.2.3.2 审核流程

①筛选出采测分离评价结果为优Ⅲ类、自动监测月均值为非优Ⅲ类，且自动监测与采测分离结果相差一个及以上水质类别的水站。

②对于上述水站，总站数据审核员与运维人员进行逐一核实并分析原因，给出初步意见：仪器是否正常、数据是否正常、各参数趋势是否一致、比对是否合格等。

③专家组听取三级审核员对上述水站的整体情况汇报，查看平台上的相关信息，主要包括：水站基本情况、系统运行情况、仪器运行情况、维护情况、质控数据、历史数据及趋势、各参数间关系、上下游数据关系、现场视频等。

④查看佐证材料，主要包括：维护记录及内容、现场比对结果、仪器核查结果、采样点现场周边情况等（以上材料均须提供报告、图片或影像资料）。

⑤专家组结合上述内容，根据替代原则（自动站稳定运行，未有长时间停运，仪器未有长时间故障；原位采样，实际水样比对结果合格；水站自动监测多参数数据变化趋势较为一致等），给出自动监测数据是否可替代采测分离数据的专家意见。

3.2.4 定期筛查已审离群数据

3.2.4.1 审核时间及形式

为确保月度水质评价的数据准确性，在月度数据结转前，通过平台定期（每半个月）对已审有效数据中所有监测参数不符合理论数据范围的数据进行筛选并复核，经总站数据审核员再次确认无误后，方可入库。

3.2.4.2 审核流程

①部分水站的某些监测参数的数值与全国水站同参数的正常数值相差较大，根据“各参数数据不合理范围表”（见表 3-1），筛选出存在不合理参数的水站。

②总站数据审核员对上述水站进行再次复核。经查看历史数据及数据变化趋势、各参数间关系，如水站数据确实为离群数据，则剔除；如水站数据长期处于不合理范围内，但实为其水站正常数据，则可判定为有效数据。

表 3-1 各参数数据不合理范围

参数	水温 / ℃	pH	溶解氧 / (mg/L)	电导率 / (μS/cm)	浊度 / NTU	高锰酸盐指数 / (mg/L)	氨氮 / (mg/L)	总磷 / (mg/L)	总氮 / (mg/L)	叶绿素 a/ (mg/L)	藻密度 / (个 /L)
下限	≤ 0	≤ 4	≤ 0	≤ 25	≤ 0	≤ 0	< -0.2	< -0.02	≤ 0	< 0	≤ 1×10^4
上限	≥ 40	≥ 12	≥ 30	≥ 80 000	≥ 5 000	≥ 50	≥ 30	≥ 5	≥ 50	≥ 0.1	≥ 3×10^8

3.2.5 每月核实停运补测数据

运维人员须及时上传本月停运水站的补测数据及检测报告，停运补测数据直接由总站数据审核员进行核实。总站数据审核员及时对运维人员填报的人工补测数据进行复核，如对填报数据的真实性和代表性存在疑问的，应及时与运维人员联系了解情况，在每月数据结转前必须完成存疑数据的核实判断。

3.2.5.1 核实时限

每月前三周的停运补测数据及检测报告须于当月 29 日 24 时前完成上传，30 日完成初步核实，次月 1 日完成最终核实。

每月最后一周的停运补测数据及检测报告须于次月 10 日 24 时前完成上传，11 日完成初步核实，12 日完成最终核实。

3.2.5.2 核实参数

水温（T）、pH、溶解氧（DO）、电导率（EC）、浊度（TB）、高锰酸盐指数（COD_{Mn}）、氨氮（NH_3-N）、总磷（TP）、总氮（TN）、叶绿素 a（Chla）、藻密度（Cyano）。

3.2.5.3 核实方式

数据审核员通过个人账号、密码登录“国家水质自动综合监管平台”（http://106.37.208.243:8068/），调取停运水站的补测数据，完成原始数据的核实，并提交核实结果。

3.2.6 定期提交水质异常数据报告

根据《地表水水质自动监测站运行维护技术要求（试行）》，发现数据异常，经运维人员确认为非仪器设备原因，初步确定为水质异常。

3.2.6.1 水质异常响应

①中国环境监测总站：发现数据异常，立即与运维人员沟通，要求对数据异常开展初步调查。根据运维人员提交的材料，判断确为水质异常的，及时通知流域中心开展现场情况调查与核实，编制水质异常报告并上报生态环境部相关管理部门。

②运维单位：针对数据异常立即开展初步调查。通过现场检查、仪器核查、比对等措施，分析数据异常的原因，并及时提交相关数据的说明材料。

③流域中心：针对总站初步判断为水质异常的水站开展现场情况调查与核实，查明水质异常的原因，调查完成后提交调查报告。

3.2.6.2 水质异常处置

针对水站数据异常情况，经运维单位、流域中心、总站通过现场调查和分析后确定为水质异常的，由总站编制水质异常报告上报生态环境部相关管理部门，并告知地方生态环境主管部门、相关流域中心。

3.2.6.3 水质异常数据报告报送

①时间：每日收集异常数据报告，完成编制并上报。

②报告内容：水站信息、水质情况、数据变化情况、核查结果、比对结果、留样复测结果、现场核实情况和疑似污染原因分析等。

③报送单位：报送生态环境部生态环境监测司，抄送水生态环境司、生态环境执法局。

3.3 审核技术要求

自动监测数据通过质控考核及辅助手段等完成系统自动预审、自动标记后，进入数据审核阶段。数据审核分为一级审核、二级审核和三级审核三个阶段。

3.3.1 自动预审

3.3.1.1 存疑数据判定

当监测数据出现且不仅限于以下情况时，系统标记为存疑数据，便于人工复核。

①监测数据突然变大、突然变小、连续不变。

②监测数据为 0 值。

③监测数据低于仪器检出限。

④监测项目的关键状态值（消解温度、消解时长、显色温度等）不在合理范围。

⑤数值间逻辑关系不符合要求。

3.3.1.2 无效数据判定

当监测数据出现且不仅限于以下情况时，系统标记为无效数据，便于人工复核。

①水站维护测试时间段内产生的数据。

②水质自动分析仪出现故障产生的数据。

③带有仪器通信故障、仪器离线、维护调试、缺试剂、缺纯水、缺水样等非正常标识的数据。

④当天零点核查、24 h 零点漂移、跨度核查、24 h 跨度漂移任意 1 项不满足考核指标要求，本次日质控至前后两次合格日质控的区间数据均无效。

⑤周质控数据中，某个参数不满足考核指标要求，则该项目的本次周质控至前后两次合格周质控的区间数据均无效。

⑥水质自动分析仪多点线性核查、实际水样比对、集成干预检查、加标回收率自动测试等结果中任意 1 项不满足考核指标要求，当月监测数据全部无效。

3.3.2 人工审核

运维人员对原始数据进行审核，对系统自动预审核、自动标记结果进行初审，对系统自动预审的结果进行确认，针对无效数据进行标记，并加批注写明原因；因仪器设备故障导致的数据无效，须详细说明原因（如泵故障、采水故障等），针对异常数据及时进行排查确认并提交佐证材料，在规定时间内提交无效数据及相关佐证材料。运维人员若发现异常超标、数据超量程、数据突变等异常情况，须在规定时间内响应并告知总站数据审核员。若运维人员未在数据异常后及时响应，则应根据总站数据审核员的要求进行留样复测、标样核查、实际水样比对等操作，并在48 h 内将结果及佐证材料反馈给总站。

3.3.2.1 一级审核

（1）审核时限

①日审核。每日 12 时前完成各站点前日所有实时监测数据的审核，并报送总站复核；复核不通过的数据，于第 2 日 8 时前再次审核后上报；再次审核报送的数据仍未通过复核的，以总站最终复核结果为准。

②月审核。每月 1 日 12 时前，完成上月所有实时监测数据的汇总确认，并报送总站，总站于每月 2 日前完成上月监测数据的最终确认。

（2）审核内容

①数据规范性：查看系统过程日志，监测全过程是否运行正常。

②质控符合性：质控过程及手段是否符合相关质控要求，质控数据是否合格。

③逻辑合理性：相关监测项目数据之间的逻辑关系是否合理，上下游之间监测数据的逻辑关系是否合理。

④数据可比性：当前监测数据与历史数据及最近一次的手工监测数据是否可比。

⑤样品代表性：由于降雨影响、水体藻类较多、上游断流、冰封期冰层下水深较浅、采样期间水体中有突发性污染团过境等原因导致样品代表性存疑。

3.3.2.2 二级审核

省级及流域中心审核人员审核本省或流域内考核断面自动监测数据，对原始数据进行审核，对系统自动预审核、自动标记结果进行初审，对系统自动预审的结果进行确认，针对存疑数据和无效数据进行标记，并加批注写明原因，及时将存疑数据反馈各属地生态环境主管部门，并在规定时间内提交存疑数据和无效数据及相关佐证材料。

（1）审核时限

按照 3.2.2.1（1）进行审核。

（2）审核时限

按照 3.2.2.1（2）进行审核。

（3）质询程序

①省级审核人员将二级审核结果反馈相关地市。

②地市提供相关佐证材料，包括采样点及其周边状况、历史数据、上下游水质及水量数据、最近一次手工监测数据、相关分析等，由地市级环境监测机构出具加盖公章的文件。

③省级审核人员在规定时间内将佐证材料上传平台。

3.3.2.3 三级审核

总站数据审核员对一级、二级审核的数据进行复审及确认。若发现异常超标、数据超量程、数据突变等异常情况，总站数据审核员须在数据审核当天向运维人员了解情况，若运维人员未在数据异常后及时响应，总站数据审核员须要求其根据异常数据情况进行留样复测、标样核查、实际水样比对等操作，并以运维人员的反馈结果及提交的佐证材料作为数据判定依据，必要时可组织专家进行讨论，最终形成认定结果，并将水质自动监测数据入库。

（1）审核时限

①日审核。每日 12 时后对一级、二级审核的结果进行复核，如有存疑数据无法当日判定的，应及时与相关人员联系了解情况，在每月数据结转前必须完成存疑数据的审核。

②月审核。每月 1 日 12 时后开始对上月数据进行最终审核，于当天完成上月全部数据的审核工作。

（2）审核内容

除审核一级、二级审核应完成的内容外，还需对存疑数据进行复审，综合考虑以下因素：

①一级、二级审核提交的存疑数据的相关佐证材料。

②存疑数据的监测全过程，包括从开始采样到分析结束的全部过程日志和影像资料。

③采样点现场水体及周边状况、气象条件影像。

④断面近一个月以来的历史数据及变化趋势。

⑤河流上下游、湖库各区域各监测项目的浓度水平。

⑥最近一次手工监测数据。

⑦质控数据结果。

3.4 数据审核实施细则

3.4.1 仪器运维质控

3.4.1.1 检出限

进行数据审核时，根据各运维公司监测仪器检出限，以相同监测指标最高的检出限为准（见表 3-2），凡是低于此检出限的数值，应判断其真实性与准确性。

表 3-2 四参数仪器检出限

序号	监测指标	检出限 /（mg/L）
1	氨氮	0.05
2	高锰酸盐指数	0.5
3	总磷	0.01
4	总氮	0.1

3.4.1.2 补传数据及停运补测数据

（1）补传数据

因通信、网络故障等导致无法在审核期内上传，且在平台月度数据结转前补传的数据，由平台做出标记，直接由总站审核人员在月度数据结转前审核完毕。在平台月度数据结转后补传的数据，认定为无效数据。

（2）停运补测数据

停运期间上传的补测数据由总站审核员每月进行核对，查看填报的补测数据与 CMA 报告数据是否一致，并根据历史数据趋势判断该数据是否有效。

3.4.1.3 停运与复运

停运与复运信息均由运维公司在线填报。停运的水站，在其停运期间的数据均为无效数据，自水站复运之时，开始对数据进行审核。

停运期间产生的数据由运维审核员进行无效标记，总站审核员须进行审核确认操作。

3.4.1.4 0 值与负值

高锰酸盐指数、总氮若出现零值或负值，则判定为无效数据；氨氮、总磷若长期在检出限附近，其实时数据可为零值或负值，在质控考核技术要求范围内（氨氮为 ±0.2 mg/L，总磷为 ±0.02 mg/L），排除仪器问题造成的突变后，可判定为有效数据。

3.4.1.5 加密监测

由于水体发生较大变化而开展加密监测且上传至平台的数据，加密期间的数据正常审核并入库，但其数据仅用于分析，不参与水质评价以及对运维公司的考核。

未报备而进行加密监测所产生的数据，视为无效数据。

3.4.1.6 关键参数不符

在数据审核过程中，若发现该站点上传的关键信息与备案的信息不符，在未说明或更正之前的监测数据，视为无效数据。

3.4.1.7 佐证材料逾期未提交

除特殊情况外，运维人员应在规定的时间内提交佐证材料；若未及时提交佐证材料，运维单位应在 72 h 内提交书面说明，对未提交书面说明的数据，审核为无效数据。

3.4.1.8 未验收仪器

运维单位更新仪器后应按照验收规范开展性能测试等验收工作，验收未通过前的监测数据，视为无效数据。

3.4.2 监测指标

3.4.2.1 五参数规律性周期变化

五参数数据呈明显的规律性变化，经核实，因水泵切换、数据读取时间差异、反冲洗等原因引起变化的数据，若符合原位比对结果，则判定为有效数据，否则判定为无效数据。

3.4.2.2 浊度影响

（1）浊度升高引起数据变化

因降雨、台风、洪水、施工等原因导致水体浊度升高（≥200 NTU）、数据异常变化等情况，在质控合格及监测仪器正常运行的情况下，监测数据原则上判定为有效数据。

（2）浊度超量程

因背景因素（如黄河流域）、自然因素（如台风、洪涝）、人为因素（如施工）等原因导致浊度逐步升高且最终超出测量范围，但该现象能够真实反映水体浊度情况的，判定为有效数据。

3.4.2.3 藻类影响

水体中藻类的光合作用及呼吸作用而引起的 pH 及溶解氧数据昼夜规律波动，判定为有效数据。

3.4.2.4 潮汐影响

感潮断面因海水倒灌会引起数据波动，若该波动符合潮汐变化规律，排除仪器问题造成的变化后，判定为有效数据。

3.5 异常数据的判定与处置

3.5.1 异常数据的判定

当数据出现以下情况时，判定为异常数据。

3.5.1.1 离群数据

在数据中有一个或几个数值与其他数值相比差异较大的称为离群数据。少量的离群数据，平台会进行标记，如未及时进行排查和处理出现大量的离群数据，平台不再进行标记，需审核员进行判断。

3.5.1.2 恒值不变

恒值不变是指单个参数的测量值连续三组无变化。

3.5.1.3 数据规律性波动

数据规律性波动是指测量数据在某一时间段内以某一特定趋势规律性变化。数据规律性波动一般受环境规律性变化影响，如取水口藻类、水草光合作用影响引起的 pH、溶解氧规律性波动；五参数池采水、配水问题导致的五参数规律性波动；污染源定期排放引起的水质规律性波动等。

3.5.1.4 不符合水质变化相关性

水质发生变化时，各参数一般会发生同步变化。如藻类光合作用导致水体 pH 升高的同时，溶解氧也会同步升高；水体氨氮含量突然升高时，总氮含量也会同步变化；水体氨氮含量、高锰酸盐指数突然升高时，溶解氧也会同步被消耗等。如不符合上述变化规律，则可判定为异常数据。

3.5.1.5 数据缺失

因各种原因导致数据未及时上传总站平台的情况称为数据缺失。

3.5.2 异常数据处理

3.5.2.1 一级审核

根据《国家地表水水质自动监测站运行管理办法》（环办监测〔2019〕2 号）

要求，监测数据出现异常时，运维单位应在 4 h 内完成仪器设备故障排查，并做好相关记录。因仪器故障导致的数据异常，应当立即进行修复，无法修复的，应当在 48 h 内使用备机或移动监测车开展监测；非仪器故障导致的数据异常，应当立即向总站和所在地级及以上生态环境主管部门报告。

提交一级审核结果时，应根据现场核实情况对异常数据的审核判定进行说明，并根据二级、三级审核需求，积极配合二级、三级审核人员做好现场复核工作。仪器故障应填写相关故障处理记录，水质异常应及时提交异常报告。

3.5.2.2 二级审核

根据《国家地表水水质自动监测站运行管理办法》（环办监测〔2019〕2 号）要求，省级生态环境主管部门应当密切跟踪国控水站监测数据，实现水质异常自动报警，建立预警响应和处置机制，一旦出现水质异常，应及时将报警信息自动推送至相关职能部门和河（湖）长等有关责任人，并采取措施，妥善处置。

二级审核人员进行异常数据审核时，可要求运维单位及时核实水站现场仪器、系统状态，分析数据异常原因。若现场判断为水质异常，应启动水质预警应急响应程序，持续关注水质变化情况。

3.5.2.3 三级审核

三级审核人员负责数据的终审入库，三级审核初审阶段，当一级、二级审核意见存在分歧时，可根据数据审核办法对数据进行驳回，要求一级、二级审核人员重新审核，时限为次日 8 时前；发现异常数据应高度关注，并督促现场运维人员及时核实现场情况，对于无法判定的存疑数据，应定期召开数据审核专家会，形成专家意见后对数据进行审核入库。

3.6 数据审核平台操作说明

3.6.1 标识数据说明

3.6.1.1 数据标红色

数据标红色说明数值超出 GB 3838 中当前监测项目的Ⅲ类水标准限值。

根据历史水质趋势判断当前数据是突变情况还是符合长期变化趋势。如果是突变情况，需立刻排查原因。若由于仪器故障、系统问题、运维人员操作失误等非实际水质原因造成数据异常，应判定该数据无效。若数据反映了实际水质状况，则判定该数据有效，同时运维人员应解释说明数据异常原因（降雨、洪水、台风、排污等原因）。

如果数据符合长期变化趋势，则数据有效，运维人员需排查水站周边、上下游污染情况（1 km 范围），并通知当地生态环境主管部门。

3.6.1.2 数据带❓标识

数据带❓标识说明出现以下情况：日质控不合格；水质好转或下降；恒值；离群数据。

①日质控不合格：由平台自动判断为无效数据（见图 3-2），且不可更改。

	监测时间	水温(℃)	pH(无量纲)	溶解氧(mg/L)	电导率(μS/cm)	浊度(NTU)	高锰酸盐指数(mg/L)	氨氮(mg/L)	总磷(mg/L)	总氮(mg/L)
	Ⅲ类标准限值		6~9	≥5			6	1	0.2	
1	2019-08-14 02时	33.2	7.81	8.60	92.3	4.4				
2	2019-08-14 03时	33.3	7.78	7.74	91.5	4.2				
3	2019-08-14 04时	33.2	7.78	7.36	91.6	3.4	6.46	0.057	0.043	0.51❓ 质控不通过
4	2019-08-14 05时	33.1	7.71	6.92	91.8	3.4				
5	2019-08-14 06时	33.0	7.68	6.59	92.0	4.9				
6	2019-08-14 07时	32.9	7.63	6.16	92.3	3.1				
7	2019-08-14 08时	33.0	7.68	6.45	92.4	3.5	4.93	0.064	0.050	0.66❓
8	2019-08-14 09时	33.2	7.69	7.21	92.2	3.4				
9	2019-08-14 10时	33.4	7.85	9.58	91.7	3.8				
10	2019-08-14 11时	33.8	8.05	12.59	91.6	6.8				
11	2019-08-14 12时	34.2	8.66	15.91	91.8	9.6	5.29	0.038	0.056	0.66F❓

图 3-2 数据带❓标识——日质控不合格实例

②水质好转或下降：判断仪器是否正常（见图 3-3），数据是否有效。

数据审核 数据浏览 数据图表

	监测时间	水温(℃)	pH(无量纲)	溶解氧(mg/L)	电导率(μS/cm)	浊度(NTU)
	Ⅲ类标准限值		6~9	≥5		
1	2019-08-14 00时	30.9	7.41	4.69	115.2	22.4
2	2019-08-14 04时	30.8	7.41	4.47	113.8	17.8
3	2019-08-14 08时	30.7	7.44	4.88	109.9	15.8
4	2019-08-14 12时	31.9	7.56	6.03❓	108.9	15.2
5	2019-08-14 16时	32.3	7.72	7.06 水质明显好转	[illegible]01.6	17.8
6	2019-08-14 20时	30.8	7.50	5.50	112.8	23.3

图 3-3 数据带❓标识——水质变化实例

③恒值：查看仪器原始数据（见图 3-4），原始数据如有变化且恒值是由于平台修约造成的，判定为有效数据；若原始数据无变化，应进一步判断仪器运行、参数变化是否正常，并最终确认数据是否有效。

数据审核　数据浏览　数据图表

	监测时间	水温(℃)	pH(无量纲)	溶解氧(mg/L)	电导率(μS/cm)	浊度(NTU)	高锰酸盐指数(mg/L)	氨氮(mg/L)	总磷(mg/L)	总氮(mg/L)
	Ⅲ类标准限值		6~9	≥5			6	1	0.2	
1	2019-08-14 00时	31.3	7.00	6.30	67.4	40.6	2.59	0.009	0.068	1.20
2	2019-08-14 01时	31.3	7.01	6.41	70.5	37.9				
3	2019-08-14 02时	31.2	7.02	6.24	70.3	36.4				
4	2019-08-14 03时	31.1	7.01	6.18	68.9	36.5				
5	2019-08-14 04时	31.1	6.98	6.00	67.2	35.9	2.60	0.012	0.063	1.23
6	2019-08-14 05时	30.9	6.97 ?	6.10	70.0	35.8				
7	2019-08-14 06时	30.9	6.97 ? 恒值不变	6.03	68.6	34.8				
8	2019-08-14 07时	30.8	6.97 ?	5.98	69.2	33.1				
9	2019-08-14 08时	30.9	6.95	6.03	67.0	34.1	2.52	0.021	0.061	1.14
10	2019-08-14 09时	31.1	6.99	6.08	67.7	32.8				
11	2019-08-14 10时	31.4	7.01	6.21	68.0	35.0				
12	2019-08-14 11时	31.7	7.04	6.30	68.4	32.6				

图 3-4　数据带?标识——恒值实例

④离群数据：若偶然有一组数据超出当前水质类别（其中，离群偏小数据是指小于上一次监测值的 1/3 倍；离群偏大数据是指大于上一次监测值的 3 倍），可判定为无效数据；未超出当前（近 20 天）测试项目水质类别（以 GB 3838 判断），数据视为有效；若超出当前项目水质类别，以历史水质趋势判断当前数据是偶然情况还是长期数据趋势。

3.6.1.3　不符合逻辑关系

氨氮的理论浓度值应小于总氮的浓度值，若出现相反情况，应及时去现场进行排查，判断是否发生仪器故障。若长期不符合逻辑关系，需对仪器进行校准并开展实际水样比对。

3.6.1.4　仪器故障标识

根据《国家地表水自动监测系统通信协议技术要求（修订升级版）》《国家地表水自动监测仪器通信协议技术要求（修订升级版）》中关于标识的定义，发现标识现场采水、供电、设备异常，运维人员应查看当天数据是否恢复正常，如未恢复，应及时解决，并跟踪进度。仪器故障实例见图 3-5。

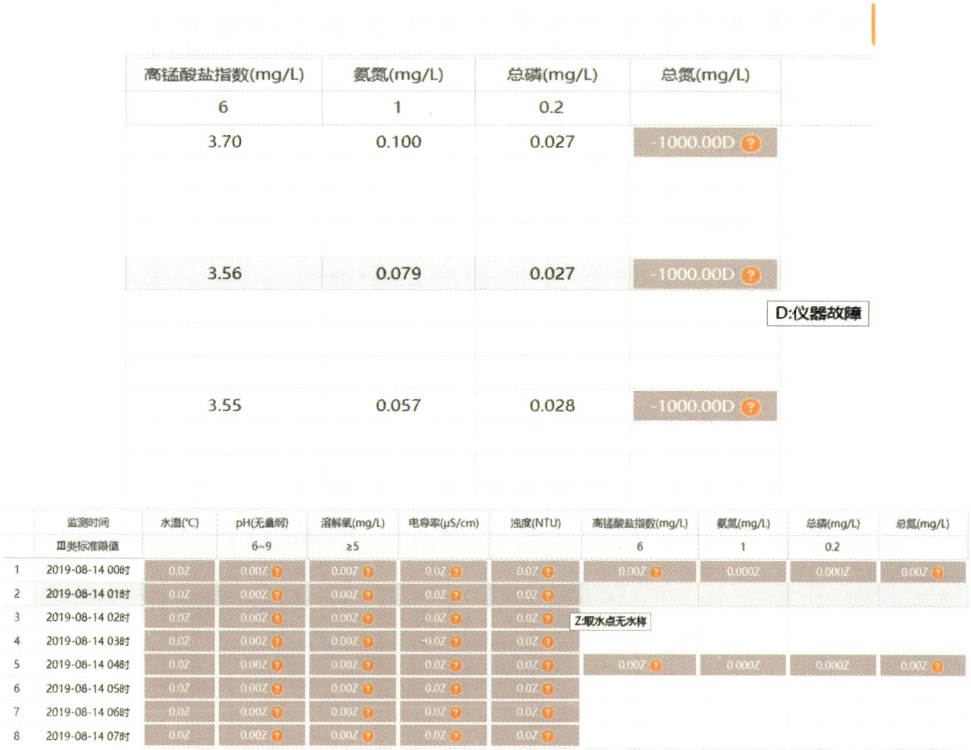

图 3-5 仪器故障实例

3.6.2 审核操作说明

3.6.2.1 登录平台——数据审核

登录平台界面见图 3-6。

图 3-6 登录平台界面

3.6.2.2 选择确定水站

点击要审核的水站。

3.6.2.3 数据审核过程

进入数据审核界面（见图 3-7）：鼠标悬停在数据上，查看原始数据；悬停在问号上，查看挂问号原因；单击数据，出现“详细情况”。

图 3-7 数据审核界面

单击“详细情况”，可查看该数据前后的日质控、历史数据、运行日志等信息，详见图 3-8。

图 3-8 数据详情界面

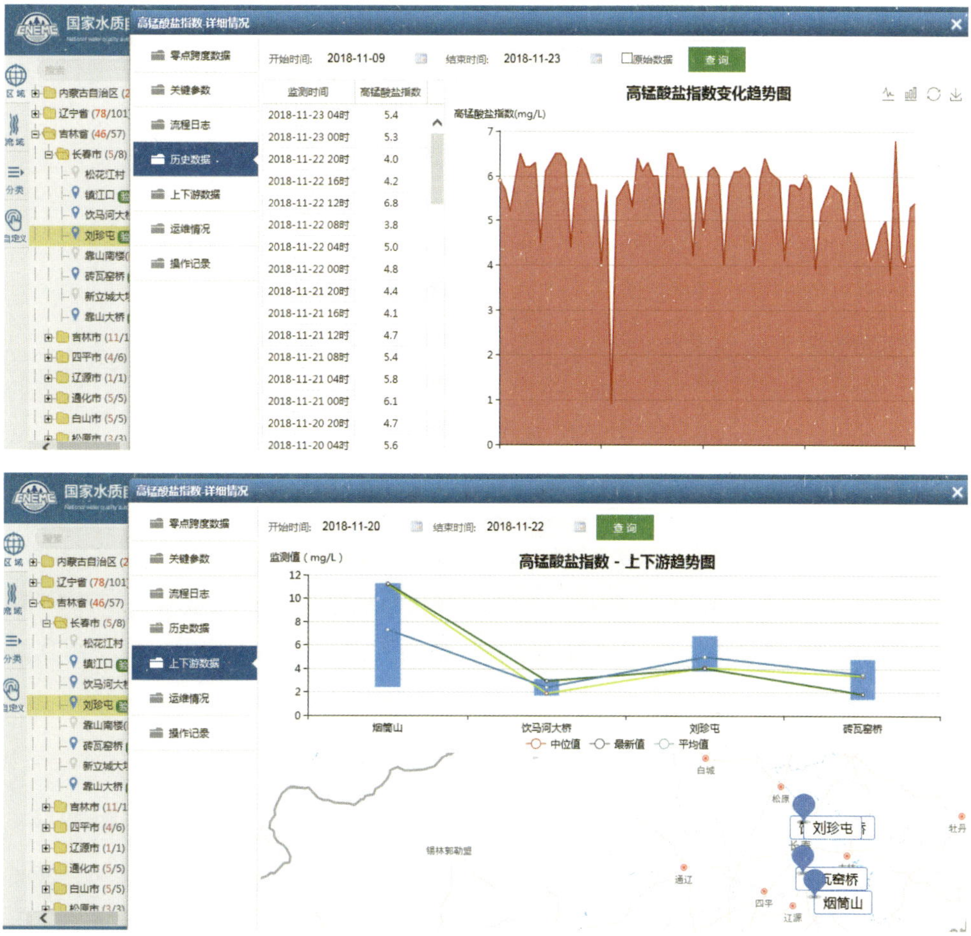

图 3-8 数据详情界面（续）

3.6.2.4 无效及存疑数据的设置

①点击“无效数据标记”。数据标记界面见图 3-9。

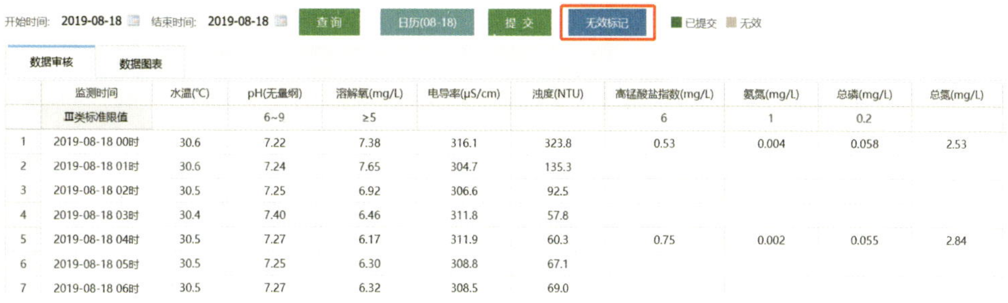
开始时间: 2019-08-18 结束时间: 2019-08-18 查询 日历(08-18) 提交 无效标记 已提交 无效

数据审核 数据图表

	监测时间	水温(℃)	pH(无量纲)	溶解氧(mg/L)	电导率(μS/cm)	浊度(NTU)	高锰酸盐指数(mg/L)	氨氮(mg/L)	总磷(mg/L)	总氮(mg/L)
	Ⅲ类标准限值		6~9	≥5			6	1	0.2	
1	2019-08-18 00时	30.6	7.22	7.38	316.1	323.8	0.53	0.004	0.058	2.53
2	2019-08-18 01时	30.6	7.24	7.65	304.7	135.3				
3	2019-08-18 02时	30.5	7.25	6.92	306.6	92.5				
4	2019-08-18 03时	30.4	7.40	6.46	311.8	57.8				
5	2019-08-18 04时	30.5	7.27	6.17	311.9	60.3	0.75	0.002	0.055	2.84
6	2019-08-18 05时	30.5	7.25	6.30	308.8	67.1				
7	2019-08-18 06时	30.5	7.27	6.32	308.5	69.0				

图 3-9 数据标记界面

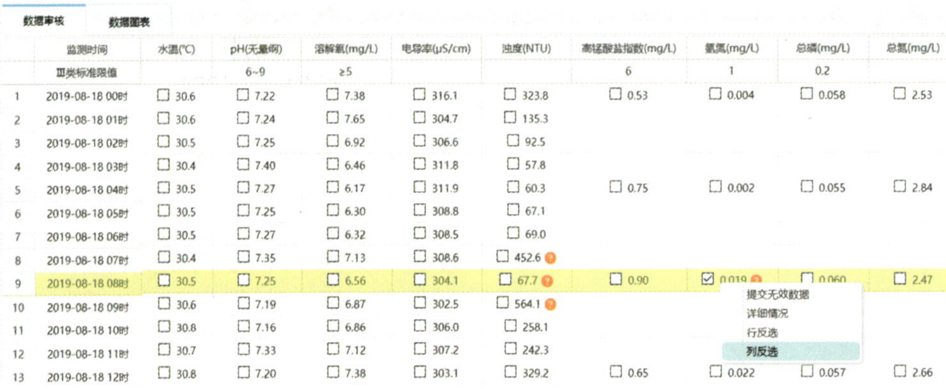

图 3-9　数据标记界面（续）

②勾选无效数据（整列勾选点击“列反选”，整行勾选点击“行反选”），点击“提交无效数据”。二级审核中“存疑数据”的标记与此操作相同。

③选择无效原因后，点击确定，则选中的数据被设置为无效数据（若无效原因选项存在于下拉菜单中，可直接勾选；若无效原因未在选项中列出，点击“其他”并编辑）。标记数据界面见图 3-10。

④提交数据无效或存疑时，在数据整体未提交的情况下，若发生误操作仍可以更改数据的有效性及存疑状态（点击取消并确定即可）。审核更改界面见图 3-11。

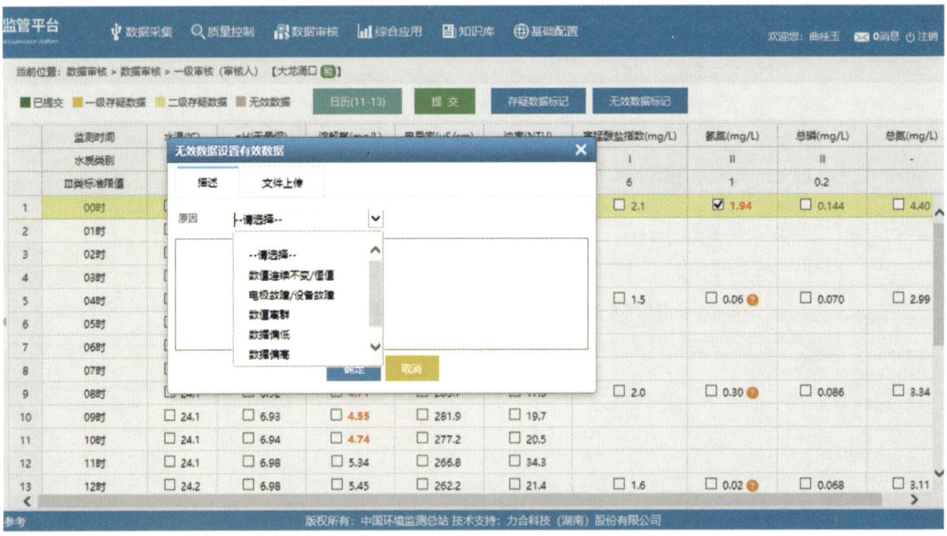

图 3-10　标记数据描述界面

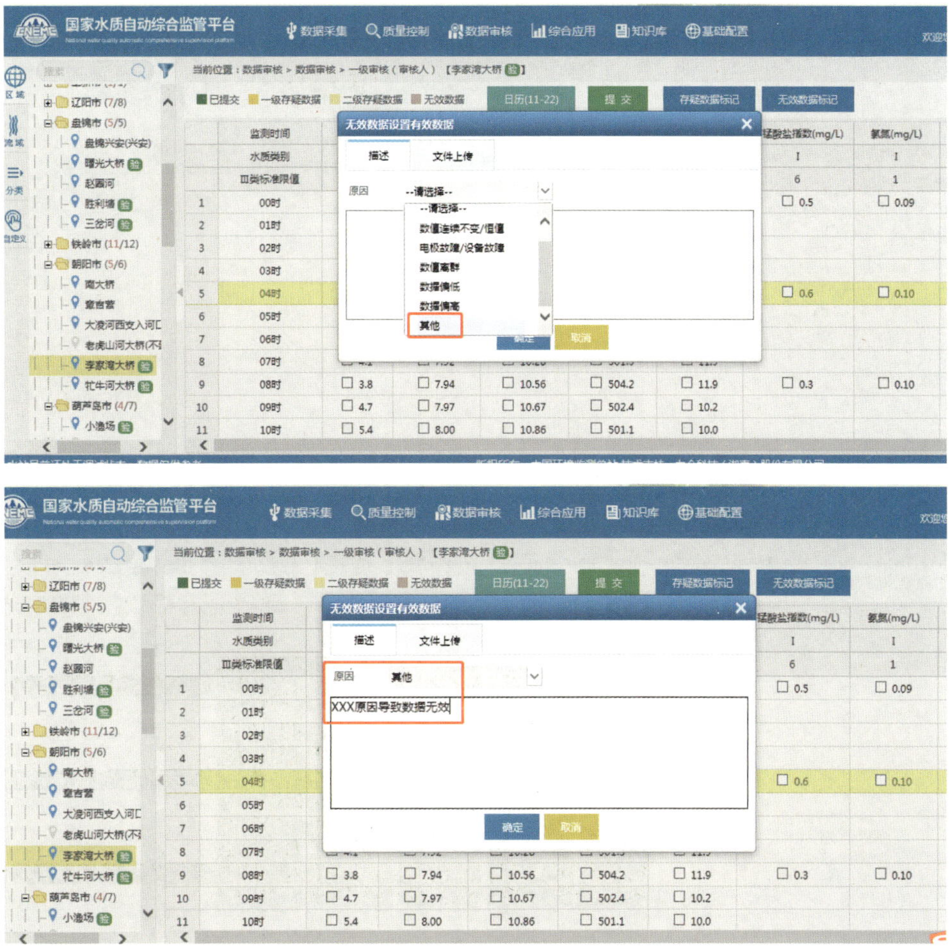

图 3-10　标记数据描述界面（续）

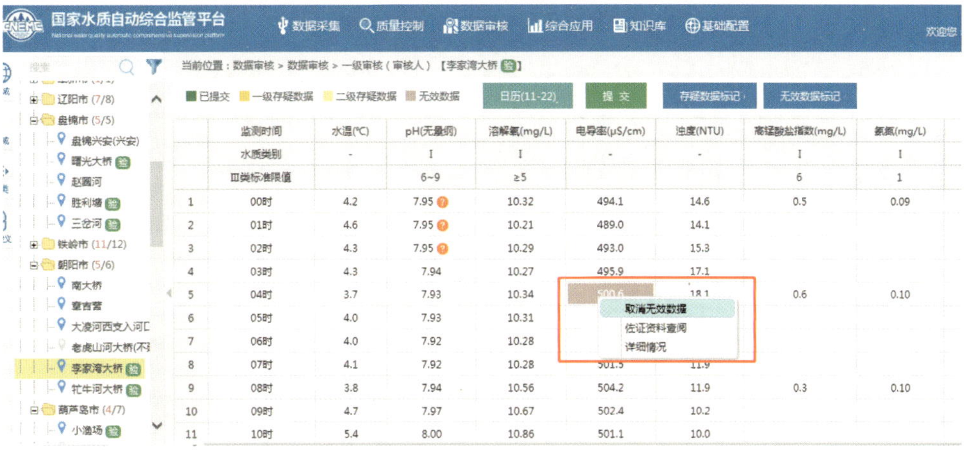

图 3-11　审核更改界面

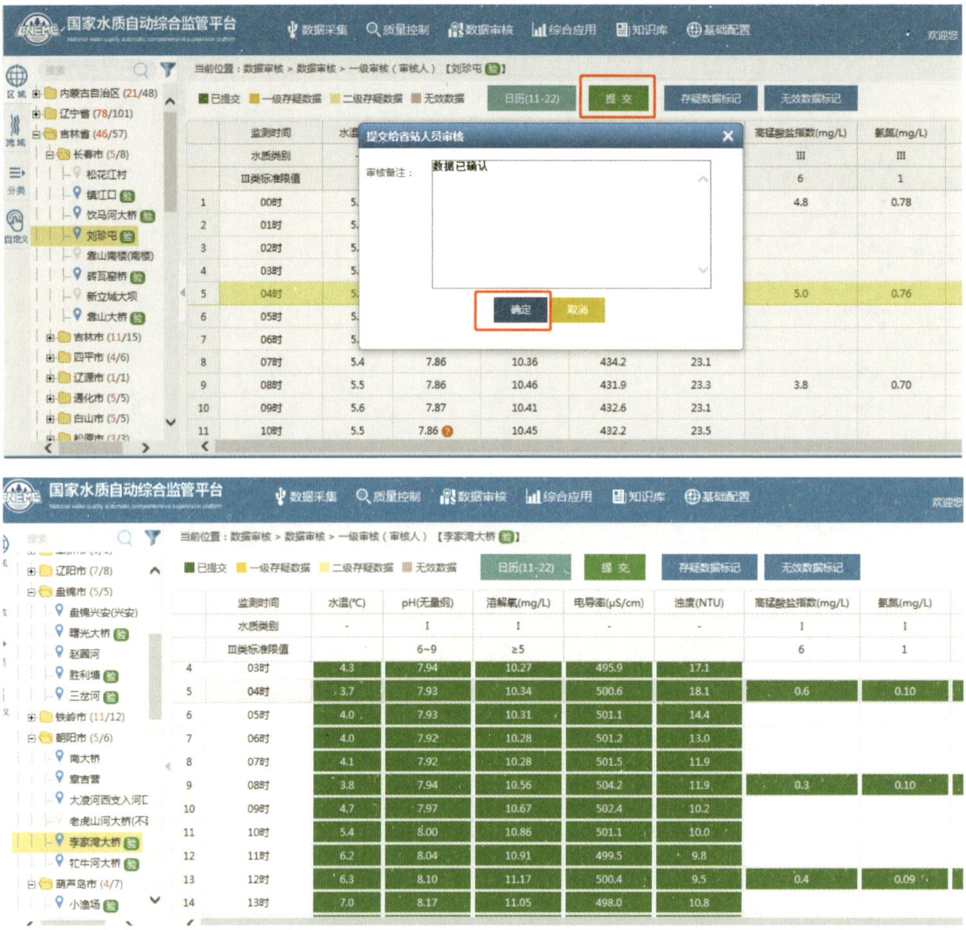

图 3-11　审核更改界面（续）

⑤数据审核整体提交后，当前审核人员没有再次标记数据状态的权限，即提交后无法更改。

4

质量控制体系

数据质量控制是指为了保障自动监测数据质量和可信性所采取的一系列措施，分为内部质控和外部质控。内部质控主要包含日质控、周质控、月质控，外部质控主要包含盲样考核、飞行检查等。

为保障国家地表水自动监测网络数据质量，总站首次构建了贯穿水站运行全程序的日质控、周质控、月质控等多级质控措施，以及包含仪器、系统流程日志和关键参数上传，仪器分析原始信号值溯源计算，远程质控、在线盲样考核等在内的多维度质控体系，并将其逐步完善，使其贯穿于水站整个运行维护周期之中。仪器和系统的自动化质控功能与国家水质自动综合监管平台相结合，可以对多维度的质控信息进行综合分析，实现了主动对监测数据的有效性进行智能判断和预审核的目标，全面保障了监测数据的“真实性”和“准确性”。

本章主要参考《地表水水质自动监测站运行维护技术要求（试行）》，详见附件 1。

4.1 总体要求

①当监测项目水体浓度连续超出仪器当前跨度值时，应重新确定跨度，并进行标样核查；当监测项目水质类别发生变化且未超出当前跨度值时，可继续使用当前跨度。

②当监测项目上一个月 20 d 以上为Ⅰ～Ⅱ类时，质控措施应按照Ⅰ～Ⅱ类水体的质控要求进行；否则质控措施应按照Ⅲ～劣Ⅴ类水体的质控要求进行。

③自动监测仪器零点核查、跨度核查、水样测试应使用同一量程或同一稀释流程（稀释倍数），所选跨度核查液浓度应大于当前水体浓度值。

④每周进行的质控措施与前一次间隔时间不得小于 4 d；每月开展的质控措施与前一次间隔时间不得小于 15 d。

⑤所有维护及质控测试均应形成记录并上传平台。

4.2 质控措施实施频次

水站应按照表 4-1 规定的质控项目开展水站质控措施，实施频次应不低于表 4-1 的规定。

表 4-1 水质自动分析仪质控措施及频次

质控项目	不同水质类别的质控要求		质控频次	实施对象
	Ⅰ～Ⅱ类水体	Ⅲ～劣Ⅴ类水体		
零点核查	√	√	每天	氨氮、高锰酸盐指数、总磷、总氮
24 h 零点漂移	√	√	每天	
跨度核查	√	√	每天	
24 h 跨度漂移	√	√	每天	
标样核查	√	√	每周	
多点线性核查	√	√	每月	氨氮、高锰酸盐指数、总磷、总氮、叶绿素 a、蓝绿藻密度
实际水样比对	—	√	每月	常规五参数、叶绿素 a、氨氮、高锰酸盐指数、总磷、总氮
集成干预检查	—	√	每月	氨氮、高锰酸盐指数、总磷、总氮（浮船站除外）
加标回收率自动测试	—	√	每月	

①针对所有水站，氨氮、高锰酸盐指数、总磷、总氮应每 24 h 至少进行 1 次零点核查和跨度核查；每月至少进行 1 次多点线性核查。

②除浮船站外，每月至少进行 1 次加标回收率自动测试。

③针对Ⅲ～劣Ⅴ类水体，氨氮、高锰酸盐指数、总磷、总氮每月至少进行 1 次实际水样比对，Ⅰ类、Ⅱ类水体至少半年进行 1 次实际水样比对。

④针对Ⅲ～劣Ⅴ类水体，氨氮、高锰酸盐指数、总磷、总氮每月至少进行 1 次集成干预检查（水体浊度全月大于 1 000 NTU 可不进行集成干预检查）。

⑤常规五参数应每月进行 1 次实际水样比对；每周进行 1 次标样核查，浮船站如遇到天气原因无法登船的可延后进行。

⑥叶绿素 a、蓝绿藻密度应每月进行 1 次多点线性核查。

4.3 质控措施检测方法

4.3.1 氨氮、高锰酸盐指数、总磷、总氮水质自动分析仪质控措施核查方法

4.3.1.1 零点核查

水质自动分析仪测试采用跨度值为 0～10% 的标准溶液，测试结果以绝对误差

（AE）表示，计算公式见式 4-1。

$$AE=x_i-c \tag{4-1}$$

式中：AE——绝对误差，mg/L；

x_i——仪器零点测定值，mg/L；

c——标准溶液浓度值，mg/L。

4.3.1.2 24 h 零点漂移

水质自动分析仪采用跨度值为 0～20% 的标准溶液，以 24 h 为周期进行零点漂移测试，计算公式见式 4-2。

$$ZD=\frac{x_i-x_{i-1}}{S}\times 100\% \tag{4-2}$$

式中：ZD——24 h 零点漂移；

x_i——当日仪器零点测定值，mg/L；

x_{i-1}——前一日仪器零点测定值，mg/L；

S——仪器跨度值，mg/L。

4.3.1.3 跨度核查

使用跨度值为 20%～80% 的标准溶液对水质自动分析仪进行跨度核查，核查结果以相对误差（RE）表示，计算公式见式 4-3。

$$RE=\frac{x_i-c}{c}\times 100\% \tag{4-3}$$

式中：RE——相对误差；

x_i——仪器测定值，mg/L；

c——标准溶液浓度值，mg/L。

4.3.1.4 24 h 跨度漂移

水质自动分析仪采用跨度值为 20%～80% 的标准溶液，以 24 h 为周期进行跨度漂移测试，计算公式见式 4-4。

$$SD=\frac{x_i-x_{i-1}}{S}\times 100\% \tag{4-4}$$

式中：SD——24 h 跨度漂移；

x_i——当日仪器测定值，mg/L；

x_{i-1}——前一日仪器测定值，mg/L；

S——仪器跨度值，mg/L。

4.3.1.5 多点线性检查

多点线性检查是指水质自动分析仪依次测试跨度范围内 4 个点（含零点及低、中、高 4 个浓度点）的标准溶液，基于最小二乘法进行线性拟合，并计算每个点测试的示值误差。

空白样测试的示值误差以绝对误差表示，其他 3 个浓度标准溶液测试的示值误差以相对误差表示。

4.3.1.6 加标回收率自动测定

仪器进行一次实际水样测定后，对同一样品加入一定量的标准溶液，用仪器测试加标后的样品，以加标前后水样的测定值计算回收率，计算公式见式 4-5。

$$R = \frac{B - A}{\frac{V_1 \times C}{V_2}} \times 100\% \tag{4-5}$$

式中：R——加标回收率；

B——加标后水样测定值；

A——样品测定值；

V_1——加标体积，ml；

C——加标样浓度，mg/L；

V_2——加标后水样体积，ml。

注：当被测水样浓度低于分析仪器的 4 倍检出限时，加标量应为分析仪器 4 倍检出限浓度；加标量应尽量与样品待测物含量相等或相近，加标体积不得超过样品体积的 1%；当被测水样浓度高于分析仪器的 4 倍检出限时，加标量为水样浓度的 0.5～3 倍。当加标浓度超出分析仪器的量程时，分析仪器自动切换到合适量程进行测试。

4.3.1.7 集成干预检查

集成干预检查是指在采水口处人工采集的水样，沉淀 30 min 后经自动分析仪器直接测试，测试结果与系统自动测定的结果进行比对，从而检查系统集成对水质的影响，计算公式见式 4-6。

$$RE_i = \frac{|A_2 - A_1|}{\frac{A_2 + A_1}{2}} \times 100\% \tag{4-6}$$

式中：RE_i——仪器相对偏差；

A_1——系统自动测试结果；

A_2——人工采样仪器测试结果。

4.3.1.8 实际水样比对

开展实际水样比对时，实验室按照国家标准方法开展实验室手工分析。自动监测结果相对于实验室手工分析结果的相对误差应满足要求。

4.3.2 常规五参数水质分析仪质控措施核查方法

4.3.2.1 标样核查

使用标准溶液（购买标准溶液或自行配制）对自动监测仪器进行标样核查；标样核查结果以绝对误差（AE）或相对误差（RE）表示；温度、pH、溶解氧测试结果按照绝对误差进行检查，计算公式见式 4-7。

$$AE = x_i - c \tag{4-7}$$

式中：AE——绝对误差；

x_i——仪器测定值；

c——标准值。

电导率、浊度测试结果按照相对误差进行检查，计算公式见式 4-8。

$$RE = \frac{x_i - c}{c} \times 100\% \tag{4-8}$$

式中：RE——相对误差；

x_i——仪器测定值；

c——标准值。

注：① pH 测试结果选用 25℃时，pH 为 4.01、6.86、9.18 的标准 pH 缓冲溶液进行核查，每月至少应进行 2 个不同浓度标准溶液核查。②溶解氧测试结果每月应进行无氧水核查和空气中饱和溶解氧核查，溶解氧核查期间应使用温度电极测量室温；电导率和浊度每月应采用与监测断面

水质监测项目浓度相接近的标准溶液及其 2 倍浓度标准溶液进行核查。

4.3.2.2 实际水样比对

开展实际水样比对，可与经过认证的便携式仪器或第三方实验室比对，自动监测的结果相对于便携式仪器或实验室测试结果的误差应满足要求。

4.3.3 叶绿素 a 和蓝绿藻密度水质分析仪质控措施核查方法

4.3.3.1 多点线性核查

叶绿素 a 采用浓度均匀分布于跨度值范围内 4 个标准溶液进行多点线性核查。当水体为贫营养、中营养时，叶绿素 a 跨度值为中营养标准限值的 2.5 倍，富营养跨度值为标准限值的 2.5 倍；重富营养跨度值采用上一周的水质平均值的 2.5 倍。蓝绿藻密度浓度为采用 0、25 000 cells/ml、50 000 cells/ml、150 000 cells/ml 附近的标准溶液进行多点线性核查。其中，叶绿素 a 和蓝绿藻密度的标准溶液采用标准物质或等效物质配置。使用最小二乘法将测试结果与标准溶液浓度进行线性拟合，并计算每种标准溶液的示值误差。

4.3.3.2 实际水样比对

开展叶绿素 a 实际水样比对，可与经过相关认证的便携式仪器或第三方实验室比对，自动监测的结果相对于便携式仪器或实验室测试结果的相对误差应满足要求。

4.4 质控措施技术要求

4.4.1 氨氮、高锰酸盐指数、总磷、总氮自动分析仪质控措施技术要求

氨氮、高锰酸盐指数、总磷、总氮自动分析仪质控措施技术要求见表 4-2。

表 4-2 氨氮、高锰酸盐指数、总磷、总氮自动分析仪质控措施技术要求

质控措施		技术要求：高锰酸盐指数	技术要求：氨氮	技术要求：总磷	技术要求：总氮	检测方法	备注
零点核查	Ⅰ～Ⅲ类水体	±1.0 mg/L	±0.2 mg/L	±0.02 mg/L	±0.3 mg/L	4.3.1	
零点核查	Ⅳ～劣Ⅴ类水体	±5% FS（浮船总磷 ±0.02 mg/L）				4.3.1	
零点核查	注：湖库总磷：Ⅰ～Ⅳ类水体为 ±0.02 mg/L；Ⅴ～劣Ⅴ类水体为 ±5% FS						
24 h 零点漂移		±10%	±5%			4.3.1	
跨度核查		±10%（非浮船站）；±15%（浮船站）	±10%			4.3.1	
24 h 跨度漂移		±10%（非浮船站）；±15%（浮船站）	±10%			4.3.1	
多点线性核查	相关系数 r	≥ 0.98				4.3.1	可使用当日日质控测试结果且在当日完成
多点线性核查	示值误差（浓度>20%FS）	±10%				4.3.1	
多点线性核查	示值误差（浓度≤20% FS）	参照零点核查要求				4.3.1	
实际水样比对		$Cx>B$ Ⅳ	相对误差≤20%			4.3.1	
实际水样比对		B Ⅱ$<Cx\leq B$ Ⅳ	相对误差≤30%			4.3.1	
实际水样比对		$Cx\leq B$ Ⅳ	相对误差≤40%			4.3.1	
实际水样比对		除湖库总磷外，当自动监测结果和实验室分析结果均低于 B Ⅱ时，认定比对实验结果合格。 当湖库总磷自动监测结果和实验室分析结果均低于 B Ⅲ时，认定比对实验结果合格。 注：①为实验室分析结果； ②B 为《地表水环境质量标准》（GB 3838—2002）规定的水质类别限值； ③总氮河流无水质类别标准，可参考湖库标准。				4.3.1	
加标回收率自动测试		80%～120%				4.3.1	浮船站除外
集成干预检查		±10%				4.3.1	浮船站除外

4.4.2 常规五参数自动分析仪质控措施实施要求

常规五参数水质自动分析仪质控措施实施要求见表 4-3。

表 4-3 常规五参数水质自动分析仪质控措施实施要求

<table>
<tr><th rowspan="2">监测项目</th><th colspan="4">技术要求</th><th rowspan="2">检测方法</th></tr>
<tr><th colspan="2">标准溶液考核</th><th colspan="2">实际水样比对</th></tr>
<tr><td>水温</td><td colspan="2">—</td><td colspan="2">±0.5℃</td><td rowspan="11">4.3.2</td></tr>
<tr><td>pH</td><td colspan="2">±0.15</td><td colspan="2">±0.5</td></tr>
<tr><td rowspan="2">溶解氧</td><td colspan="2" rowspan="2">±0.3 mg/L</td><td colspan="2">±0.5 mg/L</td></tr>
<tr><td colspan="2">溶解氧过饱和时不考核</td></tr>
<tr><td rowspan="2">电导率</td><td>标准溶液值>100 μS/cm</td><td>±5%</td><td>电导率>100 μS/cm</td><td>±10%</td></tr>
<tr><td>标准溶液值≤100 μS/cm</td><td>±5 μS/cm</td><td>电导率≤100 μS/cm</td><td>±10 μS/cm</td></tr>
<tr><td rowspan="3">浊度</td><td>浊度≤30 NTU；
浊度≥1 000 NTU</td><td>不考核</td><td>浊度≤30 NTU；
浊度≥1 000 NTU</td><td>不考核</td></tr>
<tr><td>30NTU<浊度≤50 NTU</td><td>±15%</td><td>30 NTU<浊度≤50 NTU</td><td>±30%</td></tr>
<tr><td>50NTU<浊度<1 000 NTU</td><td>±10%</td><td>50 NTU<浊度<1 000 NTU</td><td>±20%</td></tr>
</table>

4.4.3 叶绿素 a、蓝绿藻密度自动分析仪质控措施实施要求

叶绿素 a、蓝绿藻密度水质自动分析仪质控措施实施要求见表 4-4。

表 4-4 叶绿素 a、蓝绿藻密度水质自动分析仪质控措施实施要求

<table>
<tr><th>监测项目</th><th>质控项目</th><th>技术要求</th><th>检测方法</th></tr>
<tr><td>叶绿素 a</td><td>多点线性核查</td><td rowspan="2">零点绝对误差应为≤3 倍检出限，其他点相对误差应≤±5%，线性相关系数应≥0.993</td><td rowspan="2">4.3.3</td></tr>
<tr><td>蓝绿藻密度</td><td>多点线性核查</td></tr>
</table>

4.5 维护后质控措施实施要求

①更换试剂以后，应进行两点以上的曲线校准和标样核查。

②当水质自动分析仪器关键部件更换后，应进行多点线性核查，必要时应开展实际水样比对。

③当水质自动分析仪长时间停机后应进行多点线性核查和实际水样比对。

4.6 其他质控要求

①当水质自动分析仪相关质控核查结果数据接近质控要求限值时应及时进行预防性维护。

② 24 h 零点 / 跨度核查与漂移未通过后，维护后应进行零点 / 跨度核查与漂移，通过后再进行其他质控措施。

③多点线性核查未通过时，维护后应进行零点 / 跨度核查与漂移，通过后再进行多点线性核查。

④当实际水样比对未通过时，维护后应进行零点 / 跨度核查与漂移，通过后再先后进行多点线性核查和实际水样比对测试。

⑤当水站质控结果连续 3 个月全部通过时，运维单位可降低该水站的运维频次。

⑥每月对备机进行一次标样核查，标样核查结果应上传平台。

⑦当水质监测数据异常或水质下降至水质类别发生变化时应启动一次留样（浮船站除外），留样后应按照应急维护要求执行。

⑧水质自动分析仪斜率 k、截距 b、消解温度等关键参数修改须通过审核；待审核通过后再进行更改，并在平台备案，否则参数更改后的测试数据将视为无效数据。

5

自动监测数据获取及存储

地表水自动监测仪器及系统通信协议，详见附件2《地表水自动监测仪器通信协议技术规定（试行）》和附件3《地表水自动监测系统通信协议技术规定（试行）》。

5.1 日常监测数据的获取和入库规则

5.1.1 时效性

日常监测参数数据整点实时上传，其中常规五参数（水温、pH、溶解氧、电导率、浊度）每小时上传一组数据；四参数（高锰酸盐指数、氨氮、总磷和总氮）每4 h上传一组数据，详见表5-1。

表5-1 日常监测参数数据整点实时上传列表

时间	监测项目	备注
0:00:00	水温、pH、溶解氧、电导率、浊度、高锰酸盐指数、氨氮、总磷、总氮（叶绿素a、藻密度）	
1:00:00	水温、pH、溶解氧、电导率、浊度（叶绿素a、藻密度）	
2:00:00	水温、pH、溶解氧、电导率、浊度（叶绿素a、藻密度）	
3:00:00	水温、pH、溶解氧、电导率、浊度（叶绿素a、藻密度）	
4:00:00	水温、pH、溶解氧、电导率、浊度、高锰酸盐指数、氨氮、总磷、总氮（叶绿素a、藻密度）	
5:00:00	水温、pH、溶解氧、电导率、浊度（叶绿素a、藻密度）	
6:00:00	水温、pH、溶解氧、电导率、浊度（叶绿素a、藻密度）	零点漂移
7:00:00	水温、pH、溶解氧、电导率、浊度（叶绿素a、藻密度）	跨度漂移
8:00:00	水温、pH、溶解氧、电导率、浊度、高锰酸盐指数、氨氮、总磷、总氮（叶绿素a、藻密度）	
9:00:00	水温、pH、溶解氧、电导率、浊度（叶绿素a、藻密度）	平台计算QCF①
10:00:00	水温、pH、溶解氧、电导率、浊度（叶绿素a、藻密度）	
11:00:00	水温、pH、溶解氧、电导率、浊度（叶绿素a、藻密度）	
12:00:00	水温、pH、溶解氧、电导率、浊度、高锰酸盐指数、氨氮、总磷、总氮（叶绿素a、藻密度）	
13:00:00	水温、pH、溶解氧、电导率、浊度（叶绿素a、藻密度）	

① QCF，Quality Control Form，质量控制表。

续表

时间	监测项目	备注
14:00:00	水温、pH、溶解氧、电导率、浊度（叶绿素 a、藻密度）	
15:00:00	水温、pH、溶解氧、电导率、浊度（叶绿素 a、藻密度）	
16:00:00	水温、pH、溶解氧、电导率、浊度、高锰酸盐指数、氨氮、总磷、总氮（叶绿素 a、藻密度）	
17:00:00	水温、pH、溶解氧、电导率、浊度（叶绿素 a、藻密度）	
18:00:00	水温、pH、溶解氧、电导率、浊度（叶绿素 a、藻密度）	
19:00:00	水温、pH、溶解氧、电导率、浊度（叶绿素 a、藻密度）	
20:00:00	水温、pH、溶解氧、电导率、浊度、高锰酸盐指数、氨氮、总磷、总氮（叶绿素 a、藻密度）	
21:00:00	水温、pH、溶解氧、电导率、浊度（叶绿素 a、藻密度）	
22:00:00	水温、pH、溶解氧、电导率、浊度（叶绿素 a、藻密度）	
23:00:00	水温、pH、溶解氧、电导率、浊度（叶绿素 a、藻密度）	

5.1.2 监测指标

国控水站常规监测指标包括水温、pH、溶解氧、浊度、电导率、高锰酸盐指数、氨氮、总磷、总氮 9 项；根据不同水体考核指标，还可扩展相应的监测因子，所扩展的因子编码应符合《水污染物名称代码》（HJ 525—2009）要求；数据修约仅为平台软件显示各监测指标小数点位数提供参考依据。水污染物环境监测指标编码见表 5-2，环境监测指标编码见表 5-3。

表 5-2 水污染物环境监测指标编码

序号	编码	中文名称	缺省计量单位（浓度）	缺省数据类型（数据修约）
1	w01010	水温	℃	N3.1
2	w01001	pH	无量纲	N3.2
3	w01009	溶解氧	mg/L	N3.2
4	w01003	浑浊度	NTU	N3.2
5	w01014	电导率	uS/cm	N3.2
6	w01019	高锰酸盐指数	mg/L	N3.1
7	w01018	化学需氧量（COD）	mg/L	N3
8	w01017	五日生化需氧量（BOD_5）	mg/L	N3.1

续表

序号	编码	中文名称	缺省计量单位（浓度）	缺省数据类型（数据修约）
9	w21003	氨氮（NH_3-N）	mg/L	N3.2
10	w21011	总磷（以 P 计）	mg/L	N3.2
11	w21001	总氮（湖、库以 N 计）	mg/L	N3.2
12	w20122	铜	mg/L	N3.5
13	w20123	锌	mg/L	N3.4
14	w21017	氟化物（以 F^- 计）	mg/L	N3.3
15	w20128	硒	mg/L	N3.4
16	w20141	砷	mg/L	N3.4
17	w20111	汞	mg/L	N3.5
18	w20115	镉	mg/L	N3.5
19	w20116	铬	mg/L	N3.3
20	w20117	六价铬	mg/L	N3.3
21	w20120	铅	mg/L	N3.5
22	w21016	氰化物	mg/L	N3.3
23	w23002	挥发酚	mg/L	N3.4
24	w22001	石油类	mg/L	N3.2
25	w19002	阴离子表面活性剂	mg/L	N3.2
26	w21019	硫化物	mg/L	N3.3
27	w02003	粪大肠菌群	个 /L	N9
28	w21038	硫酸盐（以 SO_4^{2-} 计）	mg/L	N3.2
29	w21022	氯化物（以 Cl 计）	mg/L	N3.2
30	w21007	硝酸盐（以 N 计）	mg/L	N3.2
31	w20125	铁	mg/L	N3.2
32	w20124	锰	mg/L	N3.2
33	w24004	三氯甲烷	mg/L	N3.4
34	w24005	四氯化碳（四氯甲烷）	mg/L	N3.5
35	w24009	三溴甲烷	mg/L	N3.3
36	w24003	二氯甲烷	mg/L	N3.4
37	w24017	1,2- 二氯乙烷	mg/L	N3.4
38	w24024	环氧氯丙烷	mg/L	N3.2
39	w24046	氯乙烯	mg/L	N3.3

续表

序号	编码	中文名称	缺省计量单位（浓度）	缺省数据类型（数据修约）
40	w24047	1,1- 二氯乙烯	mg/L	N3.6
41	w24048	1,2- 二氯乙烯	mg/L	N3.6
42	w24049	三氯乙烯	mg/L	N3.4
43	w24050	四氯乙烯	mg/L	N3.4
44	w24062	氯丁二烯	mg/L	N3.3
45	w24064	六氯丁二烯	mg/L	N3.5
46	w25038	苯乙烯	mg/L	N3.2
47	w31001	甲醛	mg/L	N3.2
48	w31002	乙醛	mg/L	N3.2
49	w31004	丙烯醛	mg/L	N3.3
50	w31003	三氯乙醛	mg/L	N3.3
51	w25002	苯	mg/L	N3.5
52	w25003	甲苯	mg/L	N3.3
53	w25004	乙苯	mg/L	N3.3
54	w25005	二甲苯①	mg/L	N3.3
55	w25034	异丙苯	mg/L	N3.4
56	w25010	氯苯	mg/L	N3.2
57	w25011	1,2- 二氯苯	mg/L	N3.3
58	w25013	1,4- 二氯苯	mg/L	N3.3
59	w25014	三氯苯②	mg/L	N3.5
60	w25016	四氯苯③	mg/L	N3.5
61	w25019	六氯苯	mg/L	N3.5
62	w25023	硝基苯	mg/L	N3.4
63	w25027	二硝基苯④	mg/L	N3.1
64	w25030	2,4- 二硝基甲苯	mg/L	N3.4
65	w25032	2,4,6- 三硝基甲苯	mg/L	N3.1
66	w25020	硝基氯苯⑤	mg/L	N3.4
67	w25022	2,4- 二硝基氯苯	mg/L	N3.1
68	w23020	2,4- 二氯苯酚	mg/L	N3.4
69	w23022	2,4,6- 三氯苯酚	mg/L	N3.5

续表

序号	编码	中文名称	缺省计量单位（浓度）	缺省数据类型（数据修约）
70	w23025	五氯酚	mg/L	N3.6
71	w26001	苯胺	mg/L	N3.3
72	w26002	联苯胺	mg/L	N3.4
73	w26048	丙烯酰胺	mg/L	N3.5
74	w99010	丙烯腈	mg/L	N3.2
75	w29002	邻苯二甲酸二丁酯	mg/L	N3.4
76	w29004	邻苯二甲酸二（2- 乙基己基）酯	mg/L	N3.4
77	w21009	水合肼	mg/L	N3.3
78	w20047	四乙基铅	mg/L	N3.4
79	w25052	吡啶	mg/L	N3.3
80	w22007	松节油	mg/L	N3.2
81	w23036	苦味酸	mg/L	N3.3
82	w32003	丁基黄原酸	mg/L	N3.3
83	w21023	活性氯	mg/L	N3.3
84	w33007	滴滴涕	mg/L	N3.4
85	w33005	林丹	mg/L	N3.6
86	w99003	环氧七氯	mg/L	N3.6
87	w33020	对硫磷	mg/L	N3.5
88	w33021	甲基对硫磷	mg/L	N3.5
89	w33022	马拉硫磷	mg/L	N3.5
90	w33019	乐果	mg/L	N3.5
91	w33010	敌敌畏	mg/L	N3.5
92	w33011	敌百虫	mg/L	N3.6
93	w33025	内吸磷	mg/L	N3.4
94	w33012	百菌清	mg/L	N3.4
95	w33047	甲萘威	mg/L	N3.2
96	w33052	溴氰菊酯	mg/L	N3.4
97	w33029	阿特拉津	mg/L	
98	w25043	苯并［*a*］芘	mg/L	N3.6
99	w20136	甲基汞	mg/L	N3.8

续表

序号	编码	中文名称	缺省计量单位（浓度）	缺省数据类型（数据修约）
100	w27001	多氯联苯⑥	mg/L	
101	w99004	微囊藻毒素 -L R	mg/L	N3.5
101	w21013	黄磷	mg/L	N3.4
102	w20061	钼	mg/L	N3.5
103	w20038	钴	mg/L	N3.5
104	w20127	铍	mg/L	N3.5
105	w20023	硼	mg/L	N3.2
106	w20004	锑	mg/L	N3.5
107	w20121	镍	mg/L	N3.5
108	w20012	钡	mg/L	N3.5
109	w20101	钒	mg/L	N3.5
110	w20095	钛	mg/L	N3.4
111	w20089	铊	mg/L	N3.6
112	w01020	总有机碳（TOC）	mg/L	N3.2
113	w01022	蓝绿藻	mg/L	N3.2
114	w01016	叶绿素 a	μg/L	N9
115	w19011	藻密度	万个 /L	N9
116	w02004	总大肠菌群	个 /L	N9
117	w02005	耐热大肠菌群	个 /L	N9
118	w02006	细菌总数	个 /L	N9
119	w02007	大肠埃希氏菌	个 /L	N9
120	w01006	溶解性总固体	mg/L	N4
121	w21006	亚硝酸盐	mg/L	N2.3
122	w21015	（正）磷酸盐	mg/L	N3.3
123	w01023	综合生物毒性（发光菌）	%	N3.3
124	w01024	综合生物毒性（鱼法）	%	N3.3
125	w25073	对、间二甲苯	mg/L	N3.3

注：①二甲苯：指对二甲苯、间二甲苯、邻二甲苯。
②三氯苯：指 1,2,3- 三氯苯、1,2,4- 三氯苯、1,3,5- 三氯苯。
③四氯苯：指 1,2,3,4- 四氯苯、1,2,3,5- 四氯苯、1,2,4,5- 四氯苯。
④二硝基苯：指对二硝基苯、间二硝基苯、邻二硝基苯。
⑤硝基氯苯：指对硝基氯苯、间硝基氯苯、邻硝基氯苯。
⑥多氯联苯：指 PCB-1016、PCB-1221、PCB-1232、PCB-1242、PCB-1248、PCB-1254、PCB-1260。

表 5-3 环境监测指标编码（可扩展）

编码	中文名称	缺省计量单位（浓度）	缺省数据类型
e01001	温度	℃	N3.2
e01002	湿度	%	N3.2
e01003	电压（市电）	V	N3.2
e01004	电压（系统）	V	N3.2
e01005	水压 1（源水压）	P	N3.3
e01006	水压 2（出口）	P	N3.3
e01007	水压 3	P	N3.3
e01008	水压 4	P	N3.3
e01101	经度	度	—
e01102	纬度	度	—
e01201	水位	m	N3.2
e01202	流速	m/s	N3.2
e01203	瞬时流量	m^3/s	N6.2
e01204	累积流量	m^3	N6.2
e01301	风速	m/s	N3.2
e01302	风向	方位	N3.2
e01303	降水量	mm	N3.2

5.2 质控数据的获取和入库规则

5.2.1 日质控

5.2.1.1 日质控要求

（1）24 h 零点核查 / 零点漂移

通过水质自动站上传的零点核查数据与平台设置的标准样品浓度来计算监测项目（高锰酸盐指数、氨氮、总磷、总氮）零点核查的绝对误差；与上一次的零点核查数据、跨度值来计算 24 h 零点漂移数据。

（2）24 h 跨度核查 / 跨度漂移

通过水质自动站上传的跨度核查数据与平台设置的标准样品浓度来计算监测项

目（高锰酸盐指数、氨氮、总磷、总氮）的跨度核查相对误差；与上一次跨度核查数据、跨度值来计算 24 h 跨度漂移数据。

5.2.1.2 日质控设置

①运维人员登录平台后，在日质控设置功能中，点击设置内容，设置四参数（高锰酸盐指数、氨氮、总磷、总氮）的跨度值、零点标准溶液浓度、跨度标准溶液浓度，然后点击提交。日质控设置流程见图 5-1，日质控设备界面见图 5-2。

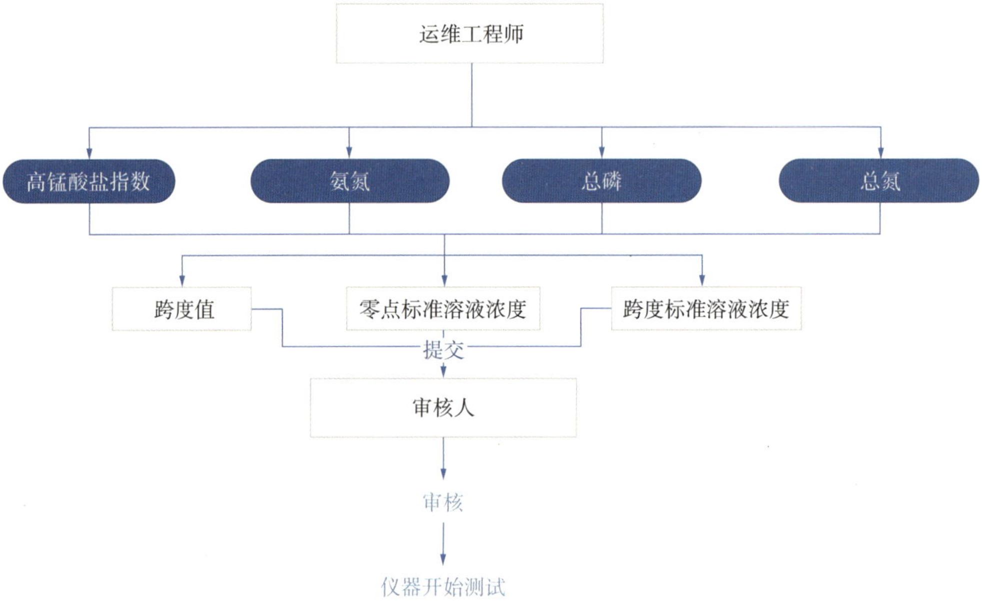

图 5-1 日质控设置流程

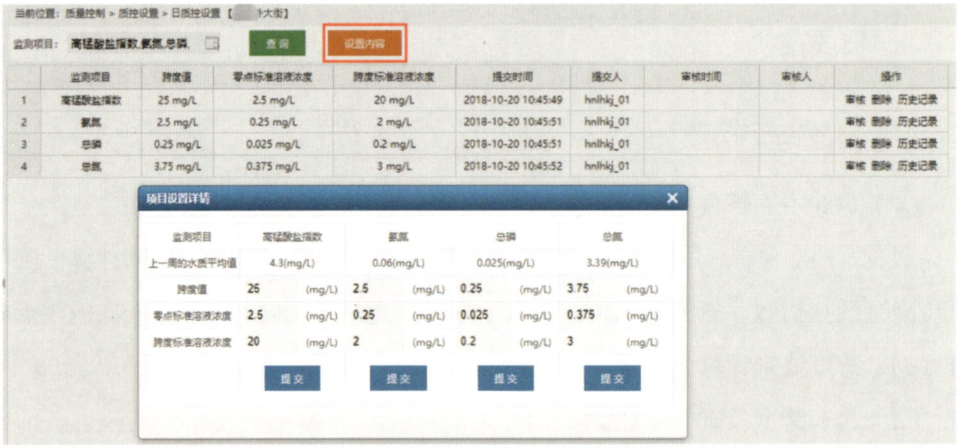

图 5-2 日质控设置界面

②联系运维单位技术负责人，登录平台，在日质控设置中找到该水站，对运维人员设置的信息进行审核。日质控审核界面见图 5-3。

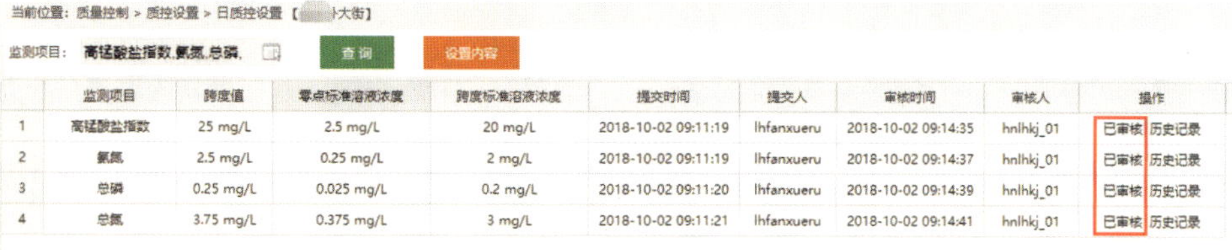

当前位置：质量控制 > 质控设置 > 日质控设置【 大街】

监测项目：高锰酸盐指数,氨氮,总磷, 查询 设置内容

	监测项目	跨度值	零点标准溶液浓度	跨度标准溶液浓度	提交时间	提交人	审核时间	审核人	操作
1	高锰酸盐指数	25 mg/L	2.5 mg/L	20 mg/L	2018-10-02 09:11:19	lhfanxueru	2018-10-02 09:14:35	hnlhkj_01	已审核 历史记录
2	氨氮	2.5 mg/L	0.25 mg/L	2 mg/L	2018-10-02 09:11:19	lhfanxueru	2018-10-02 09:14:37	hnlhkj_01	已审核 历史记录
3	总磷	0.25 mg/L	0.025 mg/L	0.2 mg/L	2018-10-02 09:11:20	lhfanxueru	2018-10-02 09:14:39	hnlhkj_01	已审核 历史记录
4	总氮	3.75 mg/L	0.375 mg/L	3 mg/L	2018-10-02 09:11:21	lhfanxueru	2018-10-02 09:14:41	hnlhkj_01	已审核 历史记录

图 5-3 日质控审核界面

③水站现场按照平台上设置的零点 / 跨度标准溶液浓度进行自动测试，并上传数据。

④当出现某个参数的零点核查、零点漂移、跨度核查、跨度漂移 4 项中某一项不合格时，需要补做这个参数的零点核查与跨度核查。

5.2.1.3 日质控数据计算

平台在每日 9 点第一次计算自动站上传的零点核查和跨度核查的合格情况，并与前一个值计算 24 h 零点漂移和 24 h 跨度漂移合格情况，如果 9 点前日质控数据未上传，平台暂不计算日质控合格情况。

当天某个监测项目的核查与漂移只要有一项不合格，则需要运维人员手动补做该项目的零点核查与跨度核查，手动补做的零点核查与跨度核查数据上传至平台，数据不参与 24 h 零点漂移和 24 h 跨度漂移计算。

5.2.2 周质控

5.2.2.1 周质控要求

水站应每周做 1 次五参数周质控核查，通过水质自动站上传的周质控数据与平台设置的标准浓度值来计算监测项目（pH、电导率、溶解氧、浊度、水温）的绝对误差或相对误差，以确认五参数仪表的准确度是否符合规范要求。周质控设置流程见图 5-4。

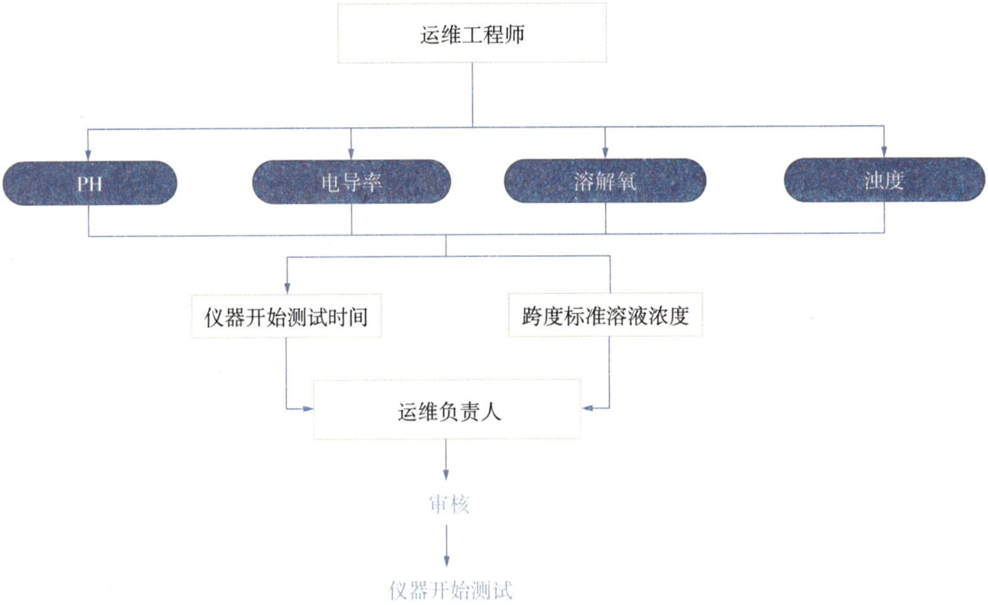

图 5-4　周质控设置流程

5.2.2.2　周质控设置

①运维人员登录平台后，在周质控设置功能中，点击设置内容，设置常规五参数（水温、pH、溶解氧、电导率、浊度）的标准溶液浓度然后点击提交。周质控设置界面见图 5-5。

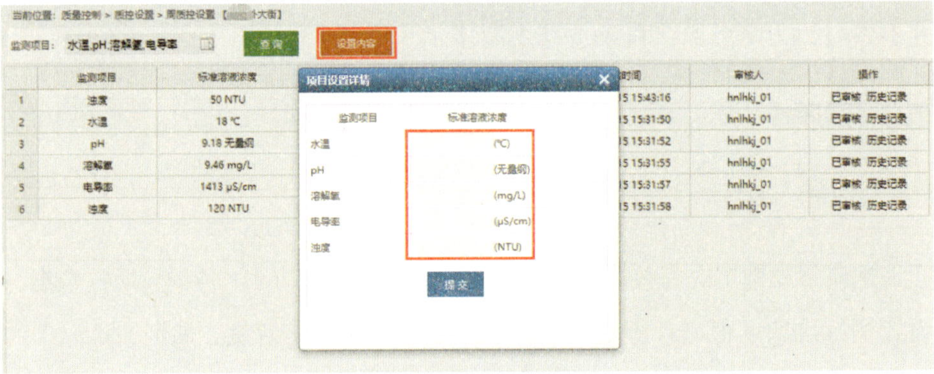

图 5-5　周质控设置界面

②运维人员对周质控信息设置提交后，由运维单位技术负责人对该水站的设置的信息进行审核。周质控审核界面见图 5-6。

当前位置：质量控制 > 质控设置 > 周质控设置 【[redacted]卜大街】

监测项目：水温,pH,溶解氧,电导率 查询 设置内容

	监测项目	标准溶液浓度	提交时间	提交人	审核时间	审核人	操作
1	水温	20 ℃	2018-10-20 14:30:26	hnlhkj_01			审核 删除 历史记录
2	pH	9.1 无量纲	2018-10-20 14:30:26	hnlhkj_01			审核 删除 历史记录
3	溶解氧	9.4 mg/L	2018-10-20 14:30:26	hnlhkj_01			审核 删除 历史记录
4	电导率	1413 μS/cm	2018-10-20 14:30:26	hnlhkj_01			审核 删除 历史记录
5	浊度	120 NTU	2018-10-20 14:30:26	hnlhkj_01			审核 删除 历史记录

图 5-6 周质控审核界面

③运维人员在水站现场配置好对应五参数的标准溶液后，进行单个监测项目的标样核查测试，并上传数据。标样核查数据界面见图 5-7。

注：当平台设置、审核完成以后，现场启动五参数周质控的时间，该时间须大于该条数据的审核时间。

开始时间：2019-06-12 结束时间：2019-06-22 监测项目：水温,pH,溶解氧,电导率 查询

	参数	测试时间	测试值	标准值	数据标记	标记说明
1	pH	2019-06-17 15:33:15	6.84	0	N	正常
2	浊度	2019-06-17 15:33:01	66.4	0	N	正常
3	溶解氧	2019-06-17 15:32:51	7.89	0	N	正常
4	水温	2019-06-17 15:32:32	26.7	0	N	正常
5	电导率	2019-06-17 15:33:48	1358.4	0	N	正常

图 5-7 标样核查数据界面

④现场仪器启动周质控测试并将数据上传至平台，平台通过审核时间与仪器周质控开始时间匹配，则把设置的值写入数据库参与计算周质控合格情况。周质控结果界面见图 5-8。

监测时间	审核时间	监测项目	单位	仪器测试值	标准液浓度	误差	技术要求	是否过期	是否合格
2019-06-17 15:32:32	2019-06-17 15:31:56	水温	℃	26.7	27.0	-0.3	/	否	/
2019-06-17 15:33:15	2019-06-17 15:31:59	pH	无量纲	6.84	6.86	-0.02	±0.1	否	合格
2019-06-17 15:32:51	2019-06-17 15:32:04	溶解氧	mg/L	7.89	7.96	-0.07	±0.3	否	合格
2019-06-17 15:33:48	2019-06-17 15:32:07	电导率	μS/cm	1358.4	1413.0	-3.9%	±5%	否	合格
2019-06-17 15:33:01	2019-06-17 15:32:11	浊度	NTU	66.4	70.0	-5.1%	±10%	否	合格

图 5-8 周质控结果界面

5.2.3 月质控

5.2.3.1 周质控要求

运维工程师通过平台提交（高锰酸盐指数、氨氮、总磷、总氮）多点线性核查、加标回收率、集成干预检查、实际水样比对的设置信息，由运维单位角色进行审核。月质控设置流程见图 5-9。

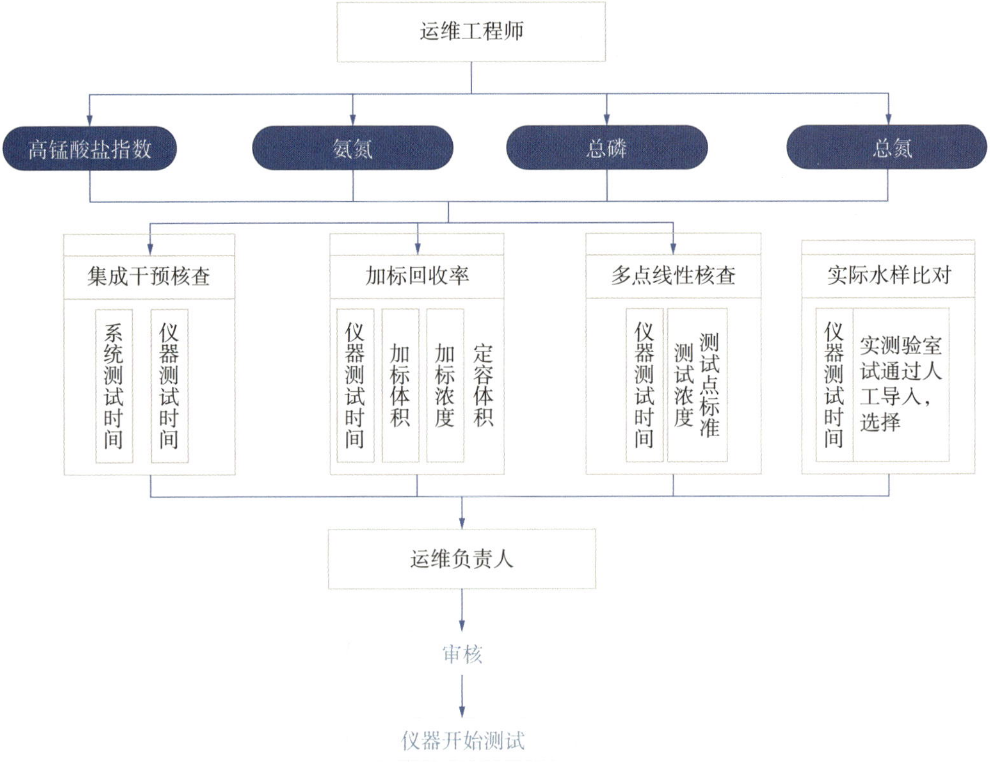

图 5-9　月质控设置流程

5.2.3.2　多点线性核查设置与上传

①运维人员登录平台后，在月质控设置－多点线性核查设置功能中，点击设置内容，设置四参数（高锰酸盐指数、氨氮、总磷、总氮）的多点线性中各点的标准溶液浓度。第一点标液浓度可以点击“选择”二字，选择当天合格的零点核查信息，然后点击提交。多点线性设置界面见图 5-10。

图 5-10　多点线性设置界面

注：第一个点可以选择当天的零点核查信息，也可以自己设置一个标液浓度。若需自己设置，须设置多点线性测试中的最低标液浓度。

②联系运维单位技术负责人，登录运维单位的账号，在月质控设置－多点线性核查设置功能中找到该水站，对运维人员设置的信息进行审核。多点线性核查设置界面见图 5-11。

图 5-11 多点线性核查设置界面

③如果某个点“选择”的零点核查或者跨度核查的信息，数据审核完成后即可进行下一个点的设置。如果某个点是运维人员设置的标液浓度，数据审核后，运维人员开始在现场启动仪器对应浓度的标样核查测试，并上传数据。多点线性数据见图 5-12。

注：当平台设置、审核完成某个点的数据以后，现场启动标液核查的时间，须大于该点数据的审核时间。

开始时间：2019-06-13 结束时间：2019-06-22 监测项目：水温,pH,溶解氧,电导率 查询

	参数	测试时间	测试值	标准值	数据标记	标记说明
1	高锰酸盐指数	2019-06-17 11:38:34	4.97	12	hd	现场启动测试
2		2019-06-17 13:37:52	9.77	12	hd	现场启动测试
3	总氮	2019-06-17 11:41:04	5.21	10	hd	现场启动测试
4		2019-06-17 13:36:43	8.12	10	hd	现场启动测试
5	氨氮	2019-06-17 11:38:41	0.495	2	hd	现场启动测试
6		2019-06-17 14:00:19	0.998	2	hd	现场启动测试
7	总磷	2019-06-17 11:40:56	0.101	0.2	hd	现场启动测试
8		2019-06-17 13:36:34	0.149	0.2	hd	现场启动测试

图 5-12 多点线性数据上传

④多点线性核查中每个点的测试重复上面的①②③步骤。多点线性数据核查界

面见图 5-13。

多点线性 集成干预 实际水样比对 加标回收

开始测试时间	监测项目	单位	第1点	第2点	第3点	第4点	相关系数
2019-06-17 11:26:46	高锰酸盐指数	mg/L	0.8	5.0	9.8	11.5	0.999
2019-06-17 11:26:49	氨氮	mg/L	0.26	0.50	1.00	1.98	1.000
2019-06-17 11:26:51	总磷	mg/L	0.035	0.101	0.149	0.208	0.995
2019-06-17 11:26:53	总氮	mg/L	0.78	5.21	8.12	9.91	0.998

图 5-13 多点线性数据核查界面

5.2.3.3 集成干预核查设置与上传

①运维人员登录平台后，在月质控设置 - 集成干预核查设置功能中，点击设置内容，设置四参数（高锰酸盐指数、氨氮、总磷、总氮）经过集成测试的时间和未经过集成测试的时间，点击“提交”。经过集成干预测试的时间可以设置为水站自动测试的时间，未经过集成干预测试的时间设置成自动测试结束后的时间。集成干预设置界面见图 5-14。

项目设置详情

监测项目	高锰酸盐指数	氨氮	总磷	总氮
已经过集成测试				
未经过集成测试				
	提交	提交	提交	提交

图 5-14 集成干预设置界面

②联系运维单位技术负责人，登录运维单位的账号，在月质控设置 - 集成干预核查设置功能中找到该水站，对运维人员设置的信息进行审核。集成干预审核界面见图 5-15。

多点线性核查 集成干预核查 实际水样比对 加标回收率

	监测项目	未过集成测试时间	已过集成测试时间	提交时间	提交人	审核时间	审核人	操作
1	高锰酸盐指数	2019-06-17 17:00:00	2019-06-17 16:00:00	2019-06-17 14:49:34	喻子豪	2019-06-17 14:50:42	力合科技(湖南)股份有限	已审核 历史记录
2	氨氮	2019-06-17 17:00:00	2019-06-17 16:00:00	2019-06-17 14:49:37	喻子豪	2019-06-17 14:50:44	力合科技(湖南)股份有限	已审核 历史记录
3	总磷	2019-06-17 17:00:00	2019-06-17 16:00:00	2019-06-17 14:49:40	喻子豪	2019-06-17 14:50:46	力合科技(湖南)股份有限	已审核 历史记录
4	总氮	2019-06-17 17:00:00	2019-06-17 16:00:00	2019-06-17 14:49:42	喻子豪	2019-06-17 14:50:48	力合科技(湖南)股份有限	已审核 历史记录

图 5-15 集成干预审核界面

③运维人员在水站现场，将手工取的水样（未经过集成）放入仪器的水样

杯，通过工控机对单台仪表启动水样测试，并上传数据。集成干预数据上传界面见图 5-16，集成干预结果界面见图 5-17。

数据列表 单参数图表 多参数图表

	监测时间	水温(℃)	pH(无量纲)	溶解氧(mg/L)	电导率(μS/cm)	浊度(NTU)	高锰酸盐指数(mg/L)	氨氮(mg/L)	总磷(mg/L)	总氮(mg/L)
	Ⅲ类标准限值		6~9	≥5			6	1	0.2	
4	2019-06-17 19时	28.2	8.82	15.90	548.2	4.4				
5	2019-06-17 18时							0.101 hd		
6	2019-06-17 18时								0.046 hd	
7	2019-06-17 18时	28.2	8.85	16.62	538.7	4.3				
8	2019-06-17 17时							0.095 hd		

图 5-16 集成干预数据上传界面

多点线性 集成干预 实际水样比对 加标回收

监测项目	单位	测试结果		误差率	技术要求	是否合格
		系统自动	人工采样仪器			
自动取样时间：2019-06-17 16时，人工采样时间：2019-06-17 17:00:00						
高锰酸盐指数	mg/L	3.60	3.50	-2.8%	±10%	合格
氨氮	mg/L	0.110	0.100	-9.5%	±10%	合格
总磷	mg/L	0.046	0.046	0%	±10%	合格
总氮	mg/L	0.64	0.71	10.4%	±10%	不合格

图 5-17 集成干预结果界面

集成干预核查设置与上传实例

假设运维人员在水站现场，当前系统时间 11:30，系统集成（取水、预处理）加上高锰酸盐指数测试，需要 50 min 测试完成。

运维人员可以设置经过集成测试时间 12:00，未经过集成测试时间 12:55，然后由运维单位账号审核。

当 12:00 系统开始取水时，运维人员同时在取水口人工取样，12:50 仪器测试完成后，运维人员将人工取的水样放在高锰酸盐指数仪器的水样杯，12:56 分后，通过工控机发送高锰酸盐指数仪器的水样测试命令，测试完成后上传数据。

注：当平台设置、审核完成某个参数的未经过集成干预测试时间，现场启动仪器水样测试的时间，一定要大于未经过集成测试时间。

5.2.3.4 实际水样比对设置与上传

①运维人员登录平台后，在月质控设置－实际水样比对设置功能中，点击设置内容，设置水样测试时间，然后点击提交。实际水样比对设置界面见图 5-18。

图 5-18 实际水样比对设置界面

②联系运维单位技术负责人，登录运维单位的账号，在月质控设置－实际水样比对设置功能中找到该水站，对运维人员设置的信息进行审核。实际水样比对审核界面见图 5-19。

图 5-19 实际水样比对审核界面

③运维人员在第①步中设置的时间点在取水口进行手工取样，然后将水样送至第三方实验室进行分析。

④运维人员将实验室的数据录入平台，报告文件上传至平台。实际水样比对数据录入界面见图 5-20，实际水样比对结果界面见图 5-21。

图 5-20 实际水样比对数据录入界面

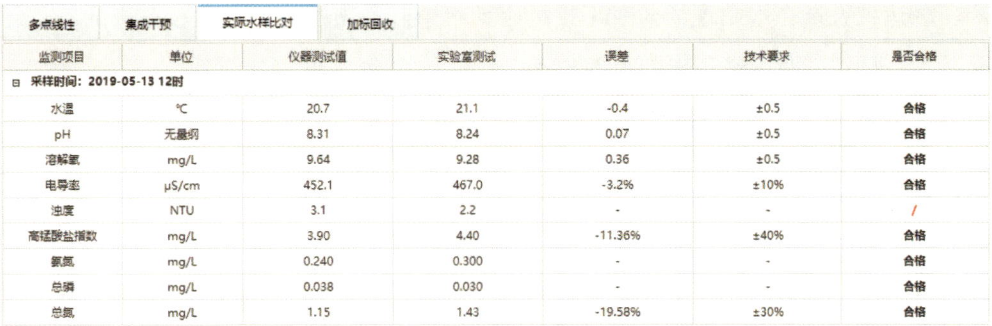

多点线性 | 集成干预 | 实际水样比对 | 加标回收

监测项目	单位	仪器测试值	实验室测试	误差	技术要求	是否合格
⊟ 采样时间：2019-05-13 12时						
水温	℃	20.7	21.1	-0.4	±0.5	合格
pH	无量纲	8.31	8.24	0.07	±0.5	合格
溶解氧	mg/L	9.64	9.28	0.36	±0.5	合格
电导率	μS/cm	452.1	467.0	-3.2%	±10%	合格
浊度	NTU	3.1	2.2	-	-	/
高锰酸盐指数	mg/L	3.90	4.40	-11.36%	±40%	合格
氨氮	mg/L	0.240	0.300	-	-	合格
总磷	mg/L	0.038	0.030	-	-	合格
总氮	mg/L	1.15	1.43	-19.58%	±30%	合格

图 5-21 实际水样比对结果界面

5.2.3.5 加标回收率设置与上传

①运维人员登录平台后，在月质控设置 - 加标回收率设置功能中，点击设置内容，设置四参数（高锰酸盐指数、氨氮、总磷、总氮）加标体积、加标浓度、定容体积，然后点击提交按钮。加标回收率设置界面见图 5-22。

图 5-22 加标回收率设置界面

②联系运维单位技术负责人，登录运维单位的账号，在月质控设置 - 加标回收率设置功能中找到该水站，对运维人员设置的信息进行审核。加标回收率审核界面见图 5-23。

多点线性核查 | 集成干预核查 | 实际水样比对 | 加标回收率

	监测项目	加标样浓度	定容体积	提交时间	提交人	审核时间	审核人	操作
1	总磷	50 mg/L	200 mL	2019-05-27 20:56:54	喻子豪	2019-05-27 20:59:01	苏珂婕	已审核 历史记录
2	总氮	200 mg/L	200 mL	2019-05-27 20:56:58	喻子豪	2019-05-27 20:59:05	苏珂婕	已审核 历史记录
3	高锰酸盐指数	1000 mg/L	200 mL	2019-05-27 20:56:01	喻子豪	2019-05-27 20:59:07	苏珂婕	已审核 历史记录
4	氨氮	100 mg/L	200 mL	2019-05-27 20:56:05	喻子豪	2019-05-27 20:59:17	苏珂婕	已审核 历史记录

图 5-23 加标回收率审核界面

③运维人员在水站现场通过工控机启动单个监测项目的加标回收率测试，并上传数据。加标回收率结果界面见图 5-24。

多点线性 集成干预 实际水样比对 加标回收

监测项目	样品测定值(mg/L)	加标后水样测定值(mg	加标体积(mL)	加标浓度(mg/L)	加标后体积(mL)	误差	技术要求	是否合格
监测时间：2019年06月22号								
总氮	0.524	1.343	1	200	200	81.900%	80%-120%	合格
总磷	0.045	0.212	0.8	50	200	83.500%	80%-120%	合格
氨氮	0.036	0.185	0.4	100	200	74.500%	80%-120%	不合格
高锰酸盐指数	3.7	7.3	0.8	1000	200	90.0%	80%-120%	合格

图 5-24 加标回收率结果界面

5.3 手工补测数据的录入规则和流程

5.3.1 补测要求

《地表水水质自动监测站运行维护技术规范（试行）》中手工补测要求如下。

①水站日常监测的项目均为补测项目；

②水站长时间停电或停水（自来水）超过 48 h，应手工补测 1 次，后续每周手工补测 2 次，直至水电供应恢复正常；

③水位不足造成水站无法取样分析超过 48 h，应手工补测 1 次，后续每周手工补测 2 次，直至河流水位恢复正常；

④由于采水设施损毁造成的水站无法取样分析超过 48 h，应手工补测 1 次，后续每周手工补测 2 次，直至采水设施恢复正常；

⑤河流断面处于冰封期无法正常运行时，应每周手工补测 2 次，直至水站正常运行；

⑥因台风、洪水、断流等不可抗力导致无法手工采样时，缺失的数据将不参与统计。

5.3.2 停站管理

在特殊情况下，如因子站改造、河流断流 / 水位过低、自然灾害、水站搬迁、停电、采水设施故障等情况导致水站无法正常运行，由运维单位出具停站报告，在平台上填写停站管理记录，录入停站开始时间、停站原因、描述信息，并上传停站报告、描述等信息。水站恢复正常运行后，申请复站，填写停站结束时间、描述信息，并上传相关附件。停运管理申请界面见图 5-25。

图 5-25　停运管理申请界面

确认停站信息录入正确后，点击确定生效。停站信息生效后，停站时间不能修改。停运管理界面见图 5-26。

图 5-26　停运管理界面

5.3.3　手工补测数据录入

对停站造成的手工补测情况，可以采样后送第三方实验室分析，或者在自动仪器质控全部通过的情况下，手工采样由仪器自动分析。平台具有手工监测数据补录功能，包含数据类型（实验室或自动仪器）、监测时间、水站日常监测项目的监测值，支持附件的上传及查看。停运补传数据补录界面见图 5-27，停运补传数据界面见图 5-28。

图 5-27　停运补传数据补录界面

				监测时间	水温(℃)	pH(无量纲)	溶解氧(mg/L)	电导率(μS/cm)	浊度(NTU)	高锰酸盐指数(mg/L)	氨氮(mg/L)
	☐	附件	数据类型	Ⅲ类标准限值		6~9	≥5			6	1
1	☐	上传及查看	自动仪器	2019-06-16 16:00:00	26.7	7.86	6.07	1029	848.7	23.33	4.483

图 5-28　停运补传数据界面

5.4　数据存储和备份规则

5.4.1　数据存储

数据采集、传输模块实时接入自动监测数据，同时将自动监测数据转发给数据存储子系统；数据存储子系统包含数据解析模块、数据入库模块、数据分析模块等，可实现多种不同接入协议的动态配置；支持接入协议的启用和停止。

对于大型、复杂系统的软件设计，从软件模型的角度来考虑，有效的办法就是把一个庞大的应用软件分成多个模块，每个模块保持一定的功能独立性，在协同工作时，通过相互之间的接口完成实际的任务。由此提出了软件设计中模块化的思想。

软件设计的模块化降低了设计开发的复杂度并使设计步骤清晰，也有利于提高软件的灵活性、可复用性等。进行模块化软件设计时应综合考虑模块的可分解性、可结合性、可理解性、连续性及模块保护几方面的要求。其结构见图 5-29。

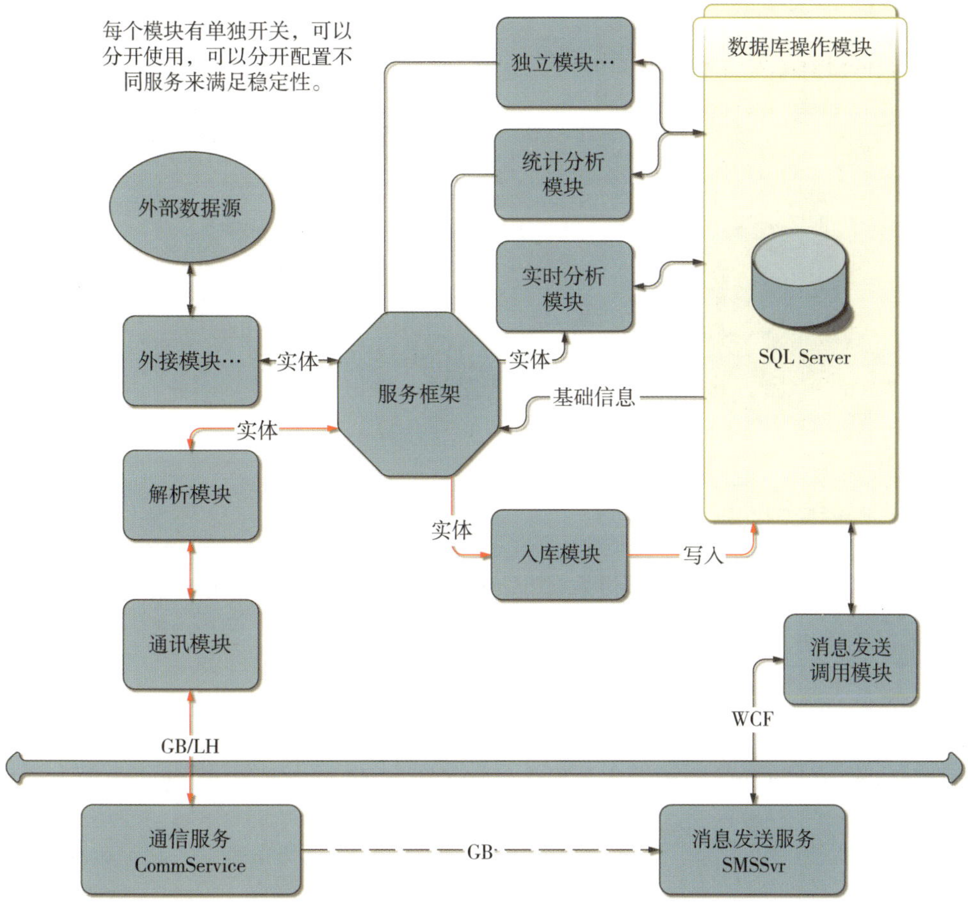

图 5-29 数据存储子系统模块化设计结构

5.4.2 数据备份

系统设计保证运行安全和数据安全，建立系统备份、信息冗余和灾害恢复机制，当系统出现故障、数据传输中断等突发事故时，能在 24 h 内恢复，事故期间的数据应具备存储备份机制，确保数据的不丢失，提升数据容灾备份能力。数据三级备份恢复及完整流程见图 5-30。

5.4.2.1 原始数据包备份

系统通过通信系统将接收的原始数据以文本文件形式存储在服务器上，原始数据实时备份，通过人工方式将数据定期进行备份，保证即使数据库出现崩溃后，也可以通过人工方式将原始数据包导入通信系统，通信系统将数据包转发到入库解析系统进行入库。

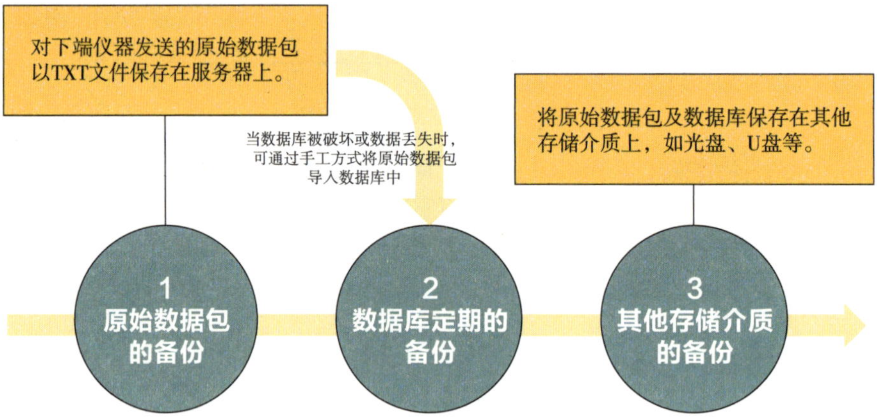

图 5-30 数据三级备份恢复及完整流程

5.4.2.2 数据库定期自动备份

通过系统库系统自带功能设置数据库定期进行差异备份，每天自动备份一次，确保数据不丢失。

5.4.2.3 其他存储介质备份

定期将原始数据包和数据库备份文件拷贝到其他存储介质中，防止出现不可抗力因素导致硬件设备崩溃数据丢失的情况。

6

数据发布

6.1 数据共享机制

6.1.1 共享服务申请

当各省监测站需要国家站平台的数据共享服务时，需向总站申请，并提交所需的材料。

6.1.2 共享服务审核

总站在审阅提交上来的数据共享服务申请报告后，会对其申请进行审核。当审核通过后，总站会提供可访问接口的 UserKey，其格式如下所示：

datashare=D186A13D5AC53698DF1064D982350C2E

客户端调用时服务通过请求获取其 HEAD 头文件进行校验，校验成功后方可获取请求数据。

6.1.3 服务调用声明

表 6-1 服务调用声明

序号	名称	说明	备注
1	服务地址	用于访问数据的服务地址；ip:port	由总站统一提供
2	头部文件	由账号与密钥组成	UserKey
3	返回内容	通过账号密钥验证后返回的内容	

6.1.4 接口详情

6.1.4.1 断面数据

接口描述：根据权限获取断面列表信息				
请求地址 URL	http://ip:port/RBACService/RBAC/GetGJZMNList			
接口名称	GetGJZMNList			
版本号	V1.0			
请求方式	Get			
返回值类型	JSON			
请求参数	参数名称	参数类型	默认值	说明
数据格式				

续表

参数	参数名称	参数类型	是否必填	说明
MN	断面编码	String		
MNName	断面名称	String		
Lng	经度	Float		
Lat	纬度	Float		
AreaID	行政区编号	String		
AreaName	行政区名称	String		
RiverID	流域编号	String		
RiverName	流域名称	String		
STGroup	断面分类	Int		1 趋势站、11 原有站、12 改造上收站、13 新建站、14 不建站

6.1.4.2 小时数据

接口描述：根据指定条件获取小时数据				
请求地址 URL	http://ip:port/CNEMCDataService/CNEMCData/GetWaterHourData?MN={MN}&dtStart={dtStart}&dtEnd={dtEnd}			
接口名称	GetWaterHourData			
版本号	V1.0			
请求方式	GET			
返回值类型	JSON			
请求参数	参数名称	参数类型	是否必填	说明
MN	断面编码	String	是	
dtStart	开始时间	String	是	例：空格用 %20 替换 2018-10-11%2012：12：12
dtEnd	结束时间	String	是	同上
数据格式				
参数	参数名称	参数类型	是否必填	说明
MN	断面编码	String		
MNName	断面名称	String		
LHCodeID	参数编码	String		
ParamName	参数名称	String		
DataTime	监测时间	DateTime		
DataValue	监测值	Float		
DataFlag	数据标记	String		

6.1.4.3 代码实例

Get 请求

Fiddle 示例

通过 Get 请求数据时，需要通过用户名、密码，才能进行数据的请求

头部信息：

Authorization：datashare=D186A13D5AC53698DF1064D982350C2E

Content-Type：application/json

Java 示例

第一种：

```
Public Map<string> getHeaders() throws AuthFailureError { HashMap<<string > headers = new HashMap<string >();
headers.put("Authorization", "datashare=D186A13D5AC53698DF1064D982350C2E");
headers.put("Content-Type", "application/json");
return headers;
```

第二种：

```
connection.setRequestProperty( "Authorization", "datashare=D186A13D5AC53698DF1064D982350C2E" );
connection.setRequestProperty( "Content-Type", "application/json" );
```

Asp.net 示例

```
HttpWebRequest request = new HttpWebRequest() request.Headers[ HttpRequestHeader.Authorization ]="datashare=D186A13D5AC53698DF1064D982350C2E"
request.Method = "GET";
request.ContentType = "application/json";
```

Post 请求

fiddle 示例

通过 POST 请求数据时，需要通过用户名、密码，才能进行数据的请求

头部信息：

Authorization：datashare=D186A13D5AC53698DF1064D982350C2E

Content-Type：application/json

Java 示例

第一种：

```
public Map<string> getHeaders() throws AuthFailureError { HashMap<<string> headers = new HashMap<string>();
headers.put("Authorization", "datashare=D186A13D5AC53698DF1064D982350C2E");
headers.put("Content-Type", "application/json");
return headers;
```

第二种：

```
connection.setRequestProperty("Authorization", "datashare=D186A13D5AC53698DF1064D982350C2E");
connection.setRequestProperty("Content-Type", "application/json");
```

Asp.net 示例

```
HttpWebRequest request = new HttpWebRequest() request.Headers[HttpRequestHeader.Authorization]="datashare=D186A13D5AC53698DF1064D982350C2E"
request.Method = "POST";
request.ContentType = "application/json";
```

6.2 数据发布与管理

6.2.1 实时数据发布

各水站的最新小时数据会在平台首页上发布，pH、溶解氧、高锰酸盐指数、氨氮、总磷参与水质评价；当小时数据只有五参数（水温、pH、溶解氧、浊度、电导率）时，高锰酸盐指数、氨氮、总磷、总氮取上个周期的这四参数补全。

在实时数据界面中（见图 6-1），系统根据用户鼠标点击选择的区域、流域、水站分类，可展示自动监测站最新监测数据与水质类别评价。

图 6-1 实时数据界面

6.2.2 水质周报

水质周报功能模块通过单独专题形式实现对原有水站水质情况进行水质分析评价，包括对 pH、溶解氧、高锰酸盐指数、氨氮参数的周均值评价，并进行水质环比，最终统一生成水质周报。水质周报界面见图 6-2。

图 6-2 水质周报界面

在此页面中，可根据统计类型、时间、监测项目，查询显示区域、水系、河流名称、点位名称、各参数周均值、水站的水质类别与环比水质类别、主要污染物；点击生成报表按钮，生成查询范围内的水质周报；点击导出按钮，下载查询范围内的水质周报。水质周报导出界面见图 6-3。

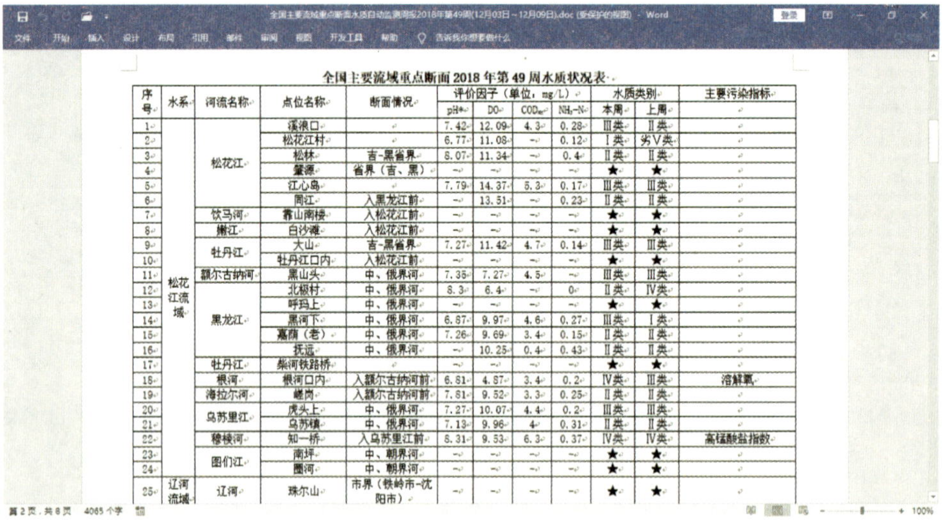

全国主要流域重点断面 2018 年第 49 周水质状况表

序号	水系	河流名称	点位名称	断面情况	评价因子（单位，mg/L）				水质类别		主要污染指标
					pH*	DO	COD_{Mn}	NH_3-N	本周	上周	
1	松花江流域	松花江	溪浪口		7.42	12.09	4.3	0.28	Ⅲ类	Ⅱ类	
2			松花江村		6.77	11.08	—	0.12	Ⅰ类	劣Ⅴ类	
3			松林	吉-黑省界	8.07	11.34	—	0.4	Ⅱ类	Ⅱ类	
4			肇源	省界（吉、黑）	—	—	—	—	★	★	
5			江心岛		7.79	14.37	5.3	0.17	Ⅲ类	Ⅲ类	
6			同江	入黑龙江前	—	13.51	—	0.23	Ⅱ类	Ⅱ类	
7		饮马河	靠山南楼	入松花江前	—	—	—	—	★	★	
8		嫩江	白沙滩	入松花江前	—	—	—	—	★	★	
9		牡丹江	大山	吉-黑省界	7.27	11.42	4.7	0.14	Ⅲ类	Ⅲ类	
10			牡丹江口内	入松花江前	—	—	—	—	★	★	
11		额尔古纳河	黑山头	中、俄界河	7.35	7.27	4.5	—	Ⅲ类	Ⅲ类	
12		黑龙江	北极村	中、俄界河	8.3	6.4	—	0	Ⅱ类	Ⅳ类	
13			呼玛上	中、俄界河	—	—	—	—	★	★	
14			黑河下	中、俄界河	6.87	9.97	4.6	0.27	Ⅲ类	Ⅰ类	
15			嘉荫（老）	中、俄界河	7.26	9.69	3.4	0.15	Ⅱ类	Ⅱ类	
16			抚远	中、俄界河	—	10.25	0.4	0.43	Ⅱ类	Ⅱ类	
17		牡丹江	柴河铁路桥		—	—	—	—	★	★	
18		根河	根河口内	入额尔古纳河前	6.81	4.87	3.4	0.2	Ⅳ类	Ⅲ类	溶解氧
19		海拉尔河	嵯岗	入额尔古纳河前	7.81	9.52	3.3	0.25	Ⅱ类	Ⅱ类	
20		乌苏里江	虎头上	中、俄界河	7.27	10.07	4.4	0.2	Ⅲ类	Ⅲ类	
21			乌苏镇	中、俄界河	7.13	9.96	4	0.31	Ⅱ类	Ⅱ类	
22		穆棱河	知一桥	入乌苏里江前	8.31	9.53	6.3	0.37	Ⅳ类	Ⅳ类	高锰酸盐指数
23		图们江	南坪	中、朝界河	—	—	—	—	★	★	
24			圈河	中、朝界河	—	—	—	—	★	★	
25	辽河流域	辽河	珠尔山	市界（铁岭市-沈阳市）	—	—	—	—	★	★	

图 6-3　水质周报导出界面

7

自动监测水质评价与分析

7.1 水质评价

7.1.1 评价指标及标准

自动监测评价指标为《地表水环境质量标准》（GB 3838—2002）表 1 中 pH、溶解氧、高锰酸盐指数、氨氮、总磷 5 项指标。总氮作为参考指标单独评价，水温仅作为参考指标。

水质评价标准执行《地表水环境质量标准》（GB 3838—2002），按Ⅰ类～劣Ⅴ类六个类别进行评价。

7.1.2 数据统计方法

7.1.2.1 日均值

各单项指标（pH 除外），日均值为当日实际获得的全部自动监测有效数据的算术平均值。pH 的日均值采用当日实际获得的全部 pH 对应氢离子浓度算术平均值的负对数表示，计算时先采用 pH 自动数据计算对应时段的氢离子浓度值，再计算当日全部氢离子浓度算术平均值，最终计算该算术平均值的负对数，如式 7-1 所示。

$$\overline{\mathrm{pH}} = -\lg \overline{C\left(\mathrm{H}^{+}\right)} \tag{7-1}$$

式中：$\overline{\mathrm{pH}}$——对应时段 pH 的日均值；

$\overline{C\left(\mathrm{H}^{+}\right)}$——对应时段氢离子浓度算术平均值。

7.1.2.2 月均值

月均值（pH 除外）为各单项指标当月实际获得全部自动监测有效数据的算术平均值。pH 的月均值采用当月全部 pH 自动监测数据对应氢离子浓度算术平均值的负对数表示，计算方法同日均值。

7.1.2.3 季均值

季均值为各单项指标（包括 pH）当季全部月份月均值的算术平均值。

7.1.2.4 年均值

年均值为各单项指标（包括 pH ）当年全部月份月均值的算术平均值。

7.1.2.5 90 百分位法

使用 90 百分位法进行评价时，对每月有效小时数据进行从小到大排序，取 90 百分位的数据进行评价。

7.1.2.6 95 百分位法

使用 95 百分位法进行评价时，对每月有效小时数据进行从小到大排序，取 95 百分位的数据进行评价。

7.1.3 河流水质评价方法

7.1.3.1 断面水质评价

河流断面水质类别评价采用单因子评价法，即根据评价时段内该断面参评的指标中类别最高的一项来确定，标准限值相同的按最优水质评价。描述断面的水质类别时，使用“满足”或“劣于”等词语。断面水质类别与水质定性评价分级的对应关系见表 7-1。

表 7-1 断面、河段水质定性评价

水质类别	水质状况	表征颜色	水质功能
Ⅰ类、Ⅱ类水质	优	蓝色	饮用水水源一级保护区、珍稀水生生物栖息地、鱼虾类产卵场、仔稚幼鱼的索饵场等
Ⅲ类水质	良好	绿色	饮用水水源二级保护区、鱼虾类越冬场、洄游通道、水产养殖区、游泳区
Ⅳ类水质	轻度污染	黄色	一般工业用水和人体非直接接触的娱乐用水
Ⅴ类水质	中度污染	橙色	农业用水及一般景观用水
劣Ⅴ类水质	重度污染	红色	除调节局部气候外，使用功能较差

7.1.3.2 河流、流域（水系）水质评价

当河流、流域（水系）的断面总数少于 5 个时，计算河流、流域（水系）所有断面各评价指标浓度算术平均值，然后按照“7.1.3 断面水质评价”方法评价，并

按表 7-1 指出每个断面的水质类别和水质状况。

当河流、流域（水系）的断面总数在 5 个（含 5 个）以上时，采用断面水质类别比例法，即根据评价河流、流域（水系）中各水质类别的断面数占河流、流域（水系）所有评价断面总数的百分比来评价其水质状况。河流、流域（水系）的断面总数在 5 个（含 5 个）以上时，不做平均水质类别的评价。如果所有断面水质均为Ⅲ类，整体水质良好；如果所有断面水质均为Ⅴ类，整体水质为中度污染。

河流、流域（水系）水质类别比例与水质定性评价分级的对应关系见表 7-2。

表 7-2　河流、水系水质定性评价

水质类别比例	水质状况	表征颜色
Ⅰ～Ⅲ类水质比例≥ 90%	优	蓝色
75% ≤Ⅰ～Ⅲ类水质比例<90%	良好	绿色
Ⅰ～Ⅲ类水质比例<75%，且劣Ⅴ类比例<20%	轻度污染	黄色
Ⅰ～Ⅲ类水质比例<75%，且 20% ≤劣Ⅴ类比例<40%	中度污染	橙色
Ⅰ～Ⅲ类水质比例<60%，且劣Ⅴ类比例≥ 40%	重度污染	红色

7.1.3.3　地表水主要污染指标的确定方法

（1）断面主要污染指标的确定方法

评价时段内，断面水质为“优”或“良好”时，不评价主要污染指标。

断面水质超过Ⅲ类标准时，先按照不同指标对应的水质类别的优劣，选择水质类别最差的前三项指标作为主要污染指标；当不同指标对应的水质类别相同时计算超标倍数，将超标指标按其超标倍数大小排列，取超标倍数最大的前三项为主要污染指标；当出现超标指标与前三项超标指标的水质类别和超标倍数都一致时，列出全部污染指标；当超标指标多于三项时，溶解氧不作为超标指标列出；当氰化物或汞、铅、镉、六价铬等重金属超标时，也作为主要污染指标列出；对于因本底值超标造成的评价指标超标，可做相应标注。

确定了主要污染指标的同时，应在指标后标注该指标浓度超过Ⅲ类水质标准的倍数，即超标倍数；同时在断面定类污染指标后标注水质类别。pH 和溶解氧等项目不计算超标倍数（见式 7-2）。

$$超标倍数=\frac{某指标的浓度值-该指标的Ⅲ类水质标准}{该指标的Ⅲ类水质标准} \tag{7-2}$$

（2）河流、流域（水系）主要污染指标的确定方法

将水质超过Ⅲ类标准的指标按其断面超标率大小排列，整个流域取断面超标率最大的前五项为主要污染指标，河流水系取断面超标率最大的前三项为主要污染指标；对于断面数少于 5 个的河流、流域（水系），按“（1）断面主要污染指标的确定方法”确定每个断面的主要污染指标。断面超标率计算公式见式 7-3。

$$断面超标率=\frac{某评价指标超过Ⅲ类标准的断面（点位）个数}{断面（点位）总数}\times 100\% \qquad (7\text{-}3)$$

7.1.4 湖泊水库评价方法

①湖泊、水库单个点位的水质评价，按照“7.1.3.1　断面水质评价”方法进行。

②当一个湖泊、水库有多个监测点位时，计算湖泊、水库多个点位各评价指标浓度算术平均值，然后按照“7.1.3.1　断面水质评价”方法评价。

③湖泊、水库多次监测结果的水质评价，先按时间序列计算湖泊、水库各个点位各个评价指标浓度的算术平均值，再按空间序列计算湖泊、水库所有点位各个评价指标浓度的算术平均值，然后按照“7.1.3.1　断面水质评价”方法评价。

④对于大型湖泊、水库，亦可分不同的湖（库）区进行水质评价。

⑤河流型水库按照河流水质评价方法进行。

7.1.5 不同时段水环境变化的判断

对断面（点位）、河流、流域（水系）、全国及行政区域内不同时段的水质变化趋势分析，以断面（点位）的水质类别或河流、流域（水系）、全国及行政区域内水质类别比例的变化为依据，对照表 7-1 或表 7-2 的规定，按下述方法评价。

7.1.5.1 按水质状况等级变化评价

①当水质状况等级不变时，则评价为无明显变化；

②当水质状况等级发生一级变化时，则评价为有所变化（好转或变差、降低）；

③当水质状况等级发生两级以上（含两级）变化时，则评价为明显变化（好转或变差、降低、恶化）。

7.1.5.2 按组合类别比例法评价

设 ΔG 为后时段与前时段Ⅰ～Ⅲ类水质百分点之差：$\Delta G=G_2-G_1$，ΔD 为后时段与前时段劣Ⅴ类水质百分点之差：$\Delta D=D_2-D_1$；

当 $\Delta G-\Delta D>0$ 时，水质变好；当 $\Delta G-\Delta D<0$ 时，水质变差；

当 $|\Delta G-\Delta D|\leqslant 10$ 时，则评价为无明显变化；

当 $10<|\Delta G-\Delta D|\leqslant 20$ 时，则评价为有所变化（好转或变差、降低）；

当 $|\Delta G-\Delta D|>20$ 时，则评价为明显变化（好转或变差、降低、恶化）。

按水质状况等级变化评价或按组合类别比例变化评价两种方法的评价结果一致，可采用任何一种方法进行评价；若评价结果不一致，以变化大的作为变化趋势评价的结果。

7.2 数据分析

数据分析是指用适当的统计分析方法对收集来的大量数据进行分析，提取有用信息和形成结论而对数据加以详细研究和概括总结的过程。这一过程也是质量管理体系的支持过程。在实际应用中，数据分析可帮助人们作出判断，以便采取适当行动。

在完成数据审核的基础上，还需对审核后的数据进行必要的分析以衡量水质自动监测站水站运行情况及效率，此类分析使用的量化指标主要包括水站在线率、数据有效率、水站合格率等。

每月根据水站月均值水质类别形成水质月报，主要包括全国、各流域、各省份、重要湖库等的水质类别比例分析。

7.3 修约规则

在水质评价中，数据的修约规则参考《国家地表水环境质量监测数据修约处理规则（试行）》。

7.3.1 修约要求

①进行数据计算时，进舍规则执行《数值修约规则与极限数值的表示和判定》（GB/T 8170—2008）数值修约规则，拟舍数据按“四舍六入五成双”修约。

②原则上，最终修约的有效位数不超过 3 位；当修约后结果为 0 时，保留一位有效数字。

7.3.2 数据处理要求

7.3.2.1 历史和实时查询数据

依据《国家地表水环境质量监测数据修约处理规则（试行）》，针对历史数据和实时数据（即小时数据）查询时，平台所显示的数据根据修约规则进行修约，保留小数位数参照表 7-3。当鼠标放在数据上时，可提示显示现场上传未修约的原始数据。

表 7-3 水质监测数据有效位数修约要求

序号	监测项目	单位	保留小数位数
1	水温	℃	1
2	pH	无量纲	2
3	溶解氧	mg/L	2
4	电导率	μS/cm	1
5	浊度	NTU	1
6	高锰酸盐指数	mg/L	2
7	氨氮	mg/L	3
8	总磷	mg/L	3
9	总氮	mg/L	2
10	叶绿素 a	mg/ L	3
11	蓝绿藻密度	个 /L	0

7.3.2.2 水质评价数据

依据《国家地表水环境质量监测数据修约处理规则（试行）》，进行水质评价时，小时数据不修约；日均值、月均值（包括多月均值）、季均值、年均值、分位值等，修约后进行评价，计算过程中不修约。保留小数位数参照表 7-4。

表 7-4 评价数据修约要求

序号	监测指标	单位	保留小数位数
1	水温	℃	1
2	pH 值	无量纲	0
3	溶解氧	mg/L	1
4	高锰酸盐指数	mg/L	1
5	化学需氧量	mg/L	1
6	五日生化需氧量	mg/L	1
7	氨氮	mg/L	2
8	总磷	mg/L	3
9	总氮	mg/L	2
10	铜	mg/L	3
11	锌	mg/L	3
12	氟化物	mg/L	3
13	硒	mg/L	4
14	砷	mg/L	4
15	汞	mg/L	5
16	镉	mg/L	5
17	铬（六价）	mg/L	3
18	铅	mg/L	3
19	氰化物	mg/L	3
20	挥发酚	mg/L	4
21	石油类	mg/L	2
22	阴离子表面活性剂	mg/L	2
23	硫化物	mg/L	3
24	电导率	μS/cm	1
25	浊度	NTU	1
26	透明度	cm	0
27	叶绿素 a	mg/ L	3
28	蓝绿藻密度	个 /L	0

①对单个水站小时数据进行水质评价时，不进行修约，使用原始值进行评价。

②单个水站日均值为每日该指标有效数据的原始数据平均值，月均值由小时值平均计算得出，计算过程中不进行修约，评价时保留小数位数参照表 7-4。

③对于流域、河流、湖泊等需要对多个水站月均值修约统计时，评价时保留小数位数参照表 7-4。

④计算多个水站某项目浓度的年均值时，应先计算单个水站的年均值，再计算平均值，计算过程中不进行修约，评价时保留小数位数参照表 7-4。按季度或多月进行水质评价时同上。

7.3.2.3 质控测试结果

在质控测试结果计算中，所有计算过程的修约方法遵守《数值修约规则与极限数值的表示和判定》（GB/T 8170—2008）要求，使用修约后数据进行相关计算，详见表 7-5。

表 7-5 质控测试结果修约要求

序号	监测指标		保留小数位数
1	相对误差 /%		1
2	绝对误差	水温 /℃	1
3		pH（无量纲）	2
4		溶解氧 /（mg/L）	2
5		电导率 /（μS/cm）	1
6		浊度（NTU）	1
7		高锰酸盐指数 /（mg/L）	2
8		氨氮 /（mg/L）	2
9		总磷 /（mg/L）	3
10		总氮 /（mg/L）	2
11		叶绿素 a/（mg/L）	3
12		蓝绿藻密度 /（个 /L）	0
13	数据有效率 /%		1
14	相关系数		3
15	加标回收率 /%		1

7.3.2.4 检出限

进行水质评价时，根据各运维公司监测仪器检出限，以相同监测指标最高的检出限为准（见表 7-6），凡是低于此检出限的数值，以该检出限值的 1/2 进行评价。

表 7-6 四参数检出限

序号	监测指标	检出限 /（mg/L）
1	氨氮	0.05
2	高锰酸盐指数	0.5
3	总磷	0.01
4	总氮	0.1

8

常见问题及典型数据审核实例

8.1 常见问题

8.1.1 常见问题类型

数据审核中常见数据异常问题主要包括：藻类影响、天气等自然因素、维护影响、潮汐影响、浊度超量程、五参数规律性周期变化、疑似污染等，其主要情况说明见表 8-1。

表 8-1 常见问题说明

序号	问题类型	情况说明
1	藻类影响	由于藻类的光合作用及呼吸作用而引起的数据昼夜规律波动
2	天气等自然因素	因降雨、水期、地域性差异等引起的数据异常
3	维护影响	因例行维护引起的数据异常
4	潮汐影响	感潮断面因海水倒灌引起的数据波动
5	浊度超量程	因背景因素（如黄河流域）、自然因素（如台风、洪涝）、人为因素（如施工）等原因，导致浊度逐步升高且最终超过量程
6	五参数规律性周期变化	因水泵切换、数据读取时间差异、反冲洗等原因引起的五参数数据变化
7	疑似污染	因水体水质变化引起的数据异常
8	其他	高锰酸盐指数、氨氮、总磷、总氮在除 0 时、4 时、8 时、12 时、16 时、20 时时间段上传数据的剔除
		补传数据的审核

8.1.2 数据影响分析

8.1.2.1 藻类影响

（1）光合作用和呼吸作用

水体中的植物、藻类和某些细菌等，因光合作用和呼吸作用，会对水体中的溶解氧产生很大的影响，一般会在白天和夜晚之间产生规律性的变化，即白天水中微生物及其他藻类由于光合作用使溶解氧升高或超饱和，夜间藻类呼吸消耗水中溶解氧使之降低。

（2）水体深度的影响

光能影响植物在水中的垂直分布，进而影响动物等其他需氧生物在水中的分布，此外，水温及水压在垂直方向上的变化，也会影响水中溶解氧的含量。一般来说，水体表面与空气直接接触，氧的溶解处于一种动态平衡；同时表面浮游植物数量多，光合作用强，释放的氧多，所以表层溶解氧含量较高。

随着水体深度的增加，光照越来越弱，富氧作用溶解的氧与耗氧作用消耗的氧的比值越来越小，水体中含氧量会越来越低，故取水点的选取以及取水深度的位置与溶解氧的大小具有很大的关联性。

（3）季节的影响

我国南方湖泊生态系统一般在4—5月时会出现溶氧量的高峰，这是由于此时气候已逐渐转暖，水温较高，光照强度逐渐增强，日照时间也不断延长，再加上冬季积累的无机养分，利于浮游植物大量繁殖；而且由于动物数量的增长总是滞后于植物数量的增长，此时水中动物相对数量较少，耗氧量较少，所以水中溶解氧含量会有大幅度增加。

此后，由于无机养分的消耗及动物数量的增加，限制了水中植物数量的增长；而且，动物的排泄物和动物遗体的分解，也造成需氧型细菌耗氧量增加，水中溶解氧会降至一个较低水平。秋冬季气温下降，光强减弱，日照时间缩短，水体生物群落中各种群的密度都下降，生物的生命活动也有所减弱，但由于空气与水体仍然存在氧的溶解平衡，所以，水体中的溶解氧含量能保持一个不低的水平。

8.1.2.2 降雨及地域性影响

在工农业生产与人们的生活中，土壤泥沙颗粒及氮、磷等营养物质、农药等有害物质、畜禽养殖粪便污水、水产养殖饵料药物、农村生活污水垃圾、各种大气颗粒物等，通过雨水冲刷、地表汇流、土壤侵蚀、农田排水体、大气沉降等形式进入水体、土壤，从而造成污染。

8.1.2.3 潮汐影响

（1）电导率

海水倒灌会导致水体电导率的急剧增加，1盐度大约贡献电导率860 μS/cm。海水除了腐蚀特性可能对电导率电极造成影响外，从原理上并不会对电导率造成测试干扰。部分电导率仪器量程相对较小，可能会出现超量程的现象，或者量程末端测量结果不准确的问题。

（2）浊度

海水倒灌可能造成水体浊度的急剧升高或降低，这与监测断面所处的地理构造、潮汐大小、入海口水质等因素有关。但本质上盐度的变化对浊度测试不会造成影响。

（3）溶解氧

盐度升高会造成溶解氧饱和度的降低，同样非饱和状况下水中的溶解氧也会受到盐度的影响。因此对于感潮断面，为了精确测量溶解氧的含量，仪器必须具有自动盐度补偿功能。

海水倒灌对于感潮断面溶解氧测试值的影响可以分为以下几种情况：

①淡水溶解氧饱和、倒灌海水溶解氧饱和的情况下，倒灌导致混合水盐度的升高，使溶解氧饱和度降低，出现过饱和，氧气溢出。监测到的测试值可能会出现溶解氧降低的情况，同时这个测试值应按照混合水实时的盐度值进行补偿，重新换算溶解氧浓度。

②淡水溶解氧很低、倒灌海水溶解氧高的情况下，倒灌会造成混合水溶解氧浓度增加，同时这个测试值应按照混合水实时的盐度值进行补偿，重新换算溶解氧浓度。

③淡水溶解氧很高、倒灌海水溶解氧低的情况下，倒灌会造成混合水溶解氧浓度降低，同时这个测试值应按照混合水实时的盐度值进行补偿，重新换算溶解氧浓度。

④淡水溶解氧低、倒灌海水溶解氧低的情况下，倒灌会造成混合水溶解氧浓度升高或者降低，同时这个测试值应按照混合水实时的盐度值进行补偿，重新换算溶解氧浓度。

（4）氨氮

目前常用的地表水氨氮分析测试方法有水杨酸法、纳氏试剂法、气敏电极法3种方法。

海水倒灌对于3种方法的影响因素包含以下几个方面：

①浊度。海水倒灌导致浊度的变化使得整个吸收光谱上的吸光度增加，因此会

造成测试结果的偏高。前两种比色法都会受到浊度的影响，浊度的影响可以通过精细过滤去除。气敏电极法受浊度的影响较小。

②盐度。海水中含有大量的钙、镁离子，3 种分析方法都会用到高浓度的碱性试剂，氢氧根与钙镁离子反应生成微溶物，使浊度升高，影响测量结果或堵塞管道。

③离子干扰。高浓度氯离子会影响整个显色化学反应体系，造成显色时间、显色强度、最大吸收峰的偏移，导致测试结果的准确度和精度降低。

（5）高锰酸盐指数

酸性高锰酸钾法适用于氯离子浓度低于 300 mg/L 的水体，氯离子浓度大于 300 mg/L（盐度大于 0.5）时，应使用碱性高锰酸钾法测试，对于受海水倒灌影响的断面，氯离子浓度通常较高，因此应采用碱性高锰酸钾法进行测试。

海水倒灌导致浊度的变化使整个吸收光谱上的吸光度增加，因此对于采用光学方法判定滴定终点的仪器，终点判定会受到浊度的影响，造成测试精度的降低。颗粒中会包含部分高锰酸盐指数成分，因此应尽量避免对水样进行过滤。

（6）总磷

目前常用的地表水总磷测试方法为钼酸盐比色法，海水倒灌对其造成的影响主要包含以下几个方面：

①浊度。海水倒灌导致浊度变化使整个吸收光谱上的吸光度增加，造成测试结果的偏高。颗粒中会包含部分总磷成分，因此应尽量避免对水样进行过滤。

②离子干扰。高浓度氯离子会影响整个显色化学反应体系，造成显色时间、显色强度、最大吸收峰的偏移，导致测试结果的准确度和精度降低。

（7）总氮

目前常用的地表水总氮测试方法主要为碱性过硫酸钾氧化－紫外分光光度法，测试时采用 220 nm 和 275 nm 双紫外线波长。先利用碱性过硫酸钾氧化所有的氮化合物为硝酸根离子，再利用硝酸根离子在 220 nm 波长处的吸收而定量测定硝酸盐氮。溶解的有机物在 220 nm 波长处也会有吸收，而硝酸根离子在 275 nm 波长处没有吸收。因此，在 275 nm 波长处作另一次测量，以校正硝酸盐氮值。计算公式为 $A_{校准}=A_{220}-2\times A_{275}$，其中 A 代表吸光度。海水倒灌对其影响主要包含以下几个方面。

①浊度。海水倒灌导致浊度的变化使整个吸收光谱上的吸光度增加，因此扣减双倍 275 nm 波长处吸光度时会造成扣减过度，出现吸光度为负数的情况，从而导

致测试结果出现偏差，甚至出现负值。颗粒中会包含部分有机氮成分，因此应尽量避免对水样进行过滤。

②盐度。海水中含有大量的钙、镁离子，分析方法中都会用到高浓度的碱性试剂，氢氧根与钙镁离子反应生成微溶物，影响测量结果或堵塞管道。

③离子干扰。高浓度氯离子会影响整个化学反应体系，造成最大吸收峰的偏移，导致测试结果准确度和精度降低。

8.2 典型实例

8.2.1 藻类影响

8.2.1.1 实例一

该水站入夏以来，溶解氧数据呈规律波动，昼高夜低。经与现场运维人员核实，确定河道中有大量水草，运维人员使用便携式溶解氧测定仪到采水点比对结果合格，水体中溶解氧数据波动符合藻类影响变化规律（图 8-1），判定为有效数据。

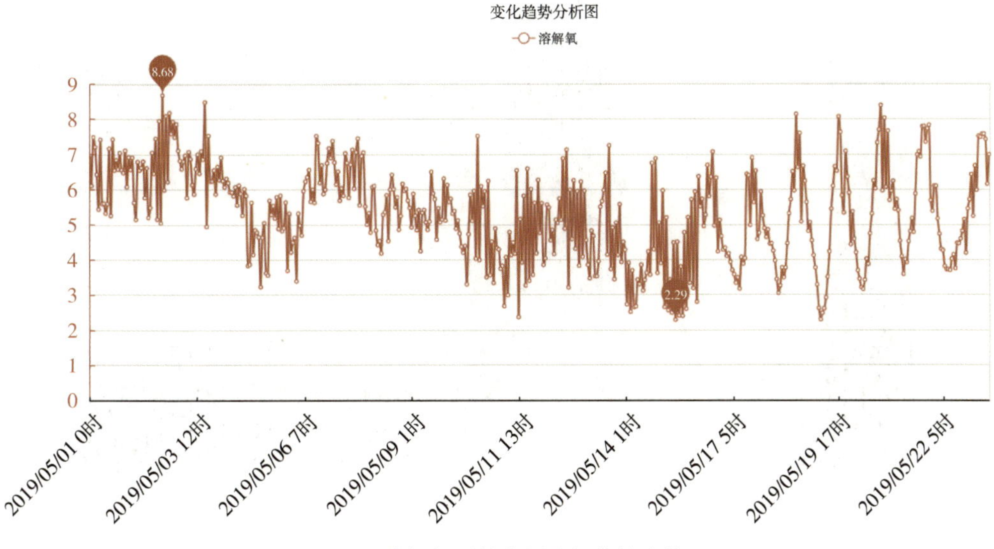

图 8-1 溶解氧受藻类影响规律性变化 1

8.2.1.2 实例二

该水站位于水库入库口，自 5 月 26 日起每日早 8 时溶解氧逐渐升高，下午

16 时溶解氧逐渐降低。运维人员分别在采水点、五参数池进行溶解氧实际水样比对，结果均合格（图 8-3、图 8-4）。该情况符合藻类影响变化规律（白天由于水中微生物及其他藻类光合作用使溶解氧超饱和，夜间藻类呼吸消耗水中溶解氧）（图 8-2），判定为有效数据。

数据审核　数据浏览　数据图表

	监测时间	水温(℃)	pH(无量纲)	溶解氧(mg/L)	电导率(μS/cm)	浊度(NTU)	高锰酸盐指数(mg/L)	氨氮(mg/L)
	Ⅲ类标准限值		6~9	≥5			6	1
13	2019-05-26 12时	20.4	8.20	13.26	537.3	3.4	2.24	0.050
14	2019-05-26 13时	20.6	8.25	13.13	533.3	3.5		
15	2019-05-26 14时	20.5	8.17	12.51	535.0	3.5		
16	2019-05-26 15时	20.3	8.17	12.52	545.9	3.5		
17	2019-05-26 16时	20.3	8.12	11.07	534.9	3.7	2.41	0.064
18	2019-05-26 17时	20.1	8.05	9.82	533.9	3.6		
19	2019-05-26 18时	19.9	7.94	8.75	531.7	3.5		
20	2019-05-26 19时	19.3	7.84	8.10	542.9	3.5		
21	2019-05-26 20时	19.0	7.78	6.80	532.4	3.5	2.48	0.065
22	2019-05-26 21时	18.6	7.71	6.49	533.9	3.5		
23	2019-05-26 22时	18.5	7.64	6.25	535.8	3.4		
24	2019-05-26 23时	17.9	7.61	6.35	551.4	3.4		

图 8-2　溶解氧受藻类影响规律性变化 2

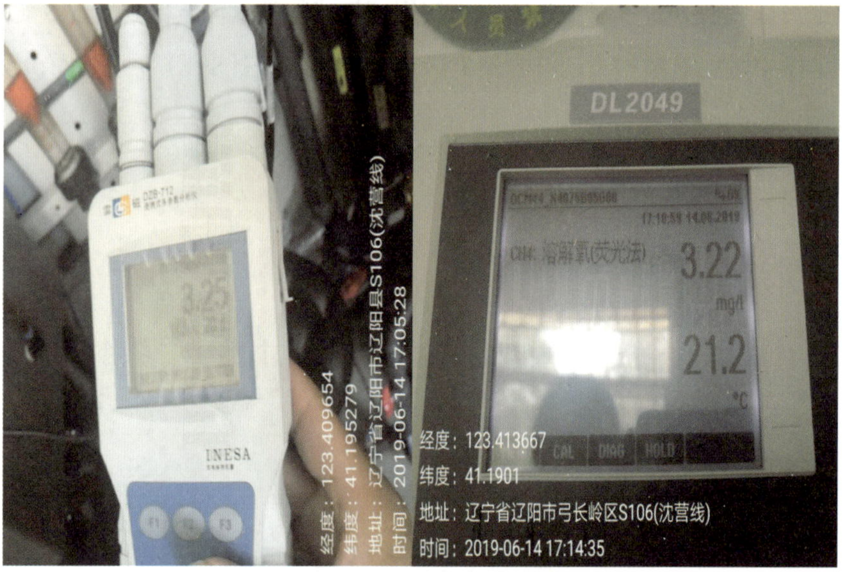

图 8-3　运维人员在水箱比对溶解氧

8.2.1.3　实例三

该水站 pH、水温、溶解氧每天呈规律性变化（图 8-5），经与现场运维人员核实，仪器核查、比对结果均符合技术要求。现场检查取水位置存在水藻，符合藻类影响变化规律，判定为有效数据。

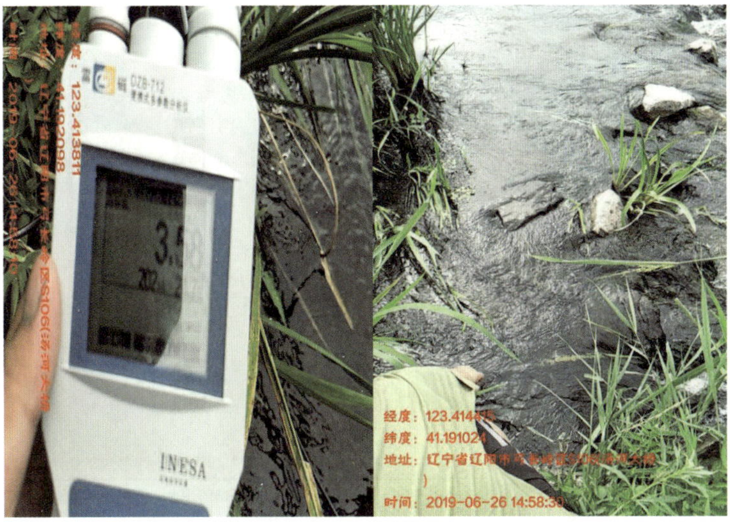

图 8-4 运维人员在采水点原位比对溶解氧

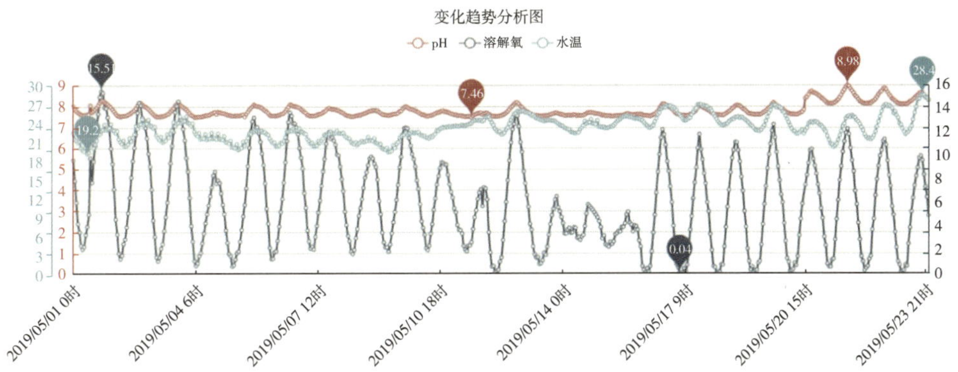

图 8-5 受藻类影响 pH、溶解氧规律性变化

8.2.1.4 实例四

该水站位于淮河流域某支流，pH、水温、溶解氧每天呈规律性变化（图 8-6），经现场核实，采水位置存在水藻，判定为有效数据。

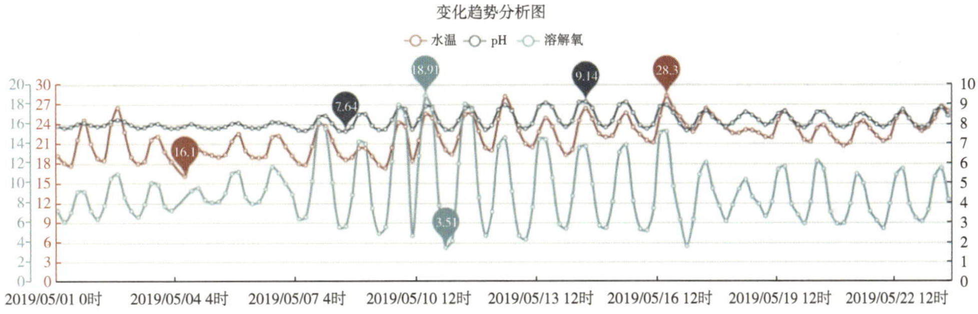

图 8-6 受藻类影响 pH、溶解氧规律性变化

8.2.1.5 实例五

该水站位于淮河流域某支流，pH、水温、溶解氧每天呈规律性变化（图 8-7），经现场核实，采水位置存在水藻，判定为有效数据。

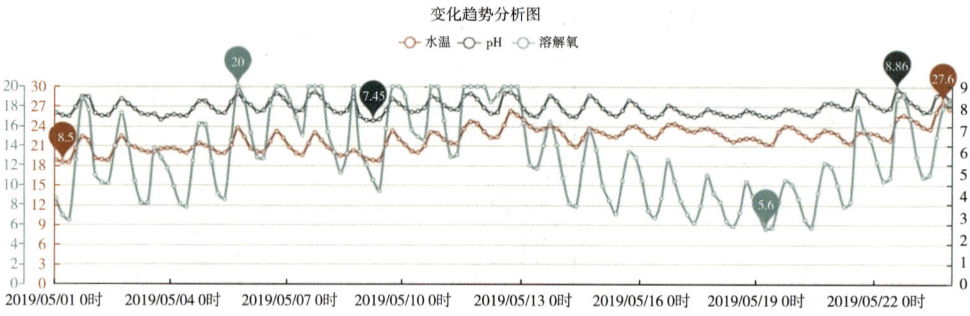

图 8-7 受藻类影响 pH、溶解氧规律性变化

8.2.1.6 实例六

该水站位于淮河流域鲁—苏省界，溶解氧、氨氮、总磷呈规律性变化（图 8-8），溶解氧升高，氨氮和总磷降低，现场检查仪器核查测试正常，河道存在大量水草，受水生植物影响，判定为有效数据。

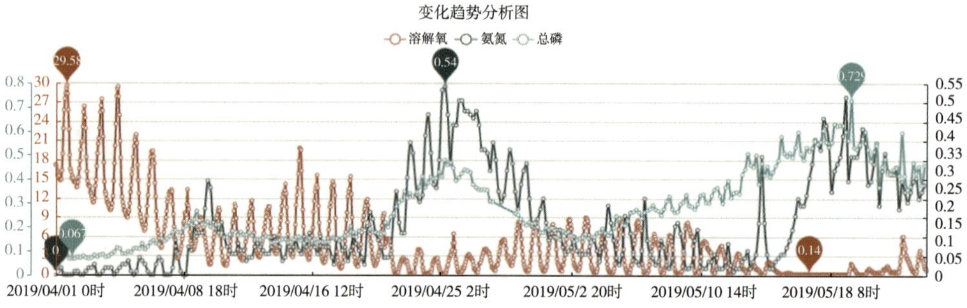

图 8-8 受藻类影响氨氮、总磷、溶解氧规律性变化

8.2.1.7 实例七

该水站水温、pH、溶解氧、电导率每天呈规律性变化（图 8-9），现场仪器核查结果合格，河道存在大量水草，受水生植物影响，判定为有效数据。

8.2.1.8 实例八

该水站位于海河流域冀—津省界，溶解氧和氨氮呈规律性变化（图 8-10），主要由于水体中水藻的光合作用导致水质波动，判定为有效数据。

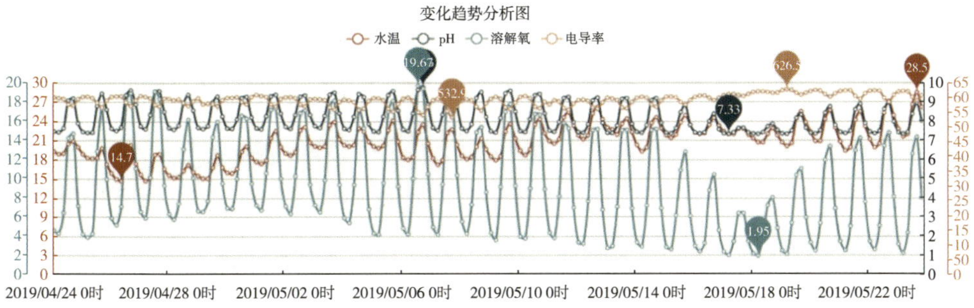

图 8-9 受藻类影响 pH、溶解氧、电导率规律性变化

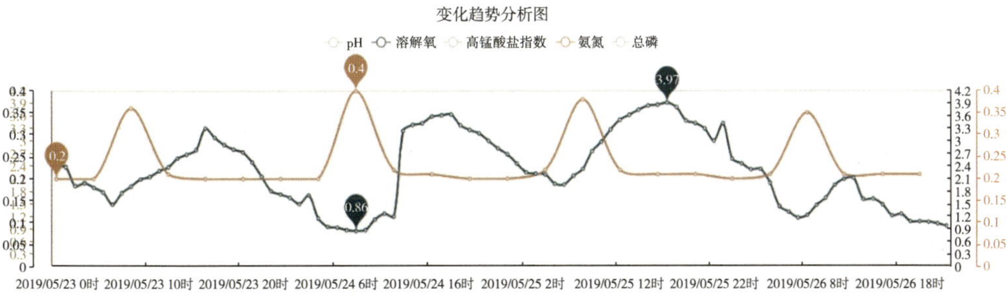

图 8 10 受藻类影响氨氮、溶解氧规律性变化

8.2.1.9 小结

以上实例均为藻类的影响导致各参数数据规律性变化，而实际水体情况复杂，并不能够因藻类影响判断其根本原因，而忽略其他可能引起数据波动的原因，因此，应仔细进行现场核查，分析可能引起数据变化的原因。数据发生较大变化后，运维人员应第一时间前往水站核实检查仪器、采水、系统运行是否正常，并巡查水站周边是否存在异常情况，以保证数据的真实性、准确性。

8.2.2 天气等自然因素影响

8.2.2.1 实例一

图 8-11 中的两个水站均位于长江流域的沅江，5 月 19 日降雨，日质控及周质控结果合格，浊度、高锰酸盐指数、总磷浓度同步升高，现场照片显示水体较浑浊，均判定为有效数据。

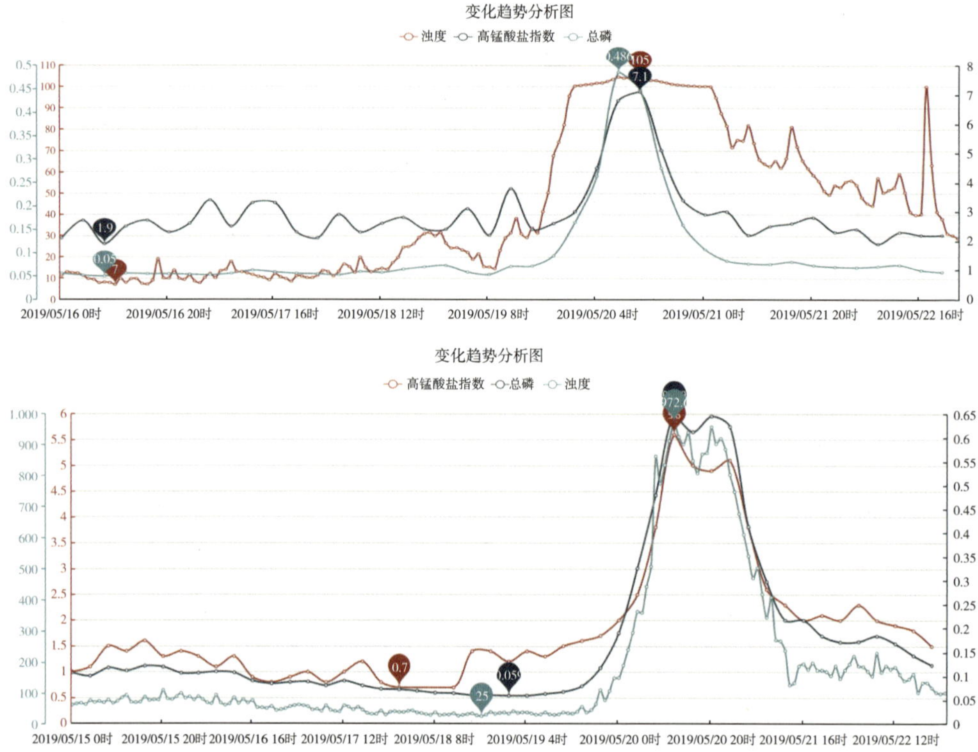

图 8-11 浊度、高锰酸盐指数、总磷浓度同步变化

8.2.2.2 实例二

该水站位于长江流域某支流，5 月 19 日降雨，该水站日质控及周质控结果合格，浊度、高锰酸盐指数、氨氮、总磷浓度同步升高，总氮降低，现场照片显示水体较浑浊（图 8-12），判定为有效数据。

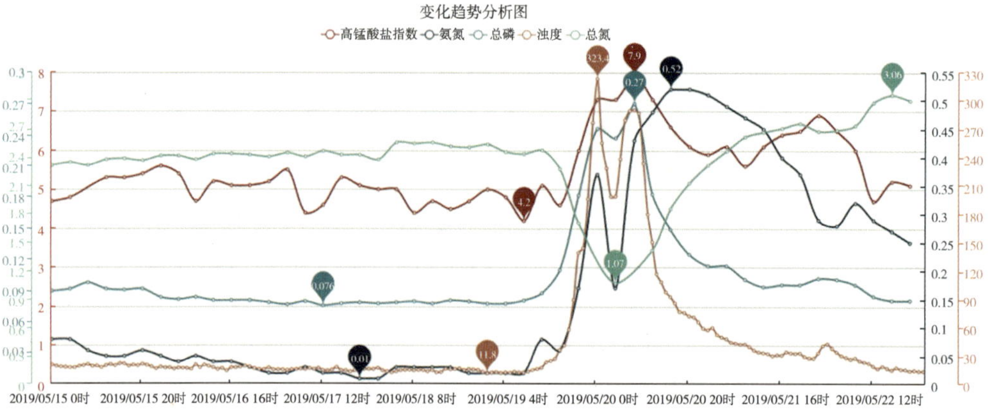

图 8-12 浊度、高锰酸盐指数及氨氮、总磷、总氮浓度同步变化

8.2.2.3　实例三

该水站位于长江流域某支流，5 月 12 日和 5 月 19 日两个时间段分别降雨，该水站日质控及周质控结果合格，浊度、高锰酸盐指数、氨氮、总磷浓度同步升高（图 8-13），现场照片显示水体较浑浊，判定为有效数据。

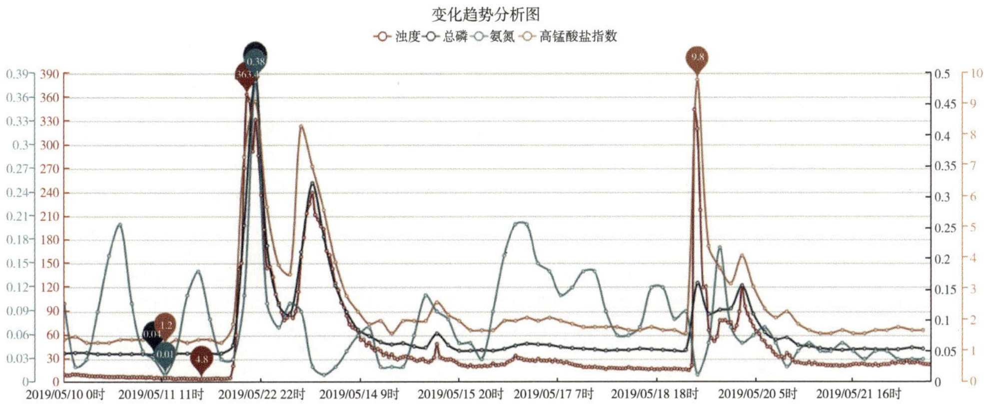

图 8-13　浊度、高锰酸盐指数及氨氮、总磷浓度同步变化

8.2.2.4　实例四

该水站位于长江流域某支流，5 月 19 日降雨，该水站日质控及周质控结果合格，浊度、总磷浓度同步升高（图 8-14），现场照片显示水体较浑浊，判定为有效数据。

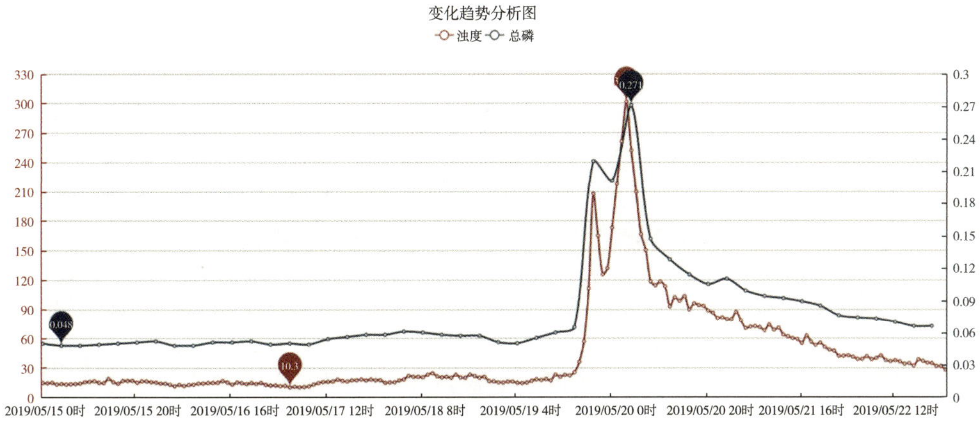

图 8-14　浊度、总磷浓度同步变化

8.2.2.5 实例五

该水站位于淮河流域某支流，5 月 17—22 日降雨，该水站氨氮、总磷、溶解氧浓度同步升高（图 8-15），现场仪器核查结果合格，数据变化受水中水草及暴雨影响，判定为有效数据。

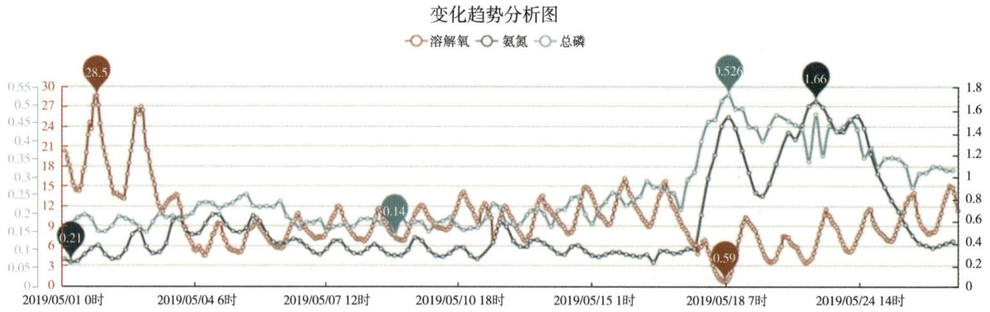

图 8-15 氨氮、总磷、溶解氧浓度同步变化

8.2.2.6 实例六

该水站位于浙闽片河流，高锰酸盐指数、氨氮、总磷浓度自 5 月 17 日起同步升高（图 8-16），为降雨所致，现场仪器核查结果均合格，判定为有效数据。

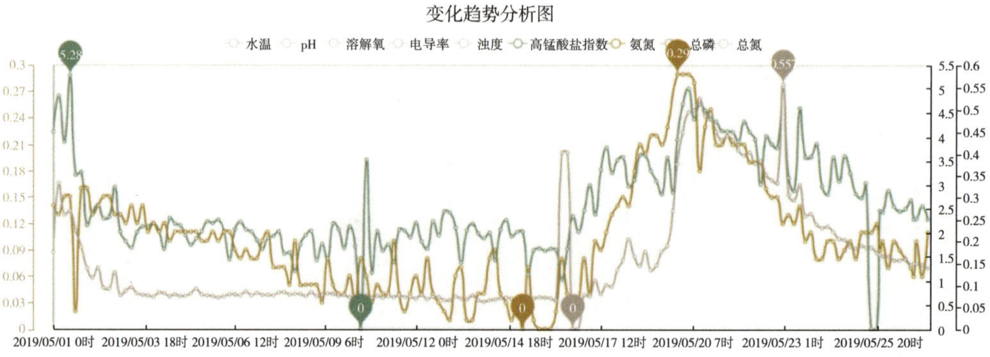

图 8-16 氨氮浓度、高锰酸盐指数、总磷浓度同步变化

8.2.2.7 实例七

该水站位于浙闽片河流，由于降雨、洪水影响，高锰酸盐指数、氨氮、总磷、总氮四参数均异常波动超标（图 8-17）。该水站总磷最高达到 1.379 mg/L，高锰酸盐指数最高达到 11 mg/L 以上，其他水站氨氮最高达到 4 mg/L 以上。多个参数受降雨影响数据明显升高。

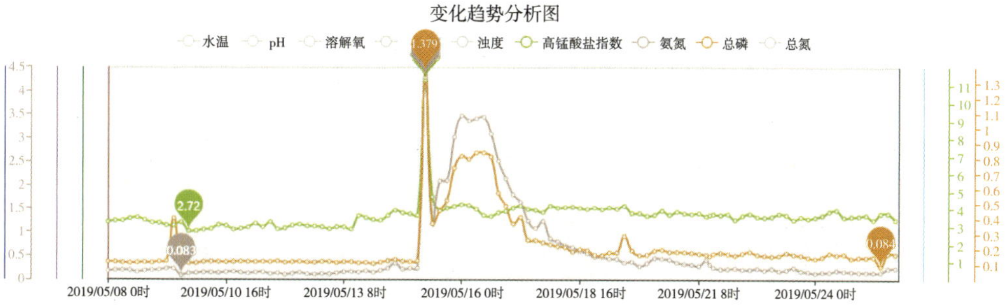

图 8-17 高锰酸盐指数、氨氮浓度、总磷浓度同步变化

8.2.2.8 实例八

该水站位于淮河流域某支流，水温、溶解氧、pH、浊度、高锰酸盐指数、氨氮、总磷、总氮浓度突然同步变化（图 8-18）。运维人员核实现场情况，发现各指标异常变化前水体流动性差，长期高温导致浮游生物较多，之后该地出现强降雨，上游来水量大且水质浑浊，水质发生明显波动，判定为有效数据。

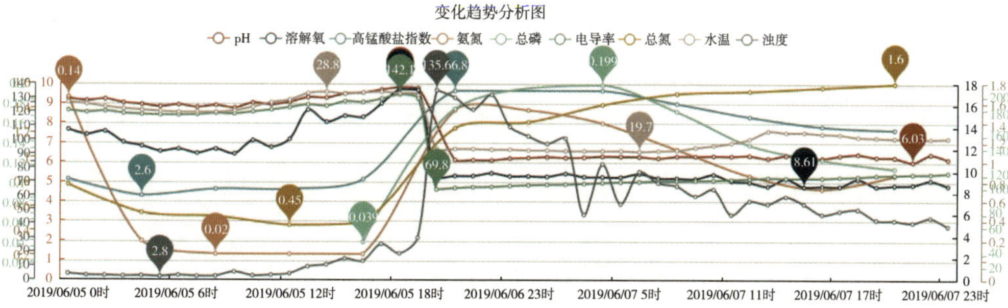

图 8-18 降雨影响各参数同步变化

8.2.2.9 实例九

该水站位于黄河流域某支流，水站取水口所在位置水位较浅，水质易受外界因素影响较多。一是降雨后地表径流汇入，二是水站上游雨水排水汇入，导致雨后水体复杂，各监测指标浓度均同步升高，雨后恢复正常（图 8-19），判定为有效数据。

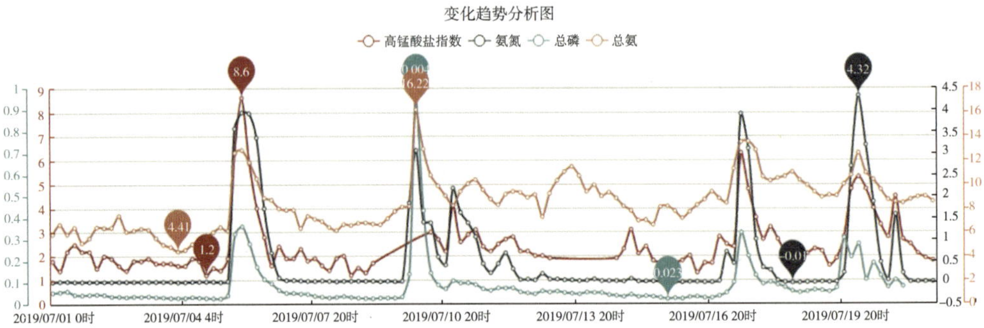

图 8-19　高锰酸盐指数及氨氮、总磷、总氮浓度同步升高

8.2.3　维护影响

8.2.3.1　实例一

该水站位于长江干流，浊度在 5 月 11 日 17 时出现突变。经核查，运维人员于 5 月 11 日 16 时 50 分左右进行了一次五参数周核查，核查前后数据出现明显变化。运维人员于 5 月 14 日 16 时重新进行校准并进行核查，数据恢复至正常范围。由于运维人员在 5 月 11 日使用了不合格的标液或校准操作不规范导致仪器测量结果不准确（图 8-20），5 月 11 日 16 时—5 月 14 日 16 时期间浊度判定为无效数据。

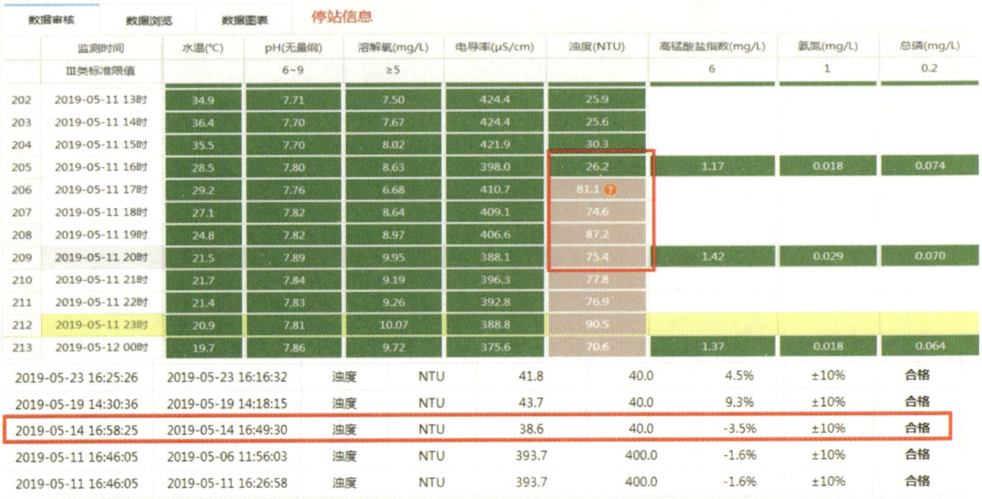

数据审核　数据浏览　数据图表　停站信息

	监测时间	水温(℃)	pH(无量纲)	溶解氧(mg/L)	电导率(μS/cm)	浊度(NTU)	高锰酸盐指数(mg/L)	氨氮(mg/L)	总磷(mg/L)
	Ⅲ类标准限值		6~9	≥5			6	1	0.2
202	2019-05-11 13时	34.9	7.71	7.50	424.4	25.9			
203	2019-05-11 14时	36.4	7.70	7.67	424.4	25.6			
204	2019-05-11 15时	35.5	7.70	8.02	421.9	30.3			
205	2019-05-11 16时	28.5	7.80	8.63	398.0	26.2	1.17	0.018	0.074
206	2019-05-11 17时	29.2	7.76	6.68	410.7	81.1			
207	2019-05-11 18时	27.1	7.82	8.64	409.1	74.6			
208	2019-05-11 19时	24.8	7.82	8.97	406.6	87.2			
209	2019-05-11 20时	21.5	7.89	9.95	388.1	75.4	1.42	0.029	0.070
210	2019-05-11 21时	21.7	7.84	9.19	396.3	77.8			
211	2019-05-11 22时	21.4	7.83	9.26	392.8	76.9			
212	2019-05-11 23时	20.9	7.81	10.07	388.8	90.5			
213	2019-05-12 00时	19.7	7.86	9.72	375.6	70.6	1.37	0.018	0.064

2019-05-23 16:25:26	2019-05-23 16:16:32	浊度	NTU	41.8	40.0	4.5%	±10%	合格
2019-05-19 14:30:36	2019-05-19 14:18:15	浊度	NTU	43.7	40.0	9.3%	±10%	合格
2019-05-14 16:58:25	2019-05-14 16:49:30	浊度	NTU	38.6	40.0	-3.5%	±10%	合格
2019-05-11 16:46:05	2019-05-06 11:56:03	浊度	NTU	393.7	400.0	-1.6%	±10%	合格
2019-05-11 16:46:05	2019-05-11 16:26:58	浊度	NTU	393.7	400.0	-1.6%	±10%	合格

图 8-20　因周核查不规范导致数据突变

8.2.3.2 实例二

该水站位于淮河流域某支流，总氮浓度持续降低，甚至为零。经查 7 月 17 日运维人员维护后浓度上升。同期氨氮浓度并无变化，运维人员并未及时发现问题并进行排查。判断为仪器问题导致数据持续降低（图 8–21），总氮 0.6 mg/L（维护后总氮浓度）以下为无效数据。

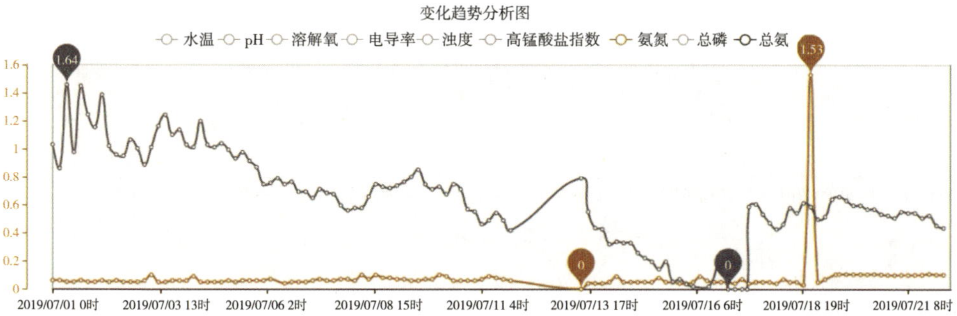

图 8–21 维护不当总氮异常降低

8.2.3.3 实例三

该水站位于海河流域某水库，经常出现浊度数据持续升高，经现场维护后降低，之后又升高的现象。经现场确认，由于水中悬浮物会经常黏附在探头上导致数据升高（图 8–22），通过清洗后降低。因此，若遇此类情况，运维人员应加强清洗，并尽快解决探头易黏附的问题。

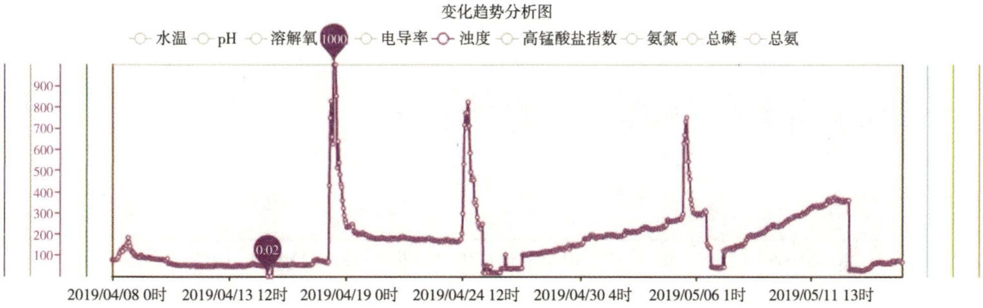

图 8–22 浊度探头被黏附导致数据持续升高

8.2.3.4 实例四

该水站位于珠江流域，高锰酸盐指数长期处于 1 mg/L 左右，自 7 月 21 日起突降至负值。经核实，数据出现异常后，运维人员未进行现场维护确认数据。该数据经专家讨论后，责令运维人员进行维护，维护后数据恢复正常，7 月 21—24 日维护前的偏低数据（图 8-23），由于维护不到位，故判定无效。（注：图中 8.23 mg/L 为维护数据）

图 8-23 高锰酸盐指数异常偏低数据

8.2.3.5 实例五

该水站位于珠江流域，为入海控制断面。该水站溶解氧数据偏低，经核实确认由于运维人员维护不到位，没有及时添加电极液导致溶解氧数据偏低（图 8-24），5 月 11 日经维护后，溶解氧数据恢复正常，核查结果合格。故判定维护前偏低数据无效。

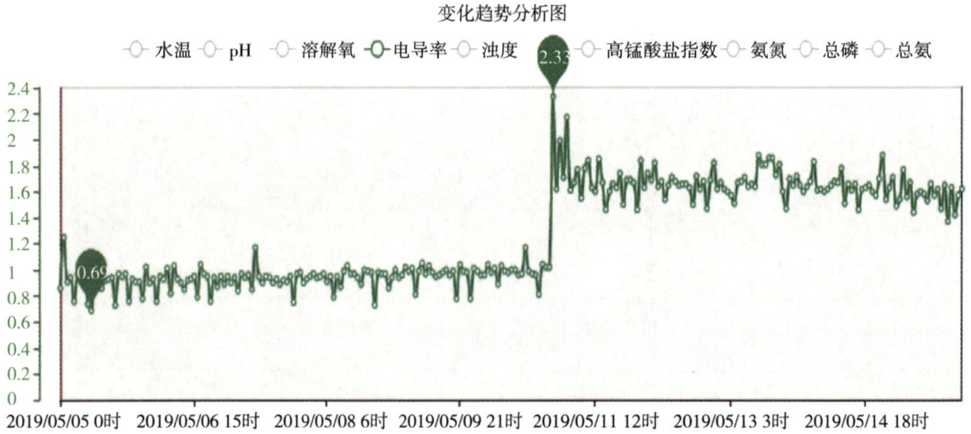

图 8-24 维护不到位导致溶解氧浓度偏低

8.2.3.6 实例六

该水站位于长江流域某支流，停站信息显示 5 月 12 日 7—8 时停站，由于运维人员停站信息填报错误（图 8-25），12 日 8 时上传数据在停站期间，判定为无效数据。

8.2.3.7 实例七

该水站高锰酸盐指数仪器更换试剂后未进行仪器校准（图 8-26），根据运维相关规范要求，该数据判为无效。

数据审核 数据浏览 停站信息

	监测时间	水温(℃)	pH(无量纲)	溶解氧(mg/L)	电导率(μS/cm)	浊度(NTU)	高锰酸盐指数(mg/L)	氨氮(mg/L)	总磷(mg/L)
	Ⅲ类标准限值		6~9	≥5			6	1	0.2
1	2019-05-12 00时	23.1	7.20	4.15	494.0	7.3	5.9	0.23	0.245
2	2019-05-12 01时	23.1	7.18	4.03	495.6	13.6			
3	2019-05-12 02时	23.1	7.20	4.14	492.9	8.4			
4	2019-05-12 03时	23.0	7.21	4.14	492.0	8.5			
5	2019-05-12 04时	23.0	7.22	4.32	492.3	8.3	5.9	0.25	0.244
6	2019-05-12 05时	22.9	7.20	4.17	497.0	8.5			
7	2019-05-12 06时	22.9	7.23	4.21	496.1	8.4			
8	2019-05-12 08时	22.8	7.22	4.64	494.6	7.3	5.5	0.25	0.227
9	2019-05-12 09时	22.8	7.23	4.57	494.0	7.0			
10	2019-05-12 10时	22.9	7.25	4.57	493.8	7.2			

图 8-25 停站期间无效数据

溶解氧(mg/L)	电导率(μS/cm)	浊度(NTU)	高锰酸盐指数(mg/L)	氨氮(mg/L)	总磷(mg/L)
II类	-	-	IV类	I类	II类
≥5			6	1	0.05
7.61	453.0	0.0			
8.53	451.2	61.9			
8.40	451.3	30.7			
7.63	452.5	0.0	8.2	0.10	0.026
6.83	453.2	0.0			
7.62	452.8	0.0			
7.34	452.5	0.0			
8.51	450.8	0.0	8.6	0.10	0.025
8.85	450.4	51.0			
7.95	450.9	63.0			
7.33	451.9	11.1			
5.53	453.8	[illegible]			
5.43	453.8	90.3	3.5	0.09	0.020
6.21	454.1	76.4			

水质明显转好，经确认现场更换了试剂。

图 8-26 高锰酸盐指数仪器更换试剂后明显降低

8.2.3.8 实例八

该水站总氮水样测试值已超过跨度核查标样浓度值（图 8-27），不符合运维相关规范要求，故判定为无效数据。

8.2.3.9　实例九

该水站运维人员通过修改零点核查标样浓度值（图 8-28），使核查结果合格，该日数据应判为无效数据，并应追究运维人员的相应责任。

测试结果	零点核查			24小时零点漂移			
	标准样浓度	绝对误差	合格情况	前一次测试结果	跨度值	相对误差	合格情况
0.00	0	0.00	合格	0.00	8	0.0%	合格
0.00	0	0.00	合格	0.00	8	0.0%	合格
0.00	0	0.00	合格		8	0.0%	合格

测试结果	跨度核查			24小时跨度漂移			
	标准样浓度	相对误差	合格情况	前一次测试结果	跨度值	相对误差	合格情况
6.21	6	3.5%	合格	6.21	8	0.7%	合格
6.15	6	2.5%	合格	6.15	8	0.0%	合格
6.15	6	2.5%	合格		8	-0.9%	合格

ng/L)	总氮(mg/L)
差	-
2	
96	7.49
97	7.66
07	7.59

图 8-27　总氮水样测试值超过跨度核查值

数据列表　数据图表

				氨氮(mg/L)								总磷(mg/L)				
24小时零点漂移				测试结果	零点核查			24小时零点漂移				测试结果		零点核查		
是	跨度值	相对误差	合格情况		标准样浓度	绝对误差	合格情况	前一次测试结果	跨度值	相对误差	合格情况		标准样浓度	绝对误差	合格情况	前一次测试结果
1	2018-10-24 06:00:00		合格	0.00	0.02	-0.02	合格	0.00	1.25	0.0%	合格	0.016	0.015	0.001	合格	0.017
2	2018-10-23 06:00:00		合格	0.00	0	0.00	合格	0.00	1.25	0.0%	合格	0.017	0	0.017	合格	0.015
3	2018-10-22 06:00:00		合格	0.00	0	0.00	合格	0.00	1.25	0.0%	合格	0.015	0	0.015	合格	0.016
4	2018-10-21 06:00:00		合格	0.00	0	0.00	合格	0.00	1.25	0.0%	合格	0.016	0	0.016	合格	0.012

图 8-28　运维人员违规调整标样浓度

8.2.4　潮汐影响

8.2.4.1　实例一

该水站位于珠江流域，溶解氧、电导率、浊度、高锰酸盐指数、氨氮、总磷、总氮数据均同步波动（图 8-29）。由于该水站受潮汐影响浊度升高，引起氨氮测试结果出现异常（氨氮大于总氮），判定氨氮为无效数据。

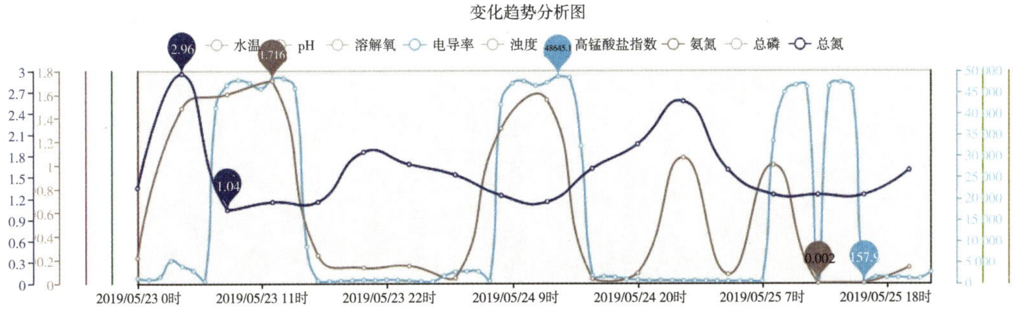

图 8-29　受潮汐影响氨氮数据异常

8.2.4.2　实例二

该水站位于辽河干流，电导率、浊度、溶解氧、pH、高锰酸盐指数、总磷数据从 5 月 11—5 月 26 日 7 时与 19 时左右异常偏高（图 8-30）。经与现场运维人员核实，仪器性能测试均符合国家技术要求，由于受潮汐影响，且符合其变化规律，判定为有效数据。

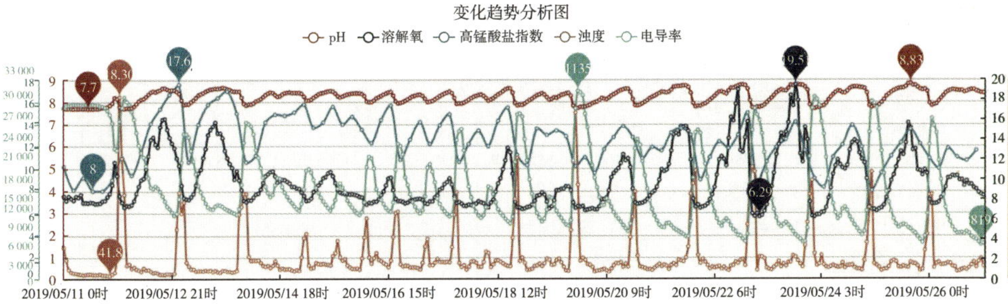

图 8-30　受潮汐影响数据变化趋势

8.2.4.3　实例三

该水站位于淮河流域，溶解氧、电导率、浊度、高锰酸盐指数波动较大，电导率有时高达 20 000 μs/cm 左右（图 8-31）。经与现场运维人员核实，仪器性能测试均符合国家技术要求，由于受潮汐影响，且符合其变化规律，判定为有效数据。

8.2.4.4　实例四

该水站位于浙闽片河流某入海口，溶解氧、电导率、浊度、高锰酸盐指数、氨氮、总磷、总氮同步波动（图 8-32）。经与现场运维人员核实，仪器性能测试均符合国家技术要求，由于受潮汐影响，且符合其变化规律，判定为有效数据。

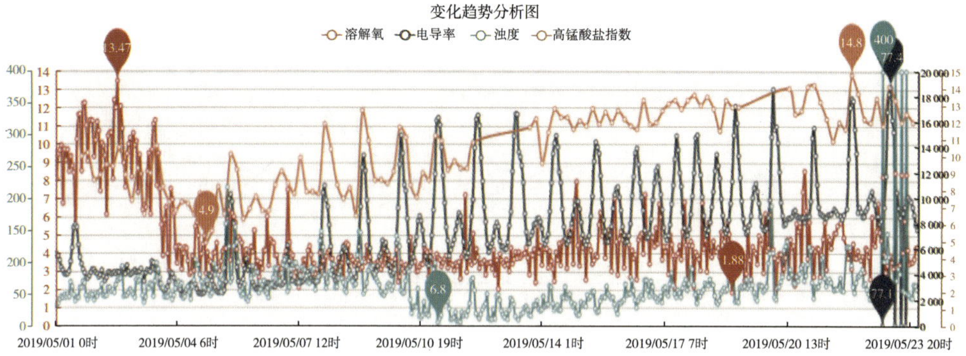

图 8-31 受潮汐影响溶解氧、电导率、浊度、高锰酸盐指数变化趋势

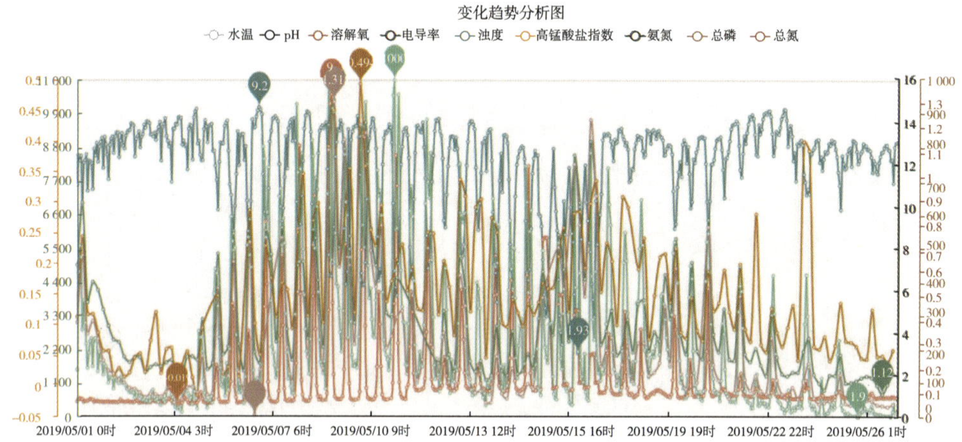

图 8-32 受潮汐影响水站数据变化趋势

8.2.4.5 实例五

该水站位于珠江流域某入海河口。氨氮、总磷长期为劣Ⅴ类，受潮汐影响时电导率升高，氨氮、总磷浓度下降，因海水倒灌混合稀释该断面水样造成该现象（图 8-33）。经与现场运维人员核实，仪器性能测试均符合国家技术要求，且符合其变化规律，判定为有效数据。

8.2.5 浊度超量程

8.2.5.1 实例一

该水站位于黄河支流，5 月 6—7 日，因暴雨导致浊度明显升高且超仪器量程（图 8-34），出现 10 000 NTU 恒值，虽浊度数据超量程，但可真实反映水体浊度的变化趋势，故判定为有效数据。

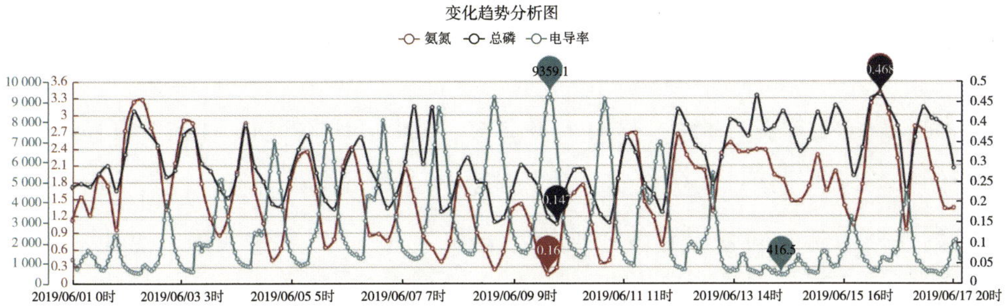

图 8-33 受潮汐影响稀释水样氨氮、总磷降低

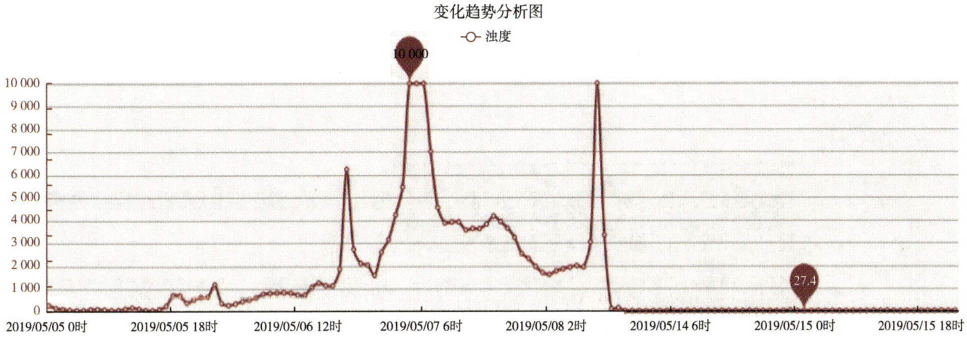

图 8-34 浊度明显升高至超量程

8.2.5.2 实例二

该水站位于黄河支流，6 月 4—7 日，因暴雨导致浊度升高且超仪器量程（图 8-35），出现 10 000 NTU 恒值，虽浊度数据超量程，但可真实反映水体浊度的变化趋势，判定为有效数据。

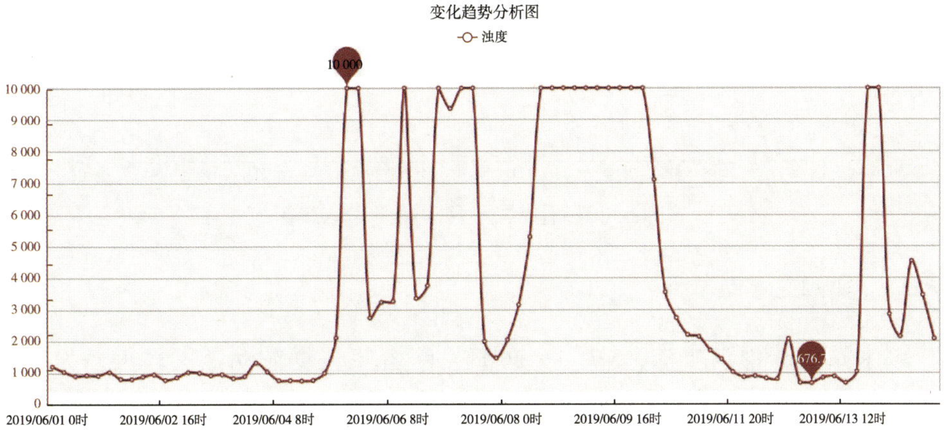

图 8-35 浊度突升至超量程

8.2.6 五参数规律性周期变化

8.2.6.1 实例一

该水站位于松花江干流，8 月 6 日 2 时、6 时、10 时、14 时五参数存在周期性变化。经与现场运维人员核实，现场仪器核查测试结果合格，检查为组态设置五参数数据采集时间差异导致数据异常（图 3-36）。五参数在采水点比对核实，五参数数据偏高的时段不能反映水体的真实情况，故上述时段五参数数据判定为无效。

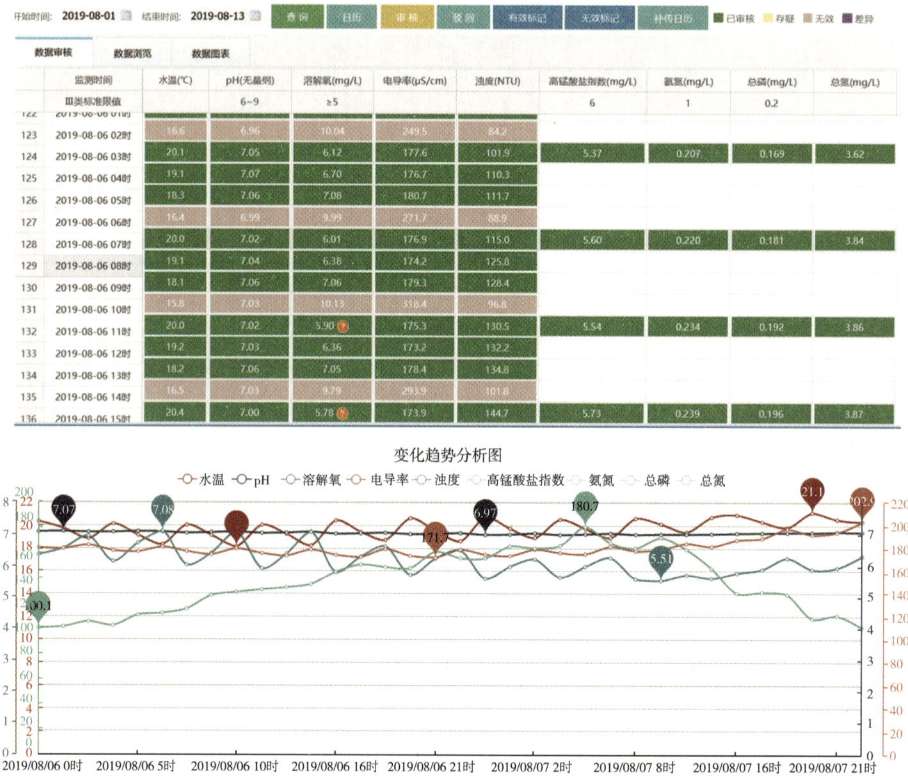

	监测时间	水温(℃)	pH(无量纲)	溶解氧(mg/L)	电导率(μS/cm)	浊度(NTU)	高锰酸盐指数(mg/L)	氨氮(mg/L)	总磷(mg/L)	总氮(mg/L)
	Ⅲ类标准限值		6~9	≥5			6	1	0.2	
122	2019-08-06 01时									
123	2019-08-06 02时	16.6	6.96	10.04	249.5	84.2				
124	2019-08-06 03时	20.1	7.05	6.12	177.6	101.9	5.37	0.207	0.169	3.62
125	2019-08-06 04时	19.1	7.07	6.70	176.7	110.3				
126	2019-08-06 05时	18.3	7.06	7.08	180.7	111.7				
127	2019-08-06 06时	16.4	6.99	9.99	271.7	88.9				
128	2019-08-06 07时	20.0	7.02	6.01	176.9	115.0	5.60	0.220	0.181	3.84
129	2019-08-06 08时	19.1	7.04	6.38	174.2	125.8				
130	2019-08-06 09时	18.1	7.06	7.06	179.3	128.4				
131	2019-08-06 10时	15.8	7.03	10.13	318.4	96.8				
132	2019-08-06 11时	20.0	7.02	5.90	175.3	130.5	5.54	0.234	0.192	3.86
133	2019-08-06 12时	19.2	7.03	6.36	173.2	132.2				
134	2019-08-06 13时	18.2	7.06	7.05	178.4	134.8				
135	2019-08-06 14时	16.5	7.03	9.79	293.9	101.8				
136	2019-08-06 15时	20.4	7.00	5.78	173.9	144.7	5.73	0.239	0.196	3.87

图 8-36 五参数不合理规律变化趋势

8.2.6.2 实例二

该水站位于淮河支流，5 月 1—26 日，溶解氧数据波动范围较大，为 3～10（图 8-37）。5 月 8 日周核查结果合格，且数据一直较为稳定，判定为有效数据。

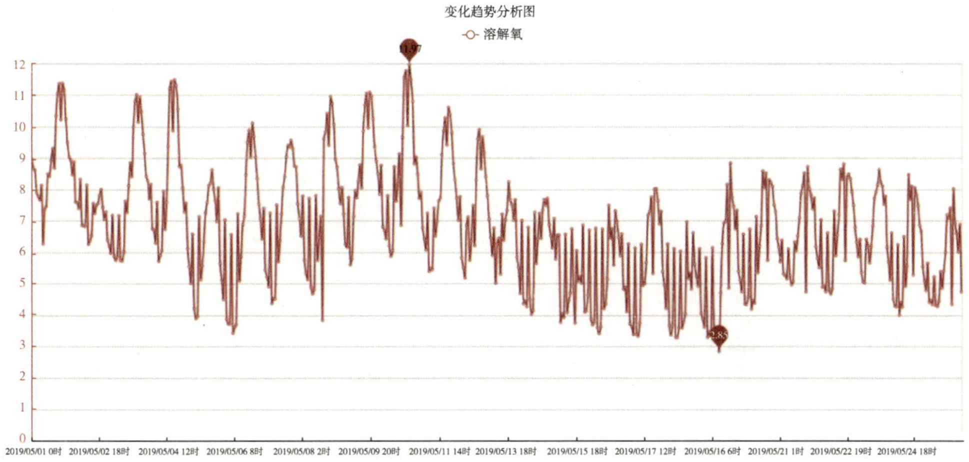

图 8-37 溶解氧变化趋势

8.2.6.3 实例三

该水站位于长江流域某支流，溶解氧数据每日 20 时异常偏低（图 8-38），经与现场运维人员核实，现场仪器核查测试结果合格，由于运维人员长时间无法提供该时段数据溶解氧有效佐证材料，且溶解氧数据偏低的时段不能反映水体真实情况，故判定为无效数据。

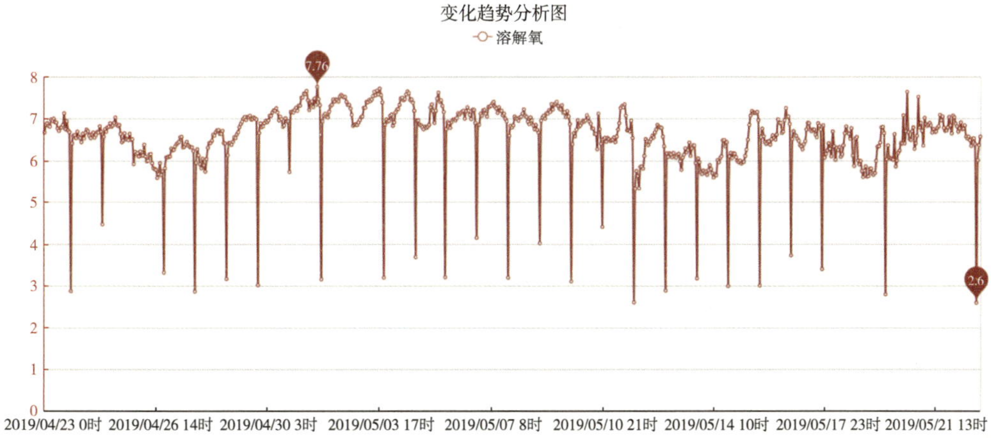

图 8-38 溶解氧异常规律性偏低

8.2.6.4 实例四

该水站位于浙闽片河流，自 8 月 3 日起，水温、溶解氧、pH、浊度、电导率呈阶梯性变化，每 4 组变化一次。经现场确认，在非四参数（高锰酸盐指数、氨氮、总磷、总氮）测试周期时，采水异常导致数据异常变化（图 8-39），数据不具有代表性，判定数据无效。

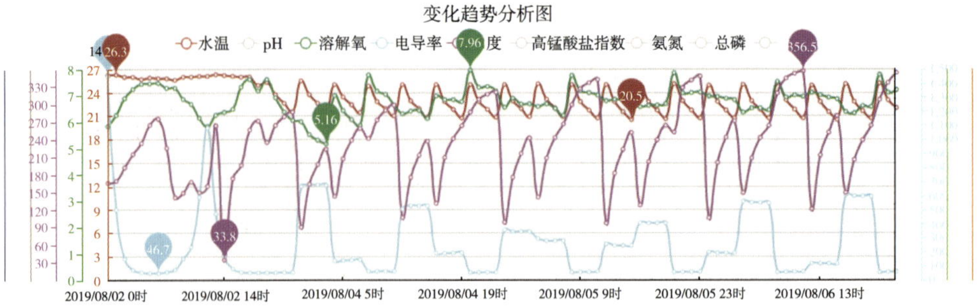

图 8-39 采水异常导致五参数规律性变化

8.2.7 水站系统问题

8.2.7.1 实例一

该水站位于淮河流域，5 月 23 日 17 时起，pH、溶解氧、浊度、高锰酸盐指数明显降低，且溶解氧、浊度、高锰酸盐指数接近于 0（图 8-40）。经运维人员现场核实，由于预处理清洗阀门故障，清洗水进入采水杯中，实际测量的水样为清洗水，故判定为无效数据。

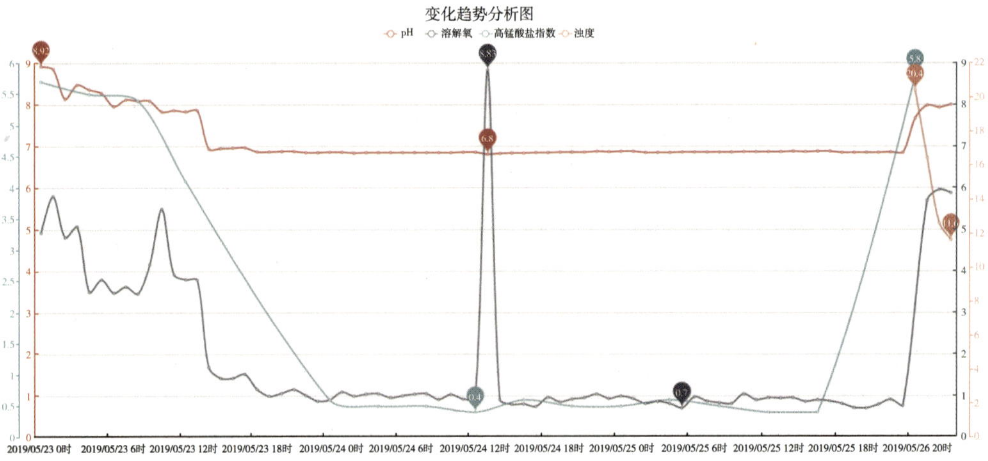

图 8-40 系统故障导致 pH、溶解氧、高锰酸盐指数、浊度异常偏低

8.2.7.2 实例二

该水站位于长江流域某支流，存在连续两组五参数数据完全相同的现象。经与

运维人员核实，确认为通信故障，故判定相同数据的第二组无效（图 8-41）。同样类似情况，如仪器或工控机死机等，除第一组数据有效外，其他重复数据应判定为无效数据。

数据审核　数据浏览　数据图表　停站信息

	监测时间	水温(℃)	pH(无量纲)	溶解氧(mg/L)	电导率(μS/cm)	浊度(NTU)	高锰酸盐指数(mg/L)	氨氮(mg/L)	总磷(mg/L)	总氮(mg
	Ⅲ类标准限值		6~9	≥5			6	1	0.2	
125	2019-05-12 02时	22.5	7.04	3.94	450.8	30.2				
126	2019-05-12 03时	22.4	7.04	3.87	453.1	27.3				
127	2019-05-12 04时	22.4	7.04	3.87	453.1	27.3	4.63	0.935	0.155	3.69
128	2019-05-12 05时	22.5	7.04	3.71	456.5	24.9				
129	2019-05-12 06时	22.4	7.03	3.56	459.4	24.6				
130	2019-05-12 07时	22.5	7.03	3.57	462.5	24.5				
131	2019-05-12 08时	22.5	7.03	3.57	462.5	24.5	4.63	1.573	0.160	4.34
132	2019-05-12 09时	23.4	7.07	4.22	469.9	21.9				
133	2019-05-12 10时	23.6	7.08	4.53	471.2	22.0				
134	2019-05-12 11时	23.8	7.10	5.12	472.6	22.1				
135	2019-05-12 12时	23.8	7.10	5.12	472.6	22.1	4.86	1.626	0.176	4.36
136	2019-05-12 13时	24.2	7.15	6.26	474.4	21.9				

激活 Windows

图 8-41　通信问题导致五参数数据恒值

8.2.7.3　实例三

该水站位于海河流域，5 月 21 日 20 时—22 日 8 时总氮数据离群偏高，且该时段数据与跨度核查数据一致（图 8-42）。经与运维人员核实，确认为上传了跨度核查的数据，故判定该时段数据无效。

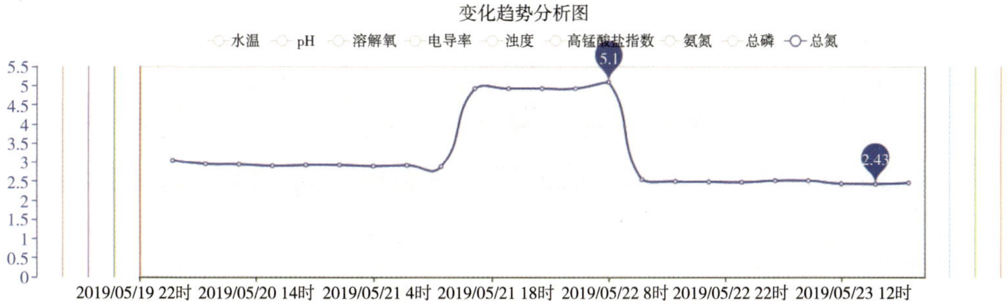

零点数据　零点数据图表　跨度数据　跨度数据图表

	日期	总磷(mg/L)				总氮(mg/L)				
		24小时跨度漂移				测试结果	跨度核查			
		前一次测试结果	跨度值	相对误差	合格情况		标准样浓度	相对误差	合格情况	前一次测试结果
1	2019-05-22 07:00:00	0.212	0.25	-1.2%	合格	5.10	5	2.0%	合格	4.93
2	2019-05-21 15:33:00					4.93	5	-1.4%	合格	-
3	2019-05-21 15:23:00									
4	2019-05-21 10:43:00	0.202	0.25	4.0%	合格					
5	2019-05-21 07:00:00					5.08	5	1.6%	合格	5.07
6	2019-05-20 07:00:00	0.200	0.25	0.8%	合格	5.07	5	1.4%	合格	5.05
7	2019-05-19 07:00:00	0.202	0.25	-0.8%	合格	5.05	5	1.0%	合格	5.04

图 8-42　通信问题导致跨度核查数据上传至平台

8.2.7.4 实例四

该水站位于海河流域，6 月 8 日 4—12 时氨氮恒值不变（图 8-43～图 8-45），在平台上查询流程日志，发现仪器测试流程异常，经与运维人员确认，实为仪器故障，判定为无效数据，并责令运维公司立即完善仪器标记标识。

数据列表 单参数图表 多参数图表

	监测时间	水温(℃)	pH(无量纲)	溶解氧(mg/L)	电导率(μS/cm)	浊度(NTU)	高锰酸盐指数(mg/L)	氨氮(mg/L)	总磷(mg/L)	总氮(mg/L)
	Ⅲ类标准限值		6~9	≥5			6	1	0.2	
7	2019-06-08 17时	26.8	8.96	11.03	588.9	25.7				
8	2019-06-08 16时	26.0	8.86	9.58	593.7	25.2	4.10	0.033	0.040	1.76
9	2019-06-08 15时	26.1	8.88	10.14	592.0	23.0				
10	2019-06-08 14时	26.1	8.93	11.00	591.6	29.4				
11	2019-06-08 13时	25.0	9.00	12.03	586.8	30.8				
12	2019-06-08 12时	23.9	8.90	10.29	591.5	29.9	4.14	0.040	0.063	1.96
13	2019-06-08 11时	24.0	8.89	10.54	588.4	24.3				
14	2019-06-08 10时	23.9	8.81	9.40	592.5	24.7				
15	2019-06-08 09时	23.8	8.71	8.13	593.1	21.5				
16	2019-06-08 08时	23.4	8.64	7.44	595.3	22.7	3.32	0.040	0.052	1.78
17	2019-06-08 07时	23.8	8.67	7.74	593.7	21.6				
18	2019-06-08 06时	23.8	8.72	8.03	591.8	21.2				
19	2019-06-08 05时	24.0	8.79	8.88	589.0	22.1				
20	2019-06-08 04时	23.6	8.73	8.11	592.1	22.9	3.44	0.040	0.043	1.82
21	2019-06-08 03时	23.9	8.81	9.29	589.2	25.1				
22	2019-06-08 02时	24.1	8.77	8.78	590.3	24.2				
23	2019-06-08 01时	24.3	8.79	8.77	590.7	22.3				
24	2019-06-08 00时	23.6	8.83	9.39	590.7	27.7	3.43	0.036	0.042	1.76

图 8-43 氨氮数据连续不变

氨氮-详细情况

测试值: 0.040mg/L (CF) 测试时间: 2019-06-08 12:00:00 分析方法: 水杨酸分光光度法

零点跨度数据 / 关键参数 / 流程日志 / 历史数据

监测时间	日志
系统日志	
2019-06-08 12:00:00	开始清洗
2019-06-08 12:10:00	开始采水
2019-06-08 12:26:00	开始配水
2019-06-08 12:56:00	开始测量

图 8-44 氨氮仪器异常数据流程日志 1

氨氮-详细情况

测试值: 0.040mg/L (CF) 测试时间: 2019-06-08 04:00:00 分析方法: 水杨酸分光光度法

零点跨度数据 / 关键参数 / 流程日志 / 历史数据 / 上下游数据 / 运维情况 / 操作记录 / 佐证材料

监测时间	日志
系统日志	
2019-06-08 04:00:00	开始清洗
2019-06-08 04:10:00	开始采水
2019-06-08 04:26:00	开始配水
2019-06-08 04:56:00	开始测量
仪器日志	
2019-06-08 04:43:00	仪器流程结束>>
2019-06-08 04:56:00	仪器流程结束>>
2019-06-08 04:57:00	仪表管路清洗
2019-06-08 05:08:00	样品测量
2019-06-08 05:12:00	试剂注入
2019-06-08 05:15:00	样品消解
2019-06-08 05:17:00	样品消解
2019-06-08 05:22:00	样品消解
2019-06-08 05:23:00	反应釜排空
2019-06-08 05:26:00	仪器流程结束>>
2019-06-08 05:42:00	仪器流程结束>>

图 8-45 氨氮仪器正常数据流程日志 2

8.2.7.5 实例五

该水站位于海河流域，高锰酸盐指数每日 8 时数据高于其他时段（图 8-46），经核实，由于每日 7 时进行跨度核查（10 mg/L），仪器清洗不到位导致 8 时数据偏高。由于仪器存在较大记忆效应，故 8 时高值判定无效，并责令运维公司尽快整改，以避免记忆效应影响数据的准确性。

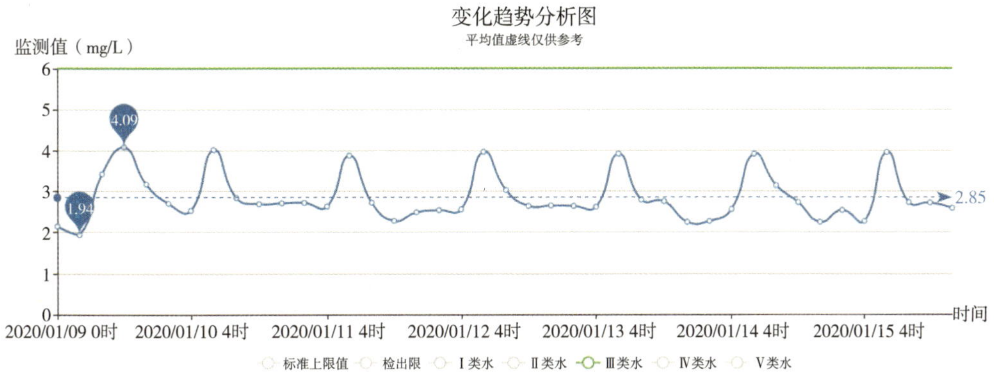

图 8-46 高锰酸盐指数受跨度核查影响

8.2.7.6 实例六

该水站位于长江流域某支流，自 5 月 9 日起采水异常，采水点水位下降，五参数水箱水位不足，导致五参数电极未完全浸没在水样中（图 8-47），因此水样测试值不具有代表性，且四参数存在数据异常，判定为无效数据。

8.2.7.7 实例七

该水站位于长江流域某支流，5 月 12 日 16 时高锰酸盐指数离群高值（图 8-48），其他参数无明显变化，流程日志无异常，但因上传的关键参数不全、数据为离群高值，判定为无效数据。

8.2.7.8 实例八

该水站位于长江干流，氨氮自 7 月 15 日 4 时开始连续出现 0 值，平台关键参数信号值显示变化较小，平台反算结果多为负值。经运维人员排查，原因是仪器屏蔽负值，取消屏蔽负值后，连续 0 值情况结束（图 8-49）。该水站水质一直较好，由于系统设置问题导致数据长期为零，但监测结果能够反映水质情况，数据可视为有效。责令公司对运维站点进行排查，取消屏蔽负值。

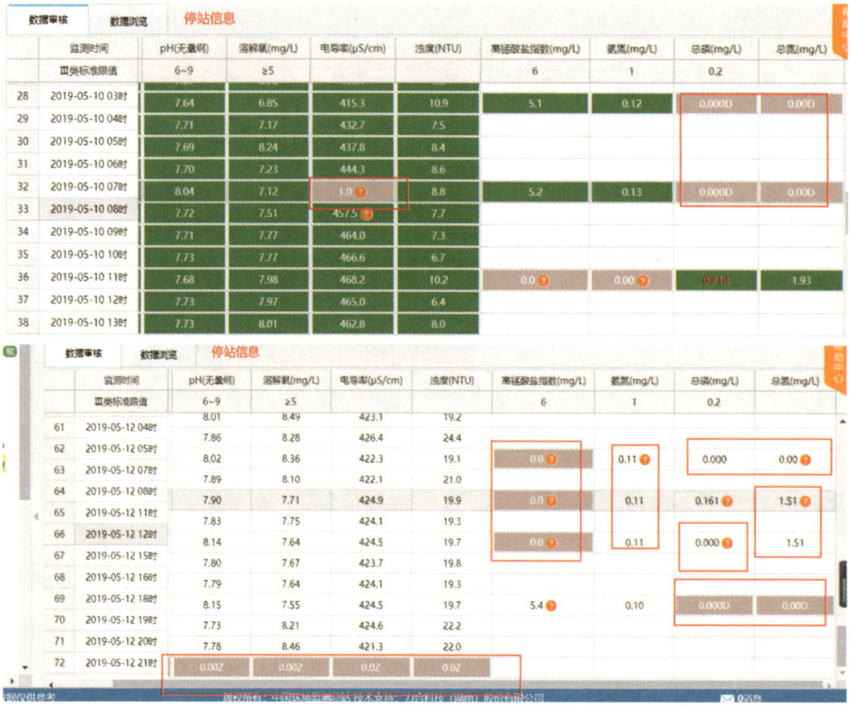

数据审核　数据浏览　停站信息

	监测时间	pH(无量纲)	溶解氧(mg/L)	电导率(μS/cm)	浊度(NTU)	高锰酸盐指数(mg/L)	氨氮(mg/L)	总磷(mg/L)	总氮(mg/L)
	Ⅲ类标准限值	6~9	≥5			6	1	0.2	
28	2019-05-10 03时	7.64	6.85	415.3	10.9	5.1	0.12	0.000D	0.00D
29	2019-05-10 04时	7.71	7.17	432.7	7.5				
30	2019-05-10 05时	7.69	8.24	437.8	8.4				
31	2019-05-10 06时	7.70	7.23	444.3	8.6				
32	2019-05-10 07时	8.04	7.12	1.0	8.8	5.2	0.13	0.000D	0.00D
33	2019-05-10 08时	7.72	7.51	457.5	7.7				
34	2019-05-10 09时	7.71	7.77	464.0	7.3				
35	2019-05-10 10时	7.73	7.77	466.6	6.7				
36	2019-05-10 11时	7.68	7.98	468.2	10.2	0.0	0.00	0.214	1.93
37	2019-05-10 12时	7.73	7.97	465.0	6.4				
38	2019-05-10 13时	7.73	8.01	462.8	8.0				

数据审核　数据浏览　停站信息

	监测时间	pH(无量纲)	溶解氧(mg/L)	电导率(μS/cm)	浊度(NTU)	高锰酸盐指数(mg/L)	氨氮(mg/L)	总磷(mg/L)	总氮(mg/L)
	Ⅲ类标准限值	6~9	≥5			6	1	0.2	
		8.01	8.49	423.1	19.2				
61	2019-05-12 04时	7.86	8.28	426.4	24.4				
62	2019-05-12 05时	8.02	8.36	422.3	19.1	0.0	0.11	0.000	0.00
63	2019-05-12 07时	7.89	8.10	422.1	21.0				
64	2019-05-12 08时	7.90	7.71	424.9	19.9	0.0	0.11	0.161	1.51
65	2019-05-12 11时	7.83	7.75	424.1	19.3				
66	2019-05-12 12时	8.14	7.64	424.5	19.7	0.0	0.11	0.000	1.51
67	2019-05-12 15时	7.80	7.67	423.7	19.8				
68	2019-05-12 16时	7.79	7.64	424.1	19.3				
69	2019-05-12 18时	8.15	7.55	424.5	19.7	5.4	0.10	0.000D	0.00D
70	2019-05-12 19时	7.73	8.21	424.6	22.2				
71	2019-05-12 20时	7.78	8.46	421.3	22.0				
72	2019-05-12 21时	0.00Z	0.00Z	0.0Z	0.0Z				

图 8-47　采水量不足导致数据异常

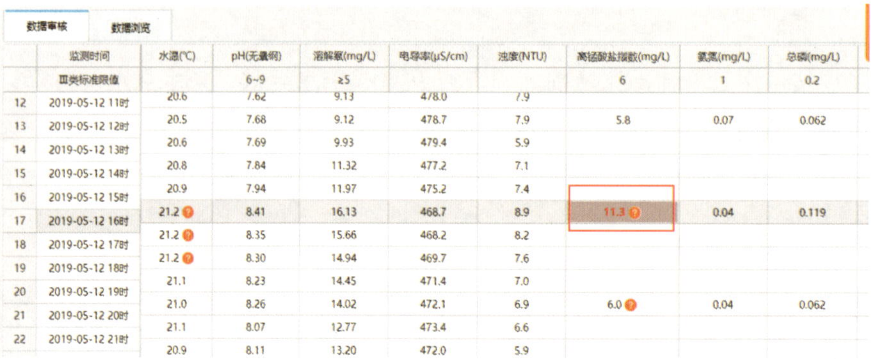

数据审核　数据浏览

	监测时间	水温(℃)	pH(无量纲)	溶解氧(mg/L)	电导率(μS/cm)	浊度(NTU)	高锰酸盐指数(mg/L)	氨氮(mg/L)	总磷(mg/L)
	Ⅲ类标准限值		6~9	≥5			6	1	0.2
		20.6	7.62	9.13	478.0	7.9			
12	2019-05-12 11时	20.5	7.68	9.12	478.7	7.9	5.8	0.07	0.062
13	2019-05-12 12时	20.6	7.69	9.93	479.4	5.9			
14	2019-05-12 13时	20.8	7.84	11.32	477.2	7.1			
15	2019-05-12 14时	20.9	7.94	11.97	475.2	7.4			
16	2019-05-12 15时	21.2	8.41	16.13	468.7	8.9	11.3	0.04	0.119
17	2019-05-12 16时	21.2	8.35	15.66	468.2	8.2			
18	2019-05-12 17时	21.2	8.30	14.94	469.7	7.6			
19	2019-05-12 18时	21.1	8.23	14.45	471.4	7.0			
20	2019-05-12 19时	21.0	8.26	14.02	472.1	6.9	6.0	0.04	0.062
21	2019-05-12 20时	21.1	8.07	12.77	473.4	6.6			
22	2019-05-12 21时	20.9	8.11	13.20	472.0	5.9			

图 8-48　高锰酸盐指数数据离群

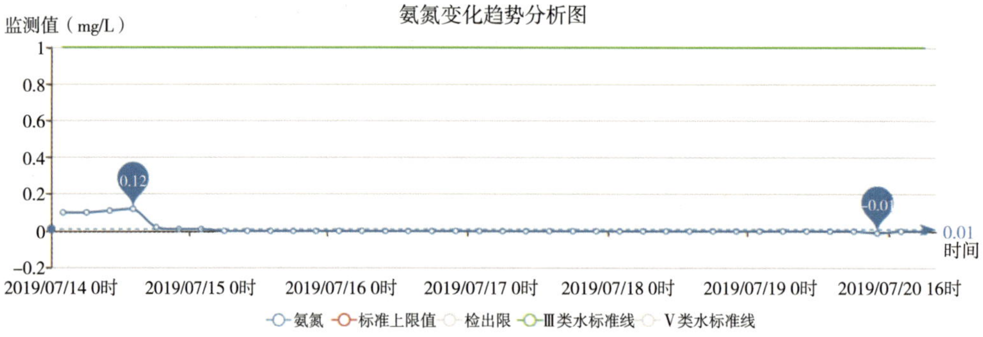

图 8-49　屏蔽负值导致氨氮数据长期 0 值

8.2.7.9　实例九

图 8-50 中两个水站均出现数据异常，经现场核实，确认为采水发生异常导致数据离群，判定该时段数据无效。

	监测时间	水温(℃)	pH(无量纲)	溶解氧(mg/L)	电导率(μS/cm)	浊度(NTU)
	水质类别	-	Ⅰ类	-	-	-
	Ⅲ类标准限值		6~9	≥5		
1	00时	21.7	7.34	4.59	107.5	314.0
2	01时	21.7	7.42	3.16	117.1	285.2
3	02时	27.1	7.51	7.03 ?	0.1	8.9
4	03时	21.5	7.40	3.13 ?	112.6	151.6
5	04时	21.6	7.41	5.77	102.5	151.3
6	05时	21.5	7.36	3.26	105.9	108.4
7	06时	27.4	7.23	6.95 ?	0.1	4.6

监测时间	水温(℃)	pH(无量纲)	溶解氧(mg/L)	电导率(μS/cm)	浊度(NTU)	高锰酸盐指数(mg/L)	氨氮
水质类别	-	Ⅰ类	Ⅰ类	-	-	Ⅱ类	
类标准限值		6~9	≥5			6	
00时	10.2	7.62	10.82	163.6	1.2	2.4	0.
01时	10.2	7.59	10.17	163.8	1.1		
02时	13.2	6.74	4.17 ?	242.1	155.4		
03时	10.0	7.49	10.70 ?	164.0	1.1		
04时	9.4	7.54	10.93	164.8	1.2	2.5	0.
05时	9.5	7.54	10.30	165.3	1.1		
06时	10.9	6.95	6.98	198.6	40.1		
07时	9.3	7.50	10.31	165.9	1.1		
08时	8.8	7.54	11.05	166.3	1.1	2.6 ?	0.
09时	8.9	7.53	11.09	166.4	18.2		

图 8-50　取水异常数据离群

8.2.7.10　实例十

图 8-51 中两个水站均出现多参数连续恒值不变，经核实，确认为仪器或通信故障所致，故判定为无效数据。

8.2.7.11　实例十一

该水站同一时间出现多组数据（图 8-42），非正常监测周期数据的数据判为无效数据。

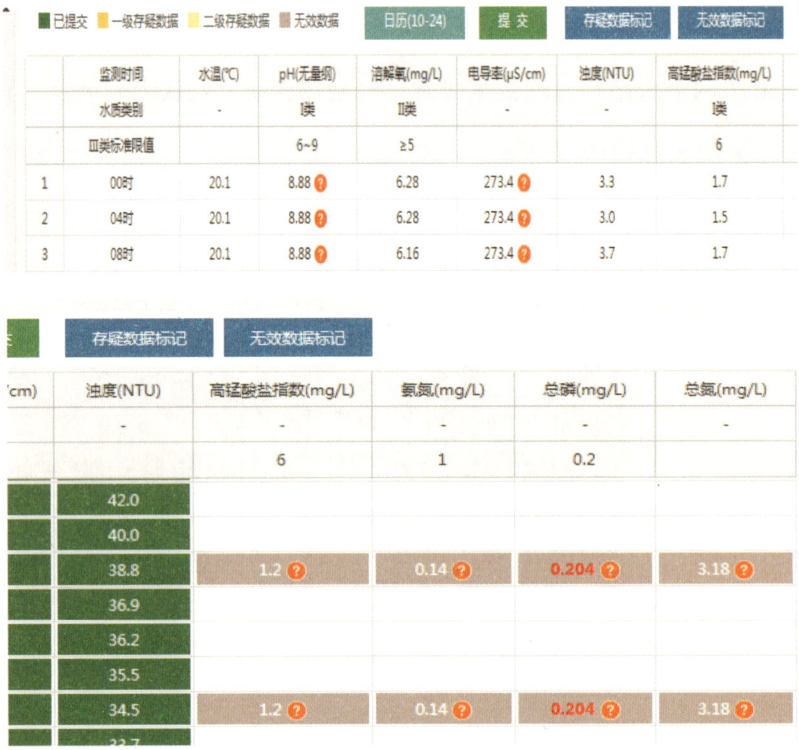

■已提交 ■一级存疑数据 ■二级存疑数据 ■无效数据　日历(10-24)　提 交　存疑数据标记　无效数据标记

	监测时间	水温(℃)	pH(无量纲)	溶解氧(mg/L)	电导率(μS/cm)	浊度(NTU)	高锰酸盐指数(mg/L)
	水质类别	-	Ⅰ类	Ⅱ类	-	-	Ⅰ类
	Ⅲ类标准限值		6~9	≥5			6
1	00时	20.1	8.88 ?	6.28	273.4 ?	3.3	1.7
2	04时	20.1	8.88 ?	6.28	273.4 ?	3.0	1.5
3	08时	20.1	8.88 ?	6.16	273.4 ?	3.7	1.7

存疑数据标记　无效数据标记

浊度(NTU)	高锰酸盐指数(mg/L)	氨氮(mg/L)	总磷(mg/L)	总氮(mg/L)
-	-	-	-	-
	6	1	0.2	
42.0				
40.0				
38.8	1.2 ?	0.14 ?	0.204 ?	3.18 ?
36.9				
36.2				
35.5				
34.5	1.2 ?	0.14 ?	0.204 ?	3.18 ?

图 8-51　仪器或通信故障数据连续不变

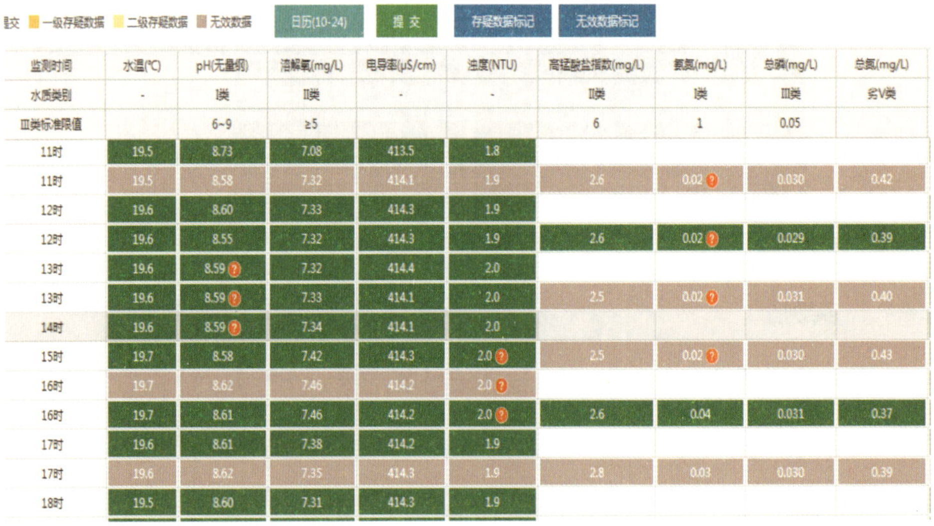

交 ■一级存疑数据 ■二级存疑数据 ■无效数据　日历(10-24)　提 交　存疑数据标记　无效数据标记

监测时间	水温(℃)	pH(无量纲)	溶解氧(mg/L)	电导率(μS/cm)	浊度(NTU)	高锰酸盐指数(mg/L)	氨氮(mg/L)	总磷(mg/L)	总氮(mg/L)
水质类别	-	Ⅰ类	Ⅱ类	-	-	Ⅱ类	Ⅰ类	Ⅲ类	劣Ⅴ类
Ⅲ类标准限值		6~9	≥5			6	1	0.05	
11时	19.5	8.73	7.08	413.5	1.8				
11时	19.5	8.58	7.32	414.1	1.9	2.6	0.02 ?	0.030	0.42
12时	19.6	8.60	7.33	414.3	1.9				
12时	19.6	8.55	7.32	414.3	1.9	2.6	0.02 ?	0.029	0.39
13时	19.6	8.59 ?	7.32	414.4	2.0				
13时	19.6	8.59 ?	7.33	414.1	2.0	2.5	0.02 ?	0.031	0.40
14时	19.6	8.59 ?	7.34	414.1	2.0				
15时	19.7	8.58	7.42	414.3	2.0 ?	2.5	0.02 ?	0.030	0.43
16时	19.7	8.62	7.46	414.2	2.0 ?				
16时	19.7	8.61	7.46	414.2	2.0 ?	2.6	0.04	0.031	0.37
17时	19.6	8.61	7.38	414.2	1.9				
17时	19.6	8.62	7.35	414.3	1.9	2.8	0.03	0.030	0.39
18时	19.5	8.60	7.31	414.3	1.9				

图 8-52　非正常监测周期数据

8.2.7.12　实例十二

该水站出现异常离群数据，经核实，该时段数据为质控数据上传至平台

（图 8-53），故判定为无效数据。

	监测时间	水温(℃)	pH(无量纲)	溶解氧(mg/L)	电导率(μS/cm)	浊度(NTU)	高锰酸盐指数(mg/L)
	水质类别	-	Ⅰ类	Ⅰ类	-	-	Ⅲ类
	Ⅲ类标准限值		6~9	≥5			6
5	04时	18.9	8.32	10.44	318.4	5.2	4.7
6	05时	18.9	8.08	10.52	319.6	4.2	
7	06时	18.8	8.25	9.33	320.8	6.6	
8	07时	18.8	8.11	10.00	319.4	5.4	
9	08时	18.7	8.40	10.93	316.2	8.6	4.8
10	09时	18.7	8.40	10.78	320.6	7.9	
11	10时	17.5	9.21	6.88	1411.8	100.3	
12	11时	18.8	8.44	10.33	325.7	6.7	

图 8-53 上传周核查数据到水样数据中

8.2.7.13 实例十三

以下水站均为仪器故障等原因出现不合理数值。

①图 8-54、图 8-55 均出现高锰酸盐指数超高报警值，提示为仪器故障，故异常高值判定为无效数据。

②图 8-54、图 8-55 均出现总磷、总氮连续恒值不变，经核实为仪器故障所致，故判定为无效数据。

③图 8-54、图 8-56 中，总磷和氨氮浓度值均出现负值，且超过零点核查允许误差范围，故判定为无效数据。

一级存疑数据 二级存疑数据 无效数据 日历(10-24) 提 交 存疑数据标记

	电导率(μS/cm)	浊度(NTU)	高锰酸盐指数(mg/L)	氨氮(mg/L)	总磷(mg/L)
	-	-	劣Ⅴ类	Ⅱ类	劣Ⅴ类
			6	1	0.2
0时	7.5	53.1	1.8	0.20	-0.500
4时	6.3	53.5	1.7	0.19	-0.500
8时	8.2	53.8	1.8	0.16	-0.500
2时	6.7	54.8	1001.8	0.13	-0.500
6时	6.5	52.9	1001.8	0.17	-0.500
0时	8.0	48.0	1.2	0.17	0.100
数量	5	6	6	6	6

图 8-54 仪器故障数据

电导率(μS/cm)	浊度(NTU)	高锰酸盐指数(mg/L)	氨氮(mg/L)	总磷(mg/L)	总氮(mg/L)
-	-	II类	I类	-	-
		6	1	0.2	
312.1	3.9	3.1	0.07	0.157	0.00
310.9	4.4	3.1	0.08	0.000	0.00
317.6	4.0	3.0	0.10	0.000	0.00
312.1	4.1	2.9	0.09	0.000	0.00
312.0	4.0	5002.9	0.09	0.000	0.00
324.3	3.6	5002.9	0.10	0.171	4.17
327.6	3.0	15.4	0.07	0.174	4.30

图 8-55 仪器故障数据

电导率(μS/cm)	浊度(NTU)	高锰酸盐指数(mg/L)	氨氮(mg/L)	总磷(mg/L)
-	-	II类	III类	III类
		6	1	0.2
0.0	0.0	0.0	0.00	0.000
0.0	0.0	0.0	0.00	0.000
0.0	0.0	0.0	0.00	0.000
552.7	19.8			
541.4	15.8	3.0	0.61	0.167
516.5	10.9			
518.1	9.6			
504.8	11.8			
305.3	10.5	3.2	-0.30 ?	0.129
			-14.55 ?	

图 8-56 仪器故障数据

8.2.7.14 实例十四

该水站藻密度数据明显偏低（图 8-57），无法保证数据的准确性，判定为无效数据。

率(μS/cm)	浊度(NTU)	高锰酸盐指数(mg/L)	氨氮(mg/L)	总磷(mg/L)	总氮(mg/L)	叶绿素α(ug/L)	藻密度(cells/ml)
-	-	IV类	I类	IV类	劣V类	-	-
		6	1	0.05			
354.8	27.2	9.6	0.06	0.068	1.55	5.56	1.00
354.8	26.6					5.20	47.00
354.8	26.6					5.63	9.00
355.0	27.3					5.30	55.00
355.1	26.2	9.3	0.06	0.068	1.54	5.26	36.00
355.1	26.8					5.29	40.00
355.2	26.3					5.34	44.00
355.2	26.2					5.79	44.00
354.6	25.8	8.8	0.07	0.065	1.49	5.44	46.00
354.4	25.8					5.19	46.00
353.8	27.2					4.83	49.00
353.4	26.1					4.72	22.00
353.4	26.8	9.2	0.06	0.068	1.54	4.37	9.00
353.3	27.2					4.53	79.00

图 8-57 藻密度数据过低

8.2.7.15 实例十五

该水站浊度数据较高且持续较稳定（图 8-58），经与运维人员核实，确认为仪器故障，故判定为无效数据。

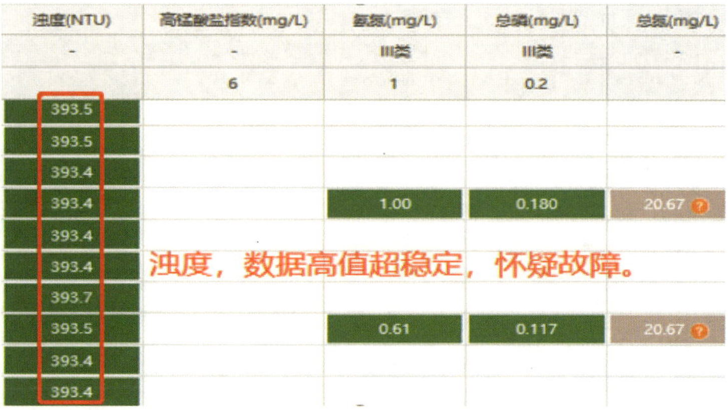

浊度(NTU)	高锰酸盐指数(mg/L)	氨氮(mg/L)	总磷(mg/L)	总氮(mg/L)
-	-	III类	III类	-
	6	1	0.2	
393.5				
393.5				
393.4				
393.4		1.00	0.180	20.67
393.4				
393.4				
393.7				
393.5		0.61	0.117	20.67
393.4				
393.4				

图 8-58 浊度数据高值异常稳定

8.2.8 其他因素影响

8.2.8.1 实例一

该水站位于长江流域某支流，解氧数据整月较低，经运维人员现场核实，河道中有工作人员对大坝进行施工，上游水流量较小，河水流动性较差，导致溶解氧数据较低（图 8-59）。现场仪器核查测试结果合格，判定为有效数据。

图 8-59 溶解氧变化趋势

8.2.8.2 实例二

该水站位于辽河干流，为入海控制断面，水温波动较大，且呈周期性升高或降低，因冬季北方水站取水均有伴热带，且各水站设置温度高低与加热时长、管路长度不同，造成水温波动（图 8-60）。若水温波动未对其他参数造成影响，原则上可视为有效数据；若由于该原因对其他参数造成影响，运维公司应立即进行整改。

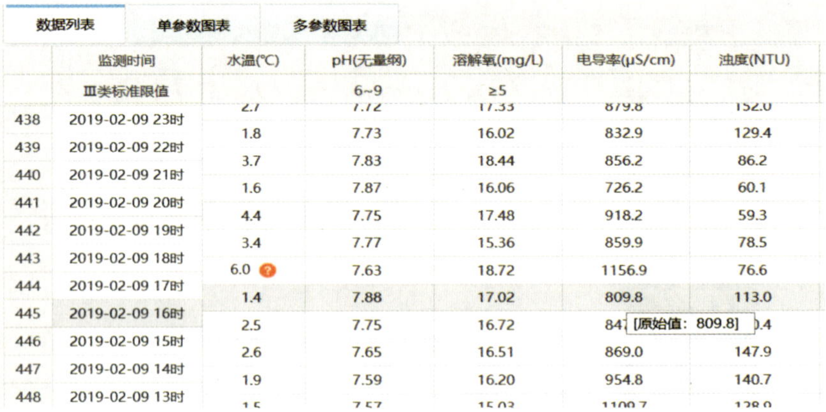

数据列表　单参数图表　多参数图表

	监测时间	水温(℃)	pH(无量纲)	溶解氧(mg/L)	电导率(μS/cm)	浊度(NTU)
	Ⅲ类标准限值		6~9	≥5		
		2.7	7.72	17.33	879.8	152.0
438	2019-02-09 23时	1.8	7.73	16.02	832.9	129.4
439	2019-02-09 22时	3.7	7.83	18.44	856.2	86.2
440	2019-02-09 21时	1.6	7.87	16.06	726.2	60.1
441	2019-02-09 20时	4.4	7.75	17.48	918.2	59.3
442	2019-02-09 19时	3.4	7.77	15.36	859.9	78.5
443	2019-02-09 18时	6.0	7.63	18.72	1156.9	76.6
444	2019-02-09 17时	1.4	7.88	17.02	809.8	113.0
445	2019-02-09 16时	2.5	7.75	16.72	84[原始值：809.8]	[illegible].4
446	2019-02-09 15时	2.6	7.65	16.51	869.0	147.9
447	2019-02-09 14时	1.9	7.59	16.20	954.8	140.7
448	2019-02-09 13时	1.5	7.57	15.03	1109.7	128.0

图 8-60　水温受伴热管影响变化

8.2.8.3　实例三

该水站多个参数数据均无规律波动（图 8-61），现场日质控及标液核查测试结果均合格，仪器运行稳定，经现场排查水站上游附近有污水处理厂，仪器测试数据如实反映该水体真实情况，故判定为有效数据。

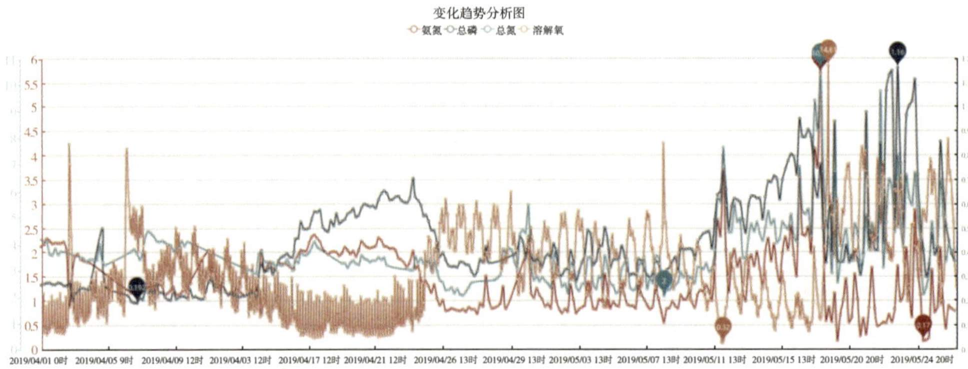

图 8-61　溶解氧、氨氮、总磷、总氮浓度变化趋势

8.2.8.4　实例四

该水站位于珠江流域某支流，水站所在水体流动性较差，水质长期在Ⅳ类～劣Ⅴ类波动，现场水样比对结果正常。经现场核实，该水站下游有水闸，放水时水质

出现波动变化（图中框内为放水时段）（图 8-62），故判定为有效数据。

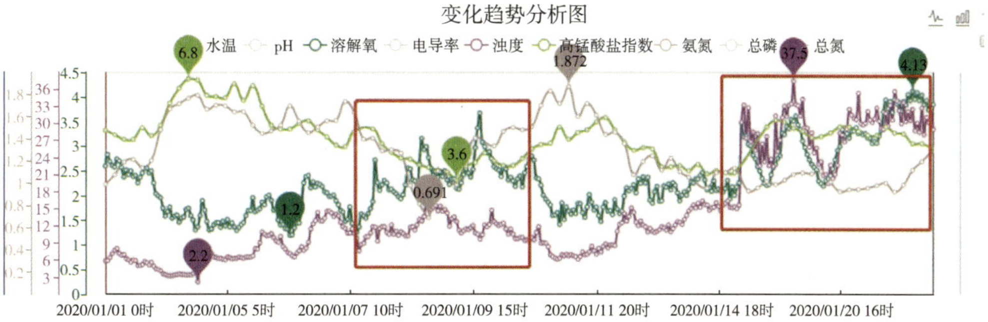

图 8-62　水站下游有水闸影响水质

8.2.8.5　实例五

该水站位于长江流域某支流，自 5 月 26 日凌晨起，溶解氧数据异常降低，一直持续到 5 月 31 日。运维人员对水站周边的环境进行勘察，发现因洪水使采水点发生较大的位移（图 8-63），且在水面上未发现浮筒（可能被泥沙或杂物阻碍在水面以下），由于此时间段采集水样不具有代表性，故判定为无效数据。

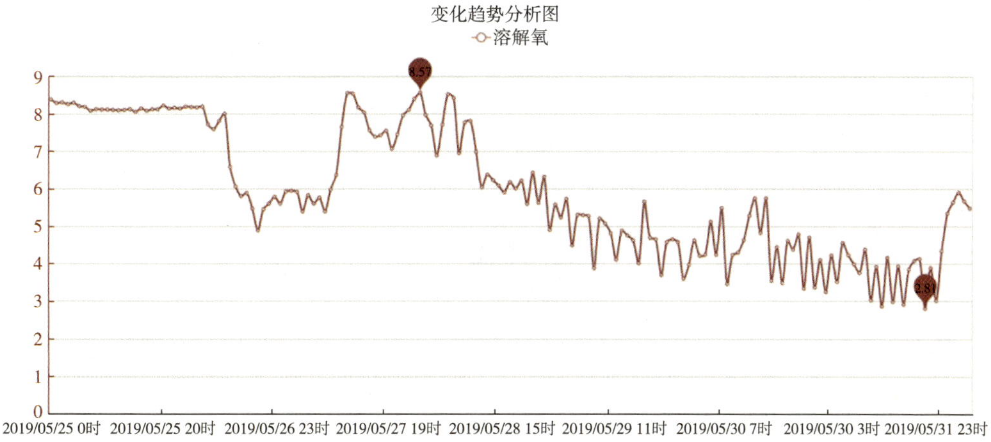

图 8-63　取水点因洪水发生位移导致溶解氧降低

8.2.8.6　实例六

图 8-64 中两个水站为上下游关系，由于突发污染事故，两个水站均出现多参数明显升高趋势，且下游较上游出现污染有时间上的延迟，且污染物浓度略低于上游，属于合理现象。

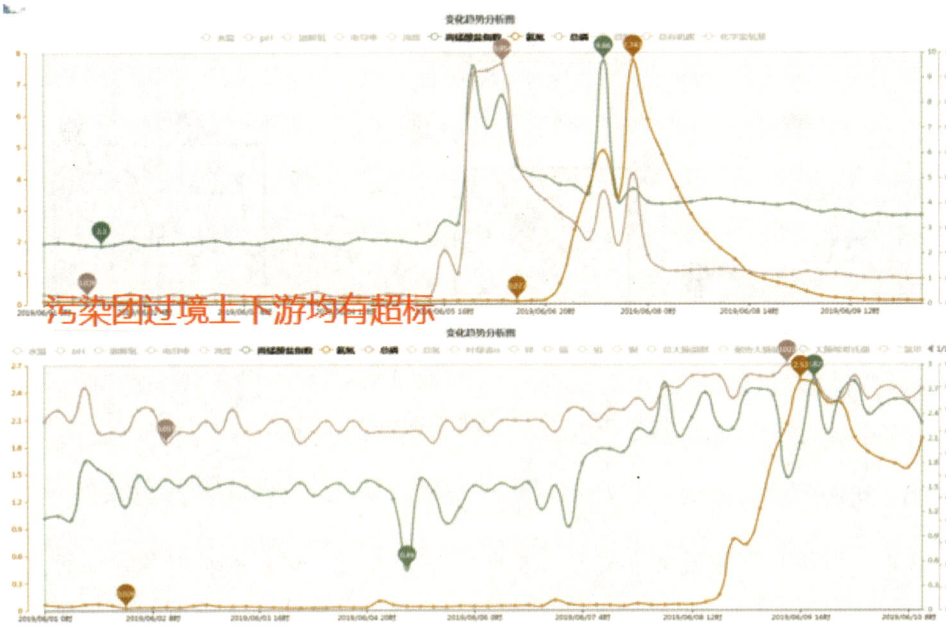

图 8-64 上下游污染关系

8.2.8.7 实例七

该水站出现多参数数据同步明显升高，为采样期间突发性污染团经过（图 8-65），故判定为有效数据。

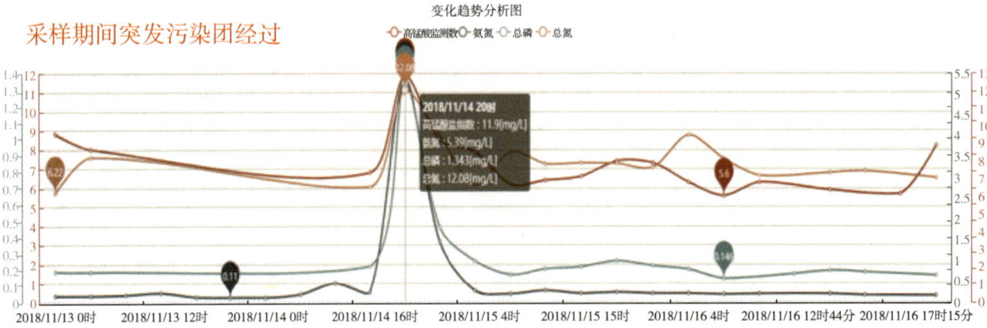

图 8-65 采样期间突发污染团经过多个参数均超标

8.2.9 其他实例

8.2.9.1 实例一

该水站位于长江干流，5 月 11—12 日氨氮上传 0 值及负值（图 8-66），虽然关键参数上传有缺失，但是数据较为稳定，且浓度较低，与历史数据趋势相符，其他参数数据关联性波动无异常，故判定为有效数据。

图 8-66 氨氮浓度较低或负值

8.2.9.2 实例二

该水站位于长江流域某支流，氨氮仪器自 5 月 21 日 16 时起数据由正值突变为负值（图 8-67）。虽仪器日志正常、质控结果合格，但由于前期数据稳定、历史数据未出现过负值，故负值判定为无效数据。

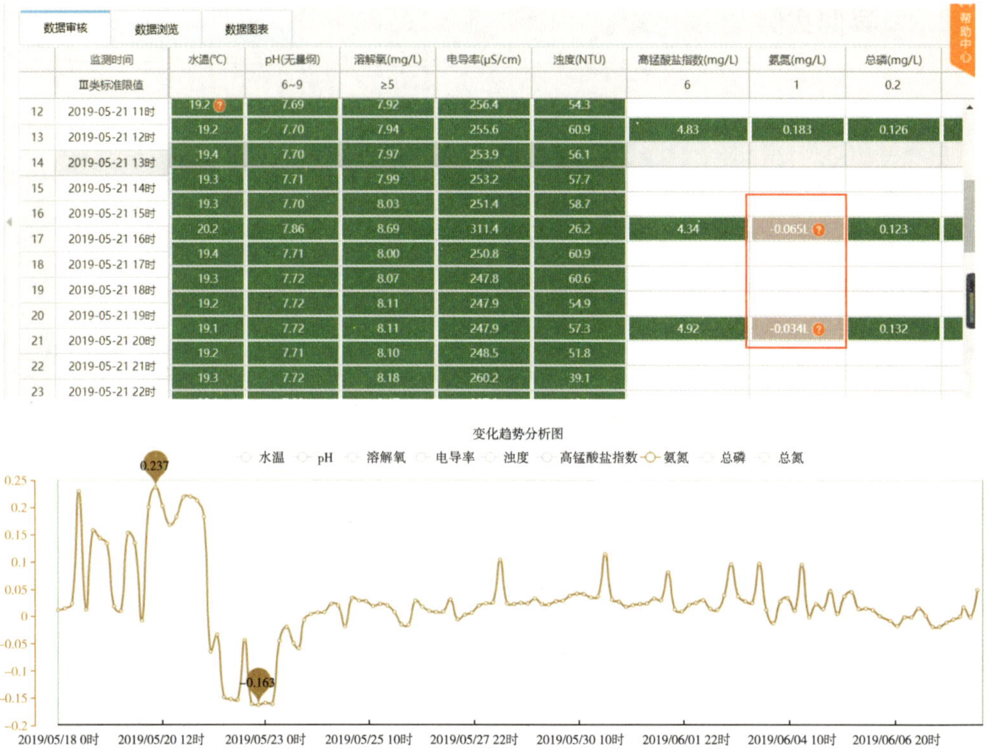

数据审核 数据浏览 数据图表

	监测时间	水温(℃)	pH(无量纲)	溶解氧(mg/L)	电导率(μS/cm)	浊度(NTU)	高锰酸盐指数(mg/L)	氨氮(mg/L)	总磷(mg/L)
	Ⅲ类标准限值		6~9	≥5			6	1	0.2
12	2019-05-21 11时	19.2	7.69	7.92	256.4	54.3			
13	2019-05-21 12时	19.2	7.70	7.94	255.6	60.9	4.83	0.183	0.126
14	2019-05-21 13时	19.4	7.70	7.97	253.9	56.1			
15	2019-05-21 14时	19.3	7.71	7.99	253.2	57.7			
16	2019-05-21 15时	19.3	7.70	8.03	251.4	58.7			
17	2019-05-21 16时	20.2	7.86	8.69	311.4	26.2	4.34	-0.065L	0.123
18	2019-05-21 17时	19.4	7.71	8.00	250.8	60.9			
19	2019-05-21 18时	19.3	7.72	8.07	247.8	60.6			
20	2019-05-21 19时	19.2	7.72	8.11	247.9	54.9			
21	2019-05-21 20时	19.1	7.72	8.11	247.9	57.3	4.92	-0.034L	0.132
22	2019-05-21 21时	19.2	7.71	8.10	248.5	51.8			
23	2019-05-21 22时	19.3	7.72	8.18	260.2	39.1			

图 8-67 氨氮突变为负值

参考文献

[1] 国家环境保护总局. 地表水环境质量标准：GB 3838—2002［S］. 北京：中国环境科学出版社，2002.

[2] 夏青，陈艳卿，刘宪兵. 水质基准与水质标准［M］. 北京：中国标准出版社，2004.

[3] 国家环境保护局. 水质　水温的测定　温度计或颠倒温度计测定法：GB/T 13195—1991［S］. 北京：中国环境科学出版社，1991.

[4] 国家环境保护局. 水质　pH 值的测定　玻璃电极法：GB/T 6920—1986［S］. 北京：中国标准出版社，1986.

[5] 环境保护部. 水质　溶解氧的测定　电化学探头法：HJ 506—2009［S］. 北京：中国环境出版社，2009.

[6] 国家环境保护局. 水质　高锰酸盐指数的测定：GB/T 11892—89［S］. 北京：中国标准出版社，1989.

[7] 环境保护部. 水质　化学需氧量的测定　重铬酸盐法：HJ 828—2017［S］. 北京：中国环境出版社，2017.

[8] 环境保护部. 水质　五日生化需氧量（BOD_5）的测定　稀释与接种法：HJ 505—2009［S］. 北京：中国环境出版社，2009.

[9] 环境保护部. 水质　铵的测定　纳氏试剂比色法：HJ 535—2009［S］. 北京：中国环境出版社，2009.

[10] 国家环境保护局. 水质　总磷的测定　钼酸铵分光光度法：GB/T 11893—1989［S］. 北京：中国标准出版社，1989.

[11] 国家环境保护部. 水质　总氮的测定　碱性过硫酸钾消解紫外分光光度法：HJ 636—2012［S］. 北京：中国环境出版社，2012.

[12] 环境保护部. 水质　铜的测定　二乙基二硫代氨基甲酸钠分光光度法：HJ 485—2009［S］. 北京：中国环境出版社，2009.

[13] 国家环境保护局. 水质　铜、锌、铅、镉的测定　原子吸收分光光度法：GB/T 7475—1987［S］. 北京：中国标准出版社，1987.

[14] 环境保护部. 水质　无机阴离子的测定　离子色谱法：HJ 84—2016［S］. 北京：中国环境出版社，2016.

[15] 国家环境保护局. 水质　硒的测定　石墨炉原子吸收分光光度法：GB/T 15505－1995［S］. 北京：中国标准出版社，1995.

[16] 国家环境保护局. 水质　总砷的测定　二乙基二硫代氨基甲酸银分光光度法：

GB/T 7485—1987［S］. 北京：中国标准出版社，1987.
［17］环境保护部. 水质　总汞的测定　冷原子吸收分光光度法：HJ 597—2011［S］. 北京：中国环境出版社，2009.
［18］环境保护部. 水质　氰化物的测定　容量法和分光光度法：HJ 484—2009［S］. 北京：中国环境出版社，2009.
［19］环境保护部. 水质　挥发酚的测定　4- 氨基安替成林分光光度法：HJ 503—2009［S］. 北京：中国环境出版社，2009.
［20］环境保护部. 水质　石油类和动植物油类的测定　红外分光光度法：HJ 637—2018［S］. 北京：中国环境出版集团，2018.
［21］环境保护部. 水质　硫化物的测定　流动注射 - 亚甲基蓝分光光度法 HJ 824—2017［S］. 北京：中国环境出版集团，2017.
［22］国家环境保护局. 水质　阴离子表面活性剂的测定　亚甲蓝分光光度法：GB/T 7494—1987［S］. 北京：中国标准出版社，1987.
［23］国家卫生部. 生活饮用水卫生标准：GB/T 5749—2006［S］. 北京：中国标准出版社，2006.
［24］生态环境部. 水质　粪大肠菌群的测定　多管发酵法：HJ 347.2—2018［S］. 北京：中国环境出版集团，2018.
［25］张庆杰. 水质监测质量管理问题及应对措施分析［J］. 节能，2019（2）：115-116.
［26］郑璇，李莉，彭宏清，等. 酸性法测定地表水高锰酸盐指数关键步骤的探讨［J］. 环境与发展，2018(8):126-127.
［27］国家环境保护总局. 水和废水监测分析方法 .4 版 .［M］. 北京：中国环境科学出版社，2002.
［28］陆连忠. 碱性法测定高锰酸盐指数的探讨［J］. 石化技术，2018(8):112.

附件 1

地表水水质自动监测站运行维护技术要求

（试行）

中国环境监测总站

2019 年 12 月

前　言

为贯彻《中华人民共和国环境保护法》和《中华人民共和国水污染防治法》，保护环境，保障人体健康，加强环境管理，规范和指导地表水水质自动监测站运行维护工作，制定本规定。

本要求明确了固定式、简易式、小型式和浮船式水质自动监测站（以下简称水站）运行维护、质量保证与质量控制措施和运行记录等技术要求。

本要求由中国环境监测总站组织制订。

本要求主要起草人：陈亚男、姚志鹏、刘允、李东一、杨凯、王延军、王亮、申田田、何纪平、李旭冉。

本要求由中国环境监测总站解释。

地表水水质自动监测站运行维护技术要求（试行）

1　适用范围

本规定明确了固定式、简易式、小型式和浮船式水质自动监测站（以下简称水站）运行维护、质量保证与质量控制措施和运行记录等技术要求。

本规定适用于固定式、简易式、小型式和浮船式水质自动监测站的质量保证与质量控制以及远程维护、现场维护、应急维护。

本规定适用的监测项目为常规五参数、高锰酸盐指数、氨氮、总磷、总氮、叶绿素 a、蓝绿藻密度等参数，其他监测项目可参照本规定。

2　引用文件

本规定内容引用了下列文件中的条款。凡是未注明日期的引用文件，其有效版本适用于本规定。

GB 3838　地表水环境质量标准

GB/T 8170　数值修约规则与极限数值的表示和判定

HJ/T 91　地表水和污水监测技术规范

HJ/T 96　pH 水质自动分析仪技术要求

HJ/T 97　电导率水质自动分析仪技术要求

HJ/T 98　浊度水质自动分析仪技术要求

HJ/T 99　溶解氧（DO）水质自动分析仪技术要求

HJ/T 100　高锰酸盐指数水质自动分析仪技术要求

HJ/T 101　氨氮水质自动分析仪技术要求

HJ/T 102　总氮水质自动分析仪技术要求

HJ/T 103　总磷水质自动分析仪技术要求

HJ/T 372　水质自动采样器技术要求及检测方法

HJ 731　近岸海域水质自动监测技术规范

HJ 915　地表水自动监测技术规范（试行）

3 术语和定义

下列术语和定义适用于本规定。

3.1 固定式水质自动监测站 Stationary water quality automatic monitoring system

指自动监测站站房内部有完善的仪器间、质控间以及生活间等功能区的水站，站房结构一般是砖混结构，简称固定式水站。

3.2 简易式水质自动监测站 Simplified water quality automatic monitoring system

指自动监测站站房内部只有仪器间和质控间功能区，或将监测仪器间和质控间合并建设的水站，简称简易式水站。

3.3 小型式水质自动监测站 Small water quality automatic monitoring system

指将一套地表水水质自动监测系统直接集成于一台控制柜或金属箱体中，可直接安装于现场，无须另外的站房建设的水站，其柜体一般由外箱体、内部金工件及附件装配组成，人员无法直接进入内部维护，简称小型式水站。

3.4 浮船式水质自动监测站 Floating type automatic monitoring system

指以单体舱式浮船为载体的水质自动监测系统。

3.5 跨度 Span

跨度是根据监测项目的水质类别要求监测仪器需满足的测量范围。

当监测项目的水质类别为Ⅰ～Ⅱ类时，跨度范围最大值通常采用Ⅱ类水质标准限值的 2 倍；为Ⅲ～Ⅴ类时，跨度范围最大值通常采用水质类别标准限值的 2 倍；

总磷（湖、库）Ⅰ～Ⅲ类水跨度范围最大值通常为 0.2 mg/L；当监测项目无水质标准限值时，跨度范围最大值为监测项目上一周水质平均值的 2 倍。

3.6 跨度值 Full span

跨度范围最大值简称跨度值，简写为“FS”。

3.7 零点核查 Zero check

监测仪器测试浓度为跨度值 0～20% 的标准溶液，判断仪器可靠性的措施。

3.8　跨度核查 Span check

监测仪器测试浓度为跨度值 20%～80% 的标准溶液，判断仪器可靠性的措施。

3.9　24 h 零点漂移 24 hours zero drift

监测仪器以 24 h 为周期，测试浓度为跨度值 0～20% 的标准溶液，仪器指示值在 24 h 前后的变化，具体示例如图 1。

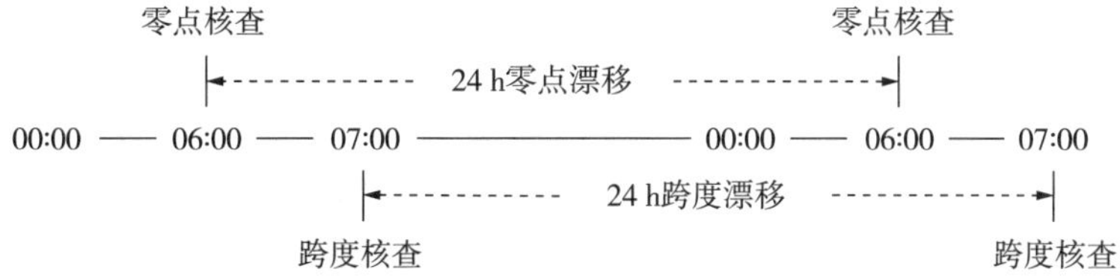

图 1　24 h 零点漂移和跨度漂移检测方法示例

3.10　24 h 跨度漂移 24 hours span drift

监测仪器以 24 h 为周期，测试浓度为跨度值 20%～80% 的标准溶液，仪器指示值在 24 h 前后的变化，具体示例如图 1。

3.11　集成干预检查 Integrated interference test

系统开始采水时在采水口处人工采集水样，经预处理后取上清液摇匀直接经监测仪器测试，与系统自动监测的结果进行比对，用于检查系统集成对水样代表性的影响。

3.12　多点线性核查 Multipoint linear verification

水质自动分析仪依次测试均匀覆盖跨度范围内的四个浓度的标准溶液，根据测试结果进行线性拟合，用以判断仪器可靠性的措施。

3.13　过程日志 Process logs

水站进行采水、预处理及配水、分析、清洗至流程结束整个监测过程的状态信息，应至少包括各步骤启动时间、工作状态、分析过程等信息。

3.14　无效数据 Invalid data

系统处于维护期间、不满足质控要求的区间、中心平台未获取到、未通过审核的水样数据。

4 运行维护基本要求

4.1 运维单位

运维单位应建立覆盖“人、机、料、法、环”等环节的运维管理体系，保障地表水水质监测系统正常可靠运行。

4.2 运维人员

运维人员应经培训合格后上岗，具有相关的专业知识，能独立完成水站维护工作。

4.3 监测频次

常规五参数、叶绿素 a、蓝绿藻密度应按照 1h 为周期的频次进行监测，其他监测项目应按照 4 h 为一周期的频次进行监测，具体为 0:00、4:00、8:00、12:00、16:00、20:00，必要时可进行加密监测。

4.4 水站运维管理手册

运维单位应根据水站的配置、仪器性能、断面上下游污染源分布情况以及支流汇入等情况，编制水站运维管理手册。

4.5 运维计划与运维报告

4.5.1 运维计划

运维单位定期制订运维计划，内容包括维护时间、维护人员、维护内容（试剂更换、耗材更换、仪器校准、部件清洗）等。

4.5.2 运维报告

运维单位每月 3 日前应提交上月运维报告，内容包括水站参数配置、维护人员、实际巡检日期、维护内容、维护效果等。

4.6　质控计划与质控报告

4.6.1　质控计划

运维单位每月最后一周应制订下月质控计划，内容包括水站各监测项目质控措施及计划质控时间、质控测试所采用标准溶液浓度等。

4.6.2　质控报告

运维单位每月 3 日前应提交上月质控报告，内容包括水站名称、仪器配置、维护人员、已实施的质控措施、质控实施日期、各监测项目标准溶液浓度、质控结果说明、校准及维护措施数据有效率等。

5　质量保证与质量控制

5.1　总体目标

建立由日质控、周核查、月质控等多级质控措施以及仪器关键参数上传、远程控制等组成的多维度质控体系，以保证地表水水质自动监测站数据质量。

5.2　总体要求

①当监测项目水体浓度连续超出仪器当前跨度值时，应重新确定跨度，并进行标样核查；当监测项目水质类别发生变化且未超出当前跨度值时，可继续使用当前跨度；

②当监测项目上一个月 20 d 以上为Ⅰ～Ⅱ类时，质控措施应按照Ⅰ～Ⅱ类水体的质控要求进行；否则质控措施应按照Ⅲ～劣Ⅴ类水体的质控要求进行；

③自动监测仪器零点核查、跨度核查、水样测试应使用同一量程或同一稀释流程（稀释倍数），所选跨度核查液浓度应大于当前水体浓度值；

④每周进行的质控措施，与前一次间隔时间不得小于 4 d；每月开展的质控措施，与前一次间隔时间不得小于 15 d；

⑤所有维护及质控测试均应形成记录。

5.3 质量保证与质量控制措施及实施

5.3.1 质量保证与质量控制实施要求

水站应按照表 1 规定的质控项目开展水站质控措施，实施频次应不低于表 1 规定。

表 1 质控措施及实施频次

质控措施	水质类别		质控频次	实施对象
	Ⅰ～Ⅱ类水体	Ⅲ～劣Ⅴ类水体		
零点核查	√	√	每天	氨氮、高锰酸盐指数、总磷、总氮
24 h 零点漂移	√	√	每天	
跨度核查	√	√	每天	
24 h 跨度漂移	√	√	每天	
标样核查	√	√	每 7 天	常规五参数
多点线性核查	√	√	每月	氨氮、高锰酸盐指数、总磷、总氮、叶绿素 a、蓝绿藻密度
实际水样比对	/	√	每月	常规五参数、氨氮、高锰酸盐指数、总磷、总氮
集成干预检查	/	√	每月	氨氮、高锰酸盐指数、总磷、总氮（浮船站除外）
加标回收率自动测试	/	√	每月	

①针对所有水站，氨氮、高锰酸盐指数、总磷、总氮应每 24 h 至少进行 1 次零点核查和跨度核查；每月至少进行 1 次多点线性核查；

②针对Ⅲ～劣Ⅴ类水体，氨氮、高锰酸盐指数、总磷、总氮每月至少进行 1 次加标回收率自动测试（浮船站除外）；

③针对Ⅲ～劣Ⅴ类水体，氨氮、高锰酸盐指数、总磷、总氮每月至少进行 1 次实际水样比对，Ⅰ类、Ⅱ类水体至少半年进行 1 次实际水样比对；

④针对Ⅲ～劣Ⅴ类水体，氨氮、高锰酸盐指数、总磷、总氮每月至少进行 1 次集成干预检查（浊度大于 1 000 NTU 可不进行集成干预检查）；

⑤常规五参数应每月进行 1 次实际水样比对；每周进行 1 次标样核查，浮船站如遇到天气原因无法登船的可延后进行。

⑥叶绿素 a、蓝绿藻密度应每月进行 1 次多点线性核查。

5.3.2　维护后质控措施实施要求

①更换试剂（清洗水除外）后，应进行校准；

②当监测仪器关键部件更换后，应进行多点线性核查，必要时应开展实际水样比对；

③当监测仪器长时间停机恢复运行时应进行多点线性核查和集成干预检查。

5.3.3　其他质控要求

①监测仪器不允许屏蔽负值；

②选用 25℃时 pH 为 4.01、6.86、9.18 左右的标准 pH 缓冲溶液进行核查，每月至少应进行 2 个不同浓度标准溶液核查；

③溶解氧每月应进行无氧水核查和空气中饱和溶解氧核查；

④电导率和浊度每月应采用与监测断面水质监测项目浓度相接近的标准溶液及其 2 倍左右浓度的标准溶液进行核查；

⑤当水站相关质控测试结果接近质控要求限值时应及时进行预防性维护；

⑥多点线性核查未通过时，维护后应先进行零点 / 跨度核查，通过后再进行多点线性核查；

⑦加标回收率、集成干预检查、实际水样比对未通过时，应进一步排查原因，直至核查通过；

⑧每月对备机进行 1 次标样核查，标样核查结果应上传平台；

⑨监测仪器斜率 k、截距 b、消解温度、消解时间等关键参数变更须通过运维单位三级审核，否则参数更改后的测试数据将视为无效数据。

5.4　质控措施技术要求

5.4.1　氨氮、高锰酸盐指数、总磷、总氮质控措施技术要求

氨氮、高锰酸盐指数、总磷、总氮零点核查、24 h 零点漂移、跨度核查、24 h 跨度漂移、多点线性核查、加标回收率测试、集成干预检查、实际水样比对应满足表 2 要求。

表 2 氨氮、高锰酸盐指数、总磷、总氮质控措施技术要求

<table>
<tr><th colspan="2" rowspan="2">质控措施</th><th colspan="5">技术要求</th><th rowspan="2">检测方法</th><th rowspan="2">备注</th></tr>
<tr><th colspan="2">高锰酸盐指数</th><th>氨氮</th><th>总磷</th><th>总氮</th></tr>
<tr><td rowspan="3">零点核查</td><td>Ⅰ～Ⅲ类水体</td><td colspan="2">±1.0 mg/L</td><td>±0.2 mg/L</td><td>±0.02 mg/L</td><td>±0.3 mg/L</td><td rowspan="3">附录 A.1-a</td><td rowspan="2"></td></tr>
<tr><td>Ⅳ～劣Ⅴ类水体</td><td colspan="5">±5%FS</td></tr>
<tr><td colspan="6">注：湖库总磷：Ⅰ～Ⅳ类水体为 ±0.02mg/L；Ⅴ～劣Ⅴ类水体为 ±5%FS</td><td></td></tr>
<tr><td colspan="2">24 h 零点漂移</td><td colspan="2">±10%</td><td colspan="3">±5%</td><td>附录 A.1-b</td><td></td></tr>
<tr><td colspan="2">跨度核查</td><td>±10%（非浮船站）</td><td>±15%（浮船站）</td><td colspan="3">±10%</td><td>附录 A.1-c</td><td></td></tr>
<tr><td colspan="2">24 h 跨度漂移</td><td>±10%（非浮船站）</td><td>±15%（浮船站）</td><td colspan="3">±10%</td><td>附录 A.1-d</td><td></td></tr>
<tr><td rowspan="3">多点线性核查</td><td>相关系数 r</td><td colspan="5">≥0.98</td><td rowspan="3">附录 A.1-e</td><td rowspan="3">可使用当日日质控测试结果且在当日完成</td></tr>
<tr><td>示值误差（浓度>20% FS）</td><td colspan="5">±10%</td></tr>
<tr><td>示值误差（浓度≤20% FS）</td><td colspan="5">参照零点核查要求</td></tr>
<tr><td colspan="2" rowspan="4">实际水样比对</td><td colspan="2">$Cx>B_{IV}$</td><td colspan="3">相对误差≤20%</td><td rowspan="4">附录 A.1-h</td><td rowspan="4"></td></tr>
<tr><td colspan="2">$B_{II}<Cx\leq B_{IV}$</td><td colspan="3">相对误差≤30%</td></tr>
<tr><td colspan="2">$Cx\leq B_{II}$</td><td colspan="3">相对误差≤40%</td></tr>
<tr><td colspan="5">除湖库总磷外，当自动监测结果和实验室分析结果均低于 B_{II}时，认定比对实验结果合格。
当湖库总磷自动监测结果和实验室分析结果均低于 B_{III}时，认定比对实验结果合格。
注：① Cx 为实验室分析结果；
② B 为《地表水环境质量标准》（GB 3838—2002）规定的水质类别限值；
③总氮河流无水质类别标准，可参考湖库标准。</td></tr>
<tr><td colspan="2">加标回收率自动测试</td><td colspan="5">80%～120%</td><td>附录 A.1-f</td><td>浮船站除外</td></tr>
<tr><td colspan="2" rowspan="2">集成干预检查</td><td>Ⅰ～Ⅱ类水体</td><td colspan="4">两者结果均低于 B_{II}时，认定集成干预检查结果合格</td><td rowspan="2">附录 A.1-g</td><td rowspan="2">浮船站除外</td></tr>
<tr><td>Ⅲ～劣Ⅴ类水体</td><td colspan="4">±10%</td></tr>
</table>

5.4.2　常规五参数质控措施实施要求

常规五参数每周开展的标准溶液考核和每月开展的实际水样比对应满足表 3 要求。

表 3　常规五参数质控措施要求

<table>
<tr><th rowspan="2">监测项目</th><th colspan="4">技术要求</th><th rowspan="2">检测方法</th></tr>
<tr><th colspan="2">标准溶液考核</th><th colspan="2">实际水样比对</th></tr>
<tr><td>水温</td><td colspan="2">—</td><td colspan="2">±0.5℃</td><td>附录 A.2</td></tr>
<tr><td>pH</td><td colspan="2">±0.15</td><td colspan="2">±0.5</td><td>附录 A.2</td></tr>
<tr><td rowspan="2">溶解氧</td><td colspan="2" rowspan="2">±0.3 mg/L</td><td colspan="2">±0.5 mg/L</td><td rowspan="2">附录 A.2</td></tr>
<tr><td colspan="2">溶解氧过饱和时不考核</td></tr>
<tr><td rowspan="2">电导率</td><td>标准溶液值>100 μS/cm</td><td>±5%</td><td>电导率>100 μS/cm</td><td>±10%</td><td rowspan="2">附录 A.2</td></tr>
<tr><td>标准溶液值≤100 μS/cm</td><td>±5 μS/cm</td><td>电导率≤100 μS/cm</td><td>±10 μS/cm</td></tr>
<tr><td rowspan="3">浊度</td><td>浊度≤30 NTU；
浊度≥1 000 NTU</td><td>不考核</td><td>浊度≤30 NTU；
浊度≥1 000 NTU</td><td>不考核</td><td rowspan="3">附录 A.2</td></tr>
<tr><td>30NTU<浊度≤50 NTU</td><td>±15%</td><td>30 NTU<浊度≤50 NTU</td><td>±30%</td></tr>
<tr><td>50NTU<浊度<1 000 NTU</td><td>±10%</td><td>50 NTU<浊度<1 000 NTU</td><td>±20%</td></tr>
</table>

5.4.3　叶绿素 a、蓝绿藻密度

叶绿素 a、蓝绿藻密度多点线性核查每个浓度的示值误差、多点线性核查相关系数应满足表 4 要求。

表 4　叶绿素 a、蓝绿藻密度质控措施要求

<table>
<tr><th>监测项目</th><th>质控项目</th><th>技术要求</th><th>检测方法</th></tr>
<tr><td>叶绿素 a</td><td>多点线性核查</td><td rowspan="2">零点绝对误差应为≤3 倍检出限，其他点相对误差应≤±5%，线性相关系数应≥0.993</td><td rowspan="2">附录 A.3</td></tr>
<tr><td>蓝绿藻密度</td><td>多点线性核查</td></tr>
</table>

5.5　监测数据有效性评价

5.5.1　有效性评价

①当零点核查、24 h 零点漂移、跨度核查、24 h 跨度漂移任意一项不满足表 2 要求时，则前 24 h 数据无效；

②水站维护、水质自动分析仪故障和质控测试期间所有缺失的监测数据均视为

无效数据；

③当常规五参数标样核查结果不满足表 3 要求时，则此次至上次核查期间获取的监测数据为无效数据；

④质控合格后数据经审核通过后才视为有效数据。

5.5.2 测试结果计算的修约标准

在测试计算中，所有质控测试结果计算的修约方法遵守《数值修约规则与极限数值的表示和判定》要求，具体监测项目质控测试结果计算的小数位数见表 5。

表 5 监测项目质控测试结果修约要求

指标		保留小数位数
相对误差 /%		1
绝对误差	水温 /℃	1
	pH（无量纲）	2
	溶解氧 /（mg/L）	2
	电导率 /（μS/cm）	1
	浊度 /NTU	1
	高锰酸盐指数 /（mg/L）	1
	氨氮 /（mg/L）	2
	总磷 /（mg/L）	3
	总氮 /（mg/L）	2
	叶绿素 a/（μg/L）	3
	蓝绿藻密度 /（cells/ml）	1
相关系数		3
加标回收率 /%		1

5.5.3 数据有效率计算

①数据有效率计算如下：（应获取数据 − 无效数据）/ 应获取数据 ×100%；

②因停电、停水（自来水）或采水设施损坏等原因导致的停站的缺失数据不纳入应获取数据；

③因断流或水位过低、地震、封航、暴雨、台风等不可抗力因素停站或无法维护导致的无效数据不纳入应获取数据。

6　运行维护

6.1　远程维护

运维人员应每天通过平台查看监测数据，对水站运行状态和数据质量进行相应判断，对站点的运维情况及相关信息进行统计和评价。

6.1.1　远程巡视

每日对水站运行条件及设备运行状况进行远程查看，具体工作如下：

①检查数据采集与传输状况，确认是否获取了水站全部仪器的监测数据和过程日志；

②根据仪器质控结果、过程日志判断仪器运行情况及数据的可靠性；

③对前一天监测数据有效性进行审核并对异常数据进行标记，形成监测数据审核日志；

④远程监视采水设施、水位以及站房内外情况，如发现异常，应及时上报；

⑤远程查看是否存在非法入侵行为；

⑥远程查看浮船站是否存在船体移位告警，如发现异常应及时上报；

⑦远程查看浮船站船体蓄电池电量，如电量过低应及时进行充电。

6.1.2　远程控制

①通过远程控制，可对监测仪器进行校时、复位、水样 / 标样测试、校准、清洗等工作；

②当监测数据出现异常时，运维人员远程发送必要的质控测试命令，根据测试结果综合判断数据有效性。一旦确定水质发生重大变化或仪器设备故障，应及时赴现场处理。

6.2　现场维护

6.2.1　例行巡检

①检查采水点水体颜色、嗅味、漂浮物、水位变化及杂物存在情况，并及时进行清理；

②检查站房空调及保温措施，保持温度稳定；检查站房内水泵及空压机固定情

况，避免设备振动的影响；检查空压机、不间断电源（UPS）、除藻装置、纯水机等辅助设备运行状态，及时更换耗材；

③检查水站电路系统是否正常，接地线路是否可靠，检查采样和排水管路是否有漏液或堵塞现象；

④检查采配水单元是否正常，如采水浮筒固定情况、自吸泵、增压泵、空气泵等运行情况、手阀和电动阀工作情况等；需要时应清洗采配水单元，包括采水头、泵体、沉降池、过滤头、水样杯、阀门及相关管路等，对于无法清洗干净的应及时更换；

⑤检查控制单元运行状态是否正常，工控机操作系统及软件有无中毒现象；

⑥检查上传至平台的数据与现场数据的一致性；检查仪器与控制单元的通讯线路是否正常；

⑦查看水质监测仪器及辅助设备的运行状态，判断运行是否正常；检查有无漏液；

⑧检查试剂状况，是否需要添加或更换试剂。所用纯水和试剂须达到相关技术要求，更换周期不得超过规定的试剂保质期；

⑨应及时清除站房周围的杂草和积水，站房是否有漏水现象，检查防雷设施是否可靠，站房外围的其他设施是否有损坏或被水淹没，在封冻期来临前做好采水管路和站房保温等维护工作；

⑩ 整理站房及仪器，完成废液收集并按相关规定要求做好处置工作，且留档备查；保持站房及各仪器干净整洁，及时关闭门窗，避免日光直射仪器设备；

⑪ 检查浮船站船体是否发生较大位移，如存在较大位移时应重新进行锚定；

⑫ 检查浮船站供电是否正常；

⑬ 检查浮船站温度传感器、警示灯、舱室漏水报警设备、防雷装置等辅助单元的运行状态。

6.2.2 定期养护

水站定期养护项目及最低频次不得低于表 6 要求。

表 6　定期养护内容及频次要求

工作内容		周	月	季度	半年	年	备注
站房	消防设施更换					√	
	防雷检测					√	
	空调及供暖设施维护			√			浮船站除外
	船体清洗				√		
采配水单元	潜水泵清洗		√				
	采水辅助设施			√			
	五参数检测池清洗	√					
	沉降池清洗		√				
	过滤器清洗	√					
	水样杯清洗	√					
分析单元	试剂更换		√				可根据仪器要求执行
	耗材及配件更换				√		
	废液处置		√				
	保养检修		√				
	试剂贮存箱温度检查	√					
控制单元及数据采集传输单元	网络通信设备检查			√			
	工控机检查			√			
辅助设备	稳压电源检查		√				
	UPS 检查		√				
	空压机检查		√				
	纯水机滤芯维护			√			
	太阳能板检查		√				
	太阳能板清洁		√				
	风力发电机		√				
	蓄电池		√				
	舱室漏水报警设备	√					
	警示灯					√	
	自动定位系统					√	
	视频设备检查		√				
自动采样器		√					
数据备份			√				
备机维护			√				

6.2.2.1 站房

①定期对站房进行全面的养护；

②保证站房内空调及供暖设施运行正常；

③定期对站房内灭火装置进行维护；

④每年需通过具有资质的专业机构对防雷设施进行检测、维护或更换，并出具报告。

6.2.2.2 分析单元

①定期按需对监测仪器进行校准；

②应定期更换易耗品及备品备件；

③定期清洗和更换仪器管路；

④建立零配件库，根据不同零配件和易耗件的使用情况提前备货；

⑤应根据试剂的更换周期定期更换试剂，试剂的更换周期原则上不得超过30天；试剂更换后，应按需求进行仪器校准或标液核查，同时更换时应做好记录；

⑥应根据使用寿命定期更换监测仪器的光源、电极、泵、阀、传感器等关键零部件；定期对监测仪器光路、液路、电路板和各种接头及插座等进行检查和清洁处理。

6.2.2.3 控制单元及通信单元

①定期复位工控机查看是否可以自动启动，并运行操作系统、加载现场监控软件，查看串口通信是否正常；

②定期对网络通信设备进行重启，查看启动后是否通信正常；

③每月检查开机过程中硬件自检过程是否有异常数据传输和报警；

④每月对工控机操作系统及软件进行一次杀毒操作，保证软件正常运行。

6.2.2.4 其他站辅助设备

①定期检查稳压电源及UPS的输出是否符合技术要求，异常情况须及时排查处理；

②每月至少检查一次空气压缩机气泵和清水增压泵的工作状况，并对空气过滤器进行放水；

③定期检查并清洗自动留样器取样头滤网，检查采样泵、采样分配单元、低温冷藏模块、传感器等的工作状况是否正常，采样瓶是否清洁、是否破损；

④定期检查摄像头是否破损，视频设备功能是否正常，包括摄像机、视频存储、云台控制等；

⑤定期检查浮船站蓄电池工作状态，必要时采用发电机或外接电源进行充电；

⑥定期检查舱室漏水报警设备工作状态；

⑦定期检查救生设施工作状态。

6.2.2.5　备机

每月对备用仪器进行 1 次标样核查，核查结果应符合 5.4 规定的质控测试要求。

6.2.2.6　数据备份

每月对监测数据进行 1 次备份，备份数据单独存储。

6.3　应急维护

6.3.1　数据异常处置

6.3.1.1　出现以下情况的可确认为数据异常

①监测中断的数据；

②监测数据长时间不变或短时间突变；

③监测仪器设备状态参数异常、过程日志异常或监测仪器设备故障的监测数据；

④通过监测项目之间相关性分析、气象条件、水站所在地历史数据分析认为明显违背常理的监测数据。

6.3.1.2　发生数据异常情况时，根据现场情况应采取标样核查、现场排查、实际水样比对等措施进行排查，查明并分析原因，记录备案并上报。

当水质监测数据异常或水质下降至水质类别发生变化时应启动留样（浮船站除外），留样后应按照应急维护要求执行。

①确认仪器通信存在障碍或仪器状态异常、仪器故障的，应尽快前往现场查明原因，进行故障处理；

②远程启动标样核查，核查未通过时应前往现场查明原因，进行故障处理。

6.3.2　水站系统异常处理

①当水站出现故障时运维单位应在规定时间内响应并解决；

②对于在现场能够诊断明确且可通过更换备件解决的问题则在现场进行检修；

③对于其他不易诊断和检修的故障，或 48 h 内无法排除的仪器故障，应采用备用仪器替代发生故障的仪器，同时对备机开展标样核查；

④当浮船站确认遭遇了非法入侵、碰撞损坏、舱室渗水、GPS 位置大范围偏移、电量不足等情况时，应进行应急维护。

6.3.3 人工补测要求

①水站日常监测的项目均为补测项目；

②因给水故障、采水设施故障或采水点位无法正常采水导致国控水站停运，在保证自动监测仪器满足相关质控要求的前提下，运维单位可采取人工采水自动监测仪器补测的方式，保障国控水站仪器每日上传 1～2 组有效数据；也可人工取样送具有 CMA 资质的实验室分析，停运超过 48 h 补测 1 组实验室分析数据，后续每周保证 2 组实验室分析数据直至国控水站恢复正常运行；

③因供电故障或其他原因导致国控水站停运，超过 48 h 需补测 1 组实验室分析数据，后续每周保证 2 组实验室分析数据直至国控水站恢复正常运行（两次补测间隔不得小于 2 d）；

④当发生台风、暴风雪、地震、洪水、泥石流、塌方、断流、结 / 化冰期等不可抗力因素导致无法人工采样时的缺失数据将不进行补测。

7 运维档案与记录

7.1 技术档案和运维记录的基本要求

7.1.1 水站运行技术档案包括仪器的说明书、系统安装调试记录、试运行记录、验收监测记录、质控报告、仪器的适用性检测报告以及各类运行记录；

7.1.2 运行记录应清晰、完整、填报及时。

7.2 运维记录表要求

运维单位可根据实际需求及管理需要自行设计各类记录表，各记录表包含内容至少包含如下内容。

（1）水站基本情况信息表。

需包含水站所在流域及水体名称、水站名称、水站地址、经纬度、上下游污染情况、支流汇入情况、水系图、运维单位、水站类型、站房面积、采水方式、取水口与岸边距离、取水口到站房距离、通信方式、投运时间、监测项目、设备型号及出厂编号、生产商、仪器分析原理、适用性检测报告编号、运维商等信息。

（2）水站仪器关键参数设置及变更记录表。

需包含水站名称、仪器名称及型号、测量原理及分析方法、测试周期、仪表关键参数（包括工作曲线斜率和截距、线性相关系数、消解温度及时间、显色温度及时间）、水样进样量、试剂用量等信息。

关键参数变更后情况及变更原因说明。

（3）水站远程巡视记录表。

需包含水站名称、巡视日期、天气情况、运维单位、巡视人员、各仪器工作状态、监测数据获取状况、24 h零点核查和跨度核查情况、视频监视情况和异常情况处理措施等信息。

（4）水站巡检维护记录表

需包含水站名称、维护日期、运维单位、维护人员、巡检内容及处理说明（包含采样单元检查、仪器设备检查、数据采集传输单元检查、辅助单元检查和异常情况处理）等。

（5）水站试剂及标准样品更换记录表

需包含水站名称、维护日期、运维单位、维护人员、仪器名称、试剂名称、标液浓度、试剂体积、试剂配置时间、试剂有效期、试剂更换时间等信息。

（6）监测仪器校准记录表

需包含水站名称、测试日期、运维单位、测试人员、仪器名称、本次校准及校准后标液核查情况（包含校准试剂、校准是否通过、核查时间、核查是否合格）等信息。

（7）仪器设备检修记录表

需包含水站名称、维护日期、运维单位、维护人员、故障仪器或设备型号及编号、故障情况及发生时间、检修情况说明、部件更换说明、修复后质控测试情况说明、正常投入使用时间等信息。

（8）易耗品和备品备件更换记录表

需包含水站名称、维护日期、运维单位、维护人员、易耗品或备品备件名称、规格型号、数量、更换日期、更换原因说明等信息。

（9）废液处置记录表

应记录废液处置时间、处置方式、处置量、处置经手人（运维人员）、处置单位等信息。

附录 A　水质自动监测站质控措施检测方法

A.1　氨氮、高锰酸盐指数、总磷、总氮质控措施检测方法

（1）零点核查

监测仪器测试浓度为跨度值 0～20% 的标准溶液，计算测试结果相对无标准溶液浓度值的误差，以绝对误差（AE）表示，计算公式如下：

$$AE=x_i-c \tag{1}$$

式中：AE——绝对误差，mg/L；

x_i——仪器测定值，mg/L；

c——标准溶液浓度值，mg/L。

（2）24 h 零点漂移

监测仪器采用跨度值 0～20% 的标准溶液以 24 h 为周期进行零点漂移测试，计算测试值 24 h 前后的变化，计算公式如下：

$$ZD=\frac{x_i-x_{i-1}}{S}\times 100\% \tag{2}$$

式中：ZD——24 h 零点漂移；

x_i——当日仪器测定值，mg/L；

x_{i-1}——前一日仪器测定值，mg/L；

S——仪器跨度值，mg/L。

（3）跨度核查

监测仪器测试跨度值 20%～80% 的标准溶液对水质自动分析仪进行跨度核查，计算测试结果相对于标准溶液浓度值的误差，以相对误差（RE）表示，计算公式如下：

$$RE=\frac{x_i-c}{c}\times 100\% \tag{3}$$

式中：RE——相对误差；

x_i——仪器测定值，mg/L；

c——标准溶液浓度值，mg/L。

（4）24 h 跨度漂移

监测仪器采用跨度值 20%～80% 的标准溶液，以 24 h 为周期进行跨度漂移测试，计算公式如下：

$$\mathrm{SD}=\frac{x_i-x_{i-1}}{S}\times 100\% \tag{4}$$

式中：SD——24 h 跨度漂移；

x_i——当日仪器测定值，mg/L；

x_{i-1}——前一日仪器测定值，mg/L；

S——仪器跨度值，mg/L。

（5）多点线性核查

指水质自动分析仪依次测试跨度范围内 4 个点（含零点、低、中、高四个浓度）的标准溶液，基于最小二乘法进行线性拟合，并计算每个点测试的示值误差和拟合曲线的线性相关系数，计算公式如下。

空白样测试的示值误差以绝对误差表示，其他 3 个浓度标准溶液测试的示值误差以相对误差表示。

$$r=\frac{\sum_{i=1}^{4}(C_i-\overline{C})\times(x_i-\overline{x})}{\sqrt{\sum_{i=1}^{4}(C_i-\overline{C})^2\times\sum_{i=1}^{4}(x_i-\overline{x})^2}} \tag{5}$$

式中：r——线性相关系数；

x_i——不同浓度标准溶液仪器测定值，mg/L；

$\overline{x}$——不同浓度标准溶液仪器测定值的平均值，mg/L；

C_i——标准溶液浓度值，mg/L；

$\overline{C}$——标准溶液浓度值平均值，mg/L。

（6）加标回收率自动测定

仪器进行一次实际水样测定后，对同一样品加入一定量的标准溶液，仪器测试加标后样品，以加标前后水样的测定值变化计算回收率。

$$R=\frac{B-A}{\dfrac{V_1\times C}{V_2}}\times 100\% \tag{6}$$

式中：R——加标回收率；

B——加标后水样测定值；

A——样品测定值；

V_1——加标体积，mL；

C——加标样浓度，mg/L；

V_2——加标后水样体积，mL。

注：当被测水样浓度低于分析仪器的 4 倍检出限时，加标量应为分析仪器 4 倍检出限左右浓度，否则加标量为水样浓度的 0.5～3 倍，加标量应尽量与样品待测物浓度相等或相近，加标体积不得超过样品体积的 1%；水样加标时应保证加标后的水样浓度测试时应与水样测试在同一量程。

（7）集成干预检查

系统开始采水时在采水头所在位置处人工采集水样，按照附录 B.2 经预处理后取上清液摇匀直接经监测仪器测试，与系统自动监测的结果进行比对，用于检查系统集成对水样代表性的影响。

$$\mathrm{RE}_i=\frac{A_1-A_2}{A_1+A_2}\times 100\% \tag{7}$$

式中：RE_i——仪器相对偏差；

A_1——系统自动测试结果；

A_2——人工采样仪器测试结果。

（8）实际水样比对

自动监测系统采水时，在站房内人工采集源水，按照附录 B.2 经预处理后取上清液送 CMA 实验室，实验室按照附录 C 的分析方法开展实验室手工分析，计算自动监测的结果相对于实验室手工分析结果的误差。

A.2　常规五参数质控措施检测方法

（1）标样核查

使用标准溶液（购买标准溶液或自行配制）对自动监测仪器进行标样核查；标样核查结果以绝对误差或相对误差表示。

（2）实际水样比对

在站房内采集源水经过认证的便携式仪器或与 CMA 实验室进行实际水样比对，计算自动监测的结果相对于便携式仪器或实验室测试结果的误差，以绝对误差或相对误差表示。

A.3 叶绿素 a 和蓝绿藻密度水质分析仪质控措施核查方法

多点线性核查

叶绿素 a 采用浓度均匀分布跨度范围内 4 个标准溶液进行多点线性核查。当水体为贫营养、中营养时，叶绿素 a 跨度值为中营养标准限值的 2.5 倍，富营养值跨度值为标准限值的 2.5 倍；重富营养跨度值采用上一周的水质平均值的 2.5 倍。蓝绿藻密度浓度为采用 0、25 000 cells/ml、50 000 cells/ml、150 000 cells/ml 附近的标准溶液进行多点线性核查。其中叶绿素 a 和蓝绿藻密度的标准溶液采用标准物质或等效物质配置。将测试结果与标准溶液浓度基于最小二乘法进行线性拟合，并计算每种标准溶液的示值误差和拟合曲线的线性相关系数（参考式 5）。

附录 B　实际水样比对——样品采集与保存

B.1　样品采集位置

在站房内采集原水开展实际水样比对。

B.2　样品采集技术要求

现场采集的原水样品不得少于 10 L，如果沉降后不能满足取样量要求应适当增加采样量。原水样品需要满足高锰酸盐指数、氨氮、总磷和总氮 4 个项目的分析。实际水样比对采样时均需采集全程序空白样品和现场平行样品。

除总磷外其他监测项目采集的水样应先经 63 μm 筛网过滤，然后沉降 30 min，最后采用虹吸方式取上清液按表 B-1 进行样品分装和保存。

总磷预处理方式如下：

表 B-1

水体类型	样品浊度 /NTU	处理方式	具体技术要求
一般水体	≤200	自然沉降	沉降 30 min，取上清液
	200～500	自然沉降	沉降 60 min，取上清液
	＞500	离心	2 000 r/min，2 min，取上清液
感潮河段	≤200	自然沉降	沉降 30 min，取上清液
	＞200	离心	2 000 r/min，1 min，取上清液

B.3　样品保存与运输技术要求

样品采集完成后，按照表 B-2 要求进行冷藏避光保存，且必须在样品保存有效期内完成分析。

表 B-2　样品采集保存及运输要求

监测项目	采样瓶要求		运输及保存要求	固定剂及用量	保存有效期
	规格	容积			
高锰酸盐指数	棕色高硼硅玻璃	1 L	0～5℃、避光	加入浓硫酸，调节样品 pH≤2	2 d
总氮					7 d
氨氮					7 d
总磷	棕色高硼硅玻璃	500 ml	0～5℃、避光	不添加	24 h

注：硫酸至少应为分析纯。

B.4 质量控制与质量保证

B.4.1 全程序空白样品

每个断面所有分析项目均需采集一个全程序空白样品。

B.4.2 现场平行样品

B.4.2.1 每个断面所有分析项目均需采集一个现场平行样品。

B.4.2.2 采集现场平行样时，应等体积同时从沉淀或离心后样品中以虹吸法分装成2份，并分别加入保存剂，注意虹吸管口保持插入深度一致且不要装完一份瓶样品再装另一份样品。

B.4.3 水样标签和采样记录注意事项

B.4.3.1 水样标签要求

每一份样品都应附一张完整的水样标签。标签内容至少包括“项目唯一性编号”“监测项目”“采样完成时间（精确到时）”和“是否加入保存剂”等信息。

B.4.3.2 采样记录注意事项

采样记录应及时完整记录采样现场的情况。采样记录的内容至少包括“样品唯一性编码”“采样点位”“监测项目”“保存条件”“水体表观特征”“天气状况”“样品浊度”等信息。

B.4.4 其他

开展现场采样时，应根据任务要求制定监测方案或采样计划，明确监测点位、监测项目和监测方法等内容。可使用地理信息定位、照相或录音录像等辅助手段，保证采样过程客观、真实和可追溯。采样时应至少有两名监测人员在场。

附录 C　实际水样比对——实验室分析方法

C.1　预处理要求

水样在现场预处理后实验室不再进行分析方法以外的预处理，但测试前必须上下颠倒摇匀 30 s 后并在 2 min 内完成取样。

C.2　高锰酸盐指数的测定（酸性法）（参考 GB/T 11892—1989）

C.2.1　方法原理

样品中加入已知量的高锰酸钾和硫酸，在沸水浴中加热 30 min，高锰酸钾将样品中的某些有机物和无机还原性物质氧化，反应后加入过量的草酸钠还原剩余的高锰酸钾，再用高锰酸钾标准溶液回滴过量的草酸钠。通过计算得到样品中高锰酸盐指数。

注 1：高锰酸盐指数是个相对的条件性指标，其测定结果与溶液的酸度、高锰酸盐浓度、加热温度和时间有关。因此，测定时必须严格遵守操作规定，使结果具可比性。当水样的高锰酸盐指数值超过 4.5 mg/L 时，则酌情分取少量试样，并用水稀释后再行测定。酸性法适用于氯离子含量不超过 300 mg/L 的水样。氯离子浓度高于 300 mg/L，采用在碱性介质中氧化的测定方法。

方法检出限为 0.5 mg/L。

C.2.2　试剂

除非另有说明，均使用符合国家标准或专业标准的分析纯试剂，实验用水需使用新制备的蒸馏水、RO 反渗透膜法制备的三级水或同等纯度以上不含有机物或还原性物质的水。

注 2：交换树脂法得到的含有有机物或还原性物质的去离子水不可使用。

C.2.2.1　不含还原性物质的水：将 1 L 实验用水置于全玻璃蒸馏器中，加入 10 ml 硫酸（C.2.2.3）和少量高锰酸钾溶液（C.2.2.7），蒸馏。弃去 100 ml 初馏液，余下馏出液贮于具玻璃塞的细口瓶中。

C.2.2.2 硫酸：$\rho(H_2SO_4)$=1.84 g/ml。

C.2.2.3 硫酸：1+3 溶液。

在不断搅拌下，将 100 ml 硫酸（C.2.2.2）慢慢加入到 300 ml 水中。趁热加入数滴高锰酸钾溶液（C.2.2.8）直至溶液出现粉红色。

C.2.2.4 氢氧化钠：500 g/L 溶液。

称取 50 g 氢氧化钠溶于水并稀释至 100 ml。

C.2.2.5 草酸钠标准贮备液：浓度 c（1/2 $Na_2C_2O_4$）为 0.100 0 mol/L。

称取 0.670 5 g 经 120℃烘干 2 h 并放冷的草酸钠（$Na_2C_2O_4$）溶解水中，移入 100 ml 容量瓶中，再用水稀释至标线，混匀，置 4℃保存。或购买有证标准溶液。

C.2.2.6 草酸钠标准溶液：浓度 c_1（1/2 $Na_2C_2O_4$）为 0.010 0 mol/L。

吸取 10.00 ml 草酸钠标准贮备液（C.2.2.5）于 100 ml 容量瓶中，用水稀释至标线，混匀。或购买有证标准溶液。

C.2.2.7 高锰酸钾标准贮备液：浓度 c_2（1/5 $KMnO_4$）约为 0.1 mol/L。

称取 3.2 g 高锰酸钾溶解于水并稀释至 1 000 ml。于 90～95℃水浴中加热此溶液 2 h，冷却。存放 2 d 后，倾出上清液或用玻璃砂芯漏斗过滤，贮于棕色瓶中。

C.2.2.8 高锰酸钾标准溶液：浓度 c_3（1/5 $KMnO_4$）约为 0.01 mol/L。

吸取 100 ml 高锰酸钾标准贮备液（C.2.2.7）于 1 000 ml 容量瓶中，用水稀释至标线，混匀，使用当天标定其浓度。

C.2.3 仪器和设备

C.2.3.1 沸水浴装置。

C.2.3.2 250 ml 锥形瓶。

C.2.3.3 25 ml 或 50 ml 酸式滴定管（数字滴定仪）。

C.2.3.4 定时钟。

C.2.3.5 常用的实验室仪器和设备。

C.2.4 分析测试

C.2.4.1 空白试验

取 100 ml 实验用水，按步骤 C.2.4.3、C.2.4.4 测定，记录下消耗的高锰酸钾溶液（C.2.2.8）体积 V_0。空白样品的测定值应小于方法检出限。

C.2.4.2　高锰酸钾标准溶液的标定

将空白试验（C.2.4.1）或水样滴定后的溶液加热至 80℃以上，准确加入 10.00 ml 草酸钠溶液（C.2.2.6）。用高锰酸钾溶液（C.2.2.8）继续滴定至刚出现粉红色，并保持 30 s 不退。记录下消耗的高锰酸钾溶液（C.2.2.8）体积 V_2。计算高锰酸钾溶液的校正系数 K 值（K=10.00/V_2）。

注 3：K 值应为 0.950～1.01。

C.2.4.3　吸取 100.0 ml 经充分摇动、混合均匀的样品（或分取适量，用水稀释至 100 ml），置于 250 ml 锥形瓶中，加入 5 ml 硫酸（C.2.2.3），准确加入 10.00 ml 高锰酸钾溶液（C.2.2.8），摇匀。将锥形瓶置于沸水浴内，必须保证每一个样品恒温时间为 30 min（水浴沸腾，开始计时）。保证每个样品的加热时间都是相同的。

C.2.4.4　取出锥形瓶后，趁热加入 10.00 ml 草酸钠溶液（C.2.2.6），摇匀后溶液变为无色。立即用高锰酸钾溶液（C.2.2.8）滴定至刚出现粉红色，并保持 30 s 不退。记录消耗的高锰酸钾溶液体积 V_1。整个过程时间控制在 5 min 以内。

注 4：沸水浴的水面要高于锥形瓶内的液面。样品量以加热氧化后残留的高锰酸钾（C.2.2.8）为其加入量的 1/3～1/2 为宜。加热时，如溶液红色退去，说明高锰酸钾量不够，须重新取样，经稀释后测定。滴定时温度如低于 60℃，反应速度缓慢，因此应加热至 80℃左右。若溶液温度过低，需适当加热。沸水浴温度为 98℃。如在高原地区，报出数据时，需注明水的沸点（记录当地海拔高度，用温度计测试沸水温度并记录）。

C.2.4.5　结果表示

高锰酸盐指数（I_{Mn}）以每升样品消耗毫克氧数来表示（O_2，mg/L），按式（1）计算。

$$I_{\mathrm{Mn}}=\frac{\left[\left(10+V_1\right)K-10\right]\times C\times 8\times 1\,000}{100} \qquad (1)$$

式中：V_1——样品滴定（C.2.4.4）时，消耗高锰酸钾溶液体积，ml；

K——校正系数；

C——草酸钠标准溶液（C.2.2.6），0.010 0 mol/L；

8——1/2 氧摩尔质量，g/mol。

如样品经稀释后测定，按式（2）计算。

$$I_{Mn}=\frac{\{[(10+V_1)K-10]-[(10+V_0)K-10]\times f\}\times C\times 8\times 1000}{V_3} \quad (2)$$

式中：V_0——空白试验（C.2.4.1）时，消耗高锰酸钾溶液体积，ml；

V_3——测定时所取样品体积，ml；

f——稀释样品时，实验用水在 100 ml 测定用体积内所占比例（例如，10 ml 样品用水稀释至 100 ml，则，f=0.90）。

当测定结果<100 mg/L 时，保留至小数点后一位，当测定结果≥100 mg/L 时，保留 3 位有效数字。

C.2.5 质量保证和质量控制

C.2.5.1 实验室空白

每批次（≤20 个）样品应至少测定 2 个实验室空白样品，空白样品的测定值应小于方法检出限。

C.2.5.2 精密度控制

每批次（≤20 个）样品，应至少测定 10% 的平行双样，样品数量少于 10 个时，应至少测定一个平行双样。当样品含量≤2.0 mg/L 时，平行双样测定结果的相对偏差应≤25%，样品含量>2.0 mg/L 时，平行双样测定结果的相对偏差应≤20%。

C.2.5.3 准确度控制

每批次（≤20 个）样品，应至少测定 1 个有证标准样品，有证标准样品的测定值应在允许的范围内。

C.3 高锰酸盐指数的测定（碱性法）

C.3.1 方法原理

当样品中氯离子浓度高于 300 mg/L 时，则采用碱性法。

在碱性溶液中，加入一定量高锰酸钾溶液于水样中，加热一定时间以氧化水中的还原性无机物和部分有机物。加酸酸化后，加入过量草酸钠溶液还原剩余的高锰酸钾，再以高锰酸钾溶液滴定至微红色。

C.3.2　试剂

同酸性法。

C.3.3　仪器和设备

同酸性法。

C.3.4　分析测试

C.3.4.1　吸取 100.0 ml 经充分摇动，混合均匀的样品（或酌情少取，用水稀释至 100 ml）于 250 ml 锥形瓶中，加入 0.5 ml 氢氧化钠溶液（C.2.2.4），摇匀。准确加入 10.00 ml 高锰酸钾溶液（C.2.2.8）。

C.3.4.2　将锥形瓶置于沸水浴内 30 min（从水浴重新沸腾起计时），沸水浴的液面要高于反应溶液的液面。

C.3.4.3　取出锥形瓶，加入 10 ml 硫酸（C.2.2.3）并保证溶液呈酸性。准确加入 10.00 ml 草酸钠溶液（C.2.2.6）至溶液变为无色。

C.3.4.4　趁热迅速用高锰酸钾溶液（C.2.2.8）滴定至溶液刚出现粉红色，并保持 30 s 不退。记录消耗的高锰酸钾溶液体积。整个过程时间控制在 5 min 以内。

高锰酸钾标准溶液的标定同酸性法。

高锰酸钾溶液校正系数的测定与酸性法相同。

C.3.4.5　结果表示

同酸性法。

C.3.5　质量保证和质量控制

同酸性法。

C.4　氨氮的测定（纳氏试剂分光光度法）（参考 HJ 535—2009）

C.4.1　方法原理

经预处理后的水样，加入纳氏试剂，以游离态的氨或铵离子等形式存在的氨氮与纳氏试剂反应生成黄棕色胶态化合物或淡红棕色络合物，络合物的吸光度与氨氮含量成正比，于 420 nm 波长处测量吸光度。当水样体积为 50 ml，使用 20 mm 比色皿时，本方法的检出限为 0.025 mg/L，测定上限为 2.0 mg/L（均以 N 计）。

C.4.2 试剂

除非另有说明，分析时所用试剂均使用符合国家标准的分析纯化学试剂，实验用水均为无氨水。

C.4.2.1 无氨水

实验室纯水器直接制备，或直接购买市售纯水，需检验确认满足实验空白要求。

C.4.2.2 轻质氧化镁（MgO）

不含碳酸盐，在 500 ℃下加热氧化镁 0.5 h，以除去碳酸盐。

C.4.2.3 盐酸：ρ（HCl）=1.18 g/ml。

C.4.2.4 纳氏试剂，可选择下列任意一种方法配制，亦可直接购买市售经检验符合要求的纳氏试剂。

（1）二氯化汞－碘化钾－氢氧化钾（$HgCl_2$-KI-KOH）溶液

称取 15.0 g 氢氧化钾（KOH），溶于 50 ml 水中，冷却至室温。

取 5.0 g 碘化钾（KI），溶于 10 ml 水中，在搅拌下，将 2.50 g 二氯化汞（$HgCl_2$）粉末分多次加入碘化钾溶液中，直到溶液呈深黄色或出现淡红色沉淀溶解缓慢时，充分搅拌混合，并改为滴加二氯化汞饱和溶液，当出现少量朱红色沉淀不再溶解时，停止滴加。

在搅拌下，将冷却的氢氧化钾溶液缓慢地加入到上述二氯化汞和碘化钾的混合液中，并稀释至 100 ml，于暗处静置 24 h，倾出上清液，贮于聚乙烯瓶内，用橡皮塞或聚乙烯盖子盖紧，存放暗处，有效期 30 d。

（2）碘化汞－碘化钾－氢氧化钠（HgI_2-KI-NaOH）溶液

称取 16.0 g 氢氧化钠（NaOH），溶于 50 ml 水中，冷却至室温。

称取 7.0 g 碘化钾（KI）和 10.0 g 碘化汞（HgI_2），溶于水中，然后将此溶液在搅拌下缓慢加入到上述 50 ml 氢氧化钠溶液中，用水稀释至 100 ml。贮于聚乙烯瓶内，用橡皮塞或聚乙烯盖子盖紧，于暗处存放，有效期 60 d。

注 1：纳氏试剂的配制过程对空白的吸光度有较大影响，配制过程中注意如下：汞盐溶液要多搅拌，让其尽可能溶解后静置，底层不溶性残渣弃掉，静置期间要对容器密封，防止空气中氨的溶解而导致空白升高；氢氧化钠（钾）溶液一定要溶解至室温后再和汞盐溶液混合；混合时一定要缓缓将汞盐溶液和碱液混合，边加入边搅拌，保证生成的沉淀及时溶解。

注 2： 为了保证纳氏试剂有良好的显色能力，配制 $HgCl_2$-KI-KOH 溶液时务必控制 $HgCl_2$ 的加入量，至微量 HgI_2 红色沉淀不再溶解时为止；配制 100 ml 纳氏试剂所需 $HgCl_2$ 与 KI 的用量之比约为 2.3∶5；在配制时为了加快反应速度、节省配制时间，可低温加热进行，防止 HgI2 红色沉淀的提前出现。

注 3： 纳氏试剂在使用过程中应尽可能减少在空气中的暴露时间，要求密封保存，防止空气中氨的溶入导致空白升高。

注 4： 纳氏试剂可存放更长时间，但延长纳氏试剂的保存期，可能造成空白实验吸光度增大或斜率变小，经检验空白试验或斜率不满足要求时，应重新配制。

C.4.2.5　酒石酸钾钠溶液：ρ（$KNaC_4H_6O_6 \cdot 4H_2O$）=500 g/L。

称取 50.0 g 酒石酸钾钠（$KNaC_4H_6O_6 \cdot 4H_2O$）溶于 100 ml 水中，加热煮沸以驱除氨，充分冷却后稀释至 100 ml。

注 5： 酒石酸钾钠试剂中铵盐含量较高时，仅加热煮沸或加纳氏试剂沉淀不能完全除去氨。此时采用加入少量氢氧化钠溶液，煮沸蒸发掉溶液体积的 20%～30%，冷却后用无氨水稀释至原体积。

注 6： 溶液的保存要密封，防止被污染而导致空白升高。

C.4.2.6　硫酸锌溶液：ρ（$ZnSO_4 \cdot 7H_2O$）=100 g/L。

称取 10.0 g 硫酸锌（$ZnSO_4 \cdot 7H_2O$）溶于水中，稀释至 100 ml。

C.4.2.7　氢氧化钠溶液Ⅰ：ρ（NaOH）=250 g/L。

称取 25 g 氢氧化钠溶于水中，稀释至 100 ml。

C.4.2.8　氢氧化钠溶液Ⅱ：c（NaOH）=1 mol/L。

称取 4 g 氢氧化钠溶于水中，稀释至 100 ml。

C.4.2.9　盐酸溶液：c（HCl）=1 mol/L。

取 8.5 ml 盐酸于 100 ml 容量瓶中，用水稀释至标线。

C.4.2.10　硼酸溶液：ρ（H_3BO_3）=20 g/L。

称取 20 g 硼酸溶于水，稀释至 1 000 ml。硼酸溶液不可现用现配，需放置 24 h 后方可使用。

C.4.2.11　溴百里酚蓝指示剂（bromthymol blue）：ρ=0.5 g/L。

称取 0.05 g 溴百里酚蓝溶于 50 ml 水中，加入 10 ml 无水乙醇，用水稀释至 100 ml。

C.4.2.12　氨氮标准贮备溶液：ρ（N）=1 000 mg/L。

称取 3.819 0 g 氯化铵（NH_4Cl，优级纯，在 100～105℃干燥 2 h），溶于水中，

移入 1 000 ml 容量瓶中，稀释至标线，可在 2～5℃条件下保存 30 d。也可使用国家有证标准物质。

C.4.2.13 氨氮标准工作溶液：ρ（N）=10 mg/L。

吸取 5.00 ml 氨氮标准贮备溶液于 500 ml 容量瓶中，稀释至刻度。临用前配制。

C.4.3 仪器和设备

C.4.3.1 可见分光光度计：具 20 mm 比色皿。

C.4.3.2 具塞磨口玻璃比色管：50 ml。

C.4.3.3 一般实验室常用仪器和设备。

C.4.4 前处理

C.4.4.1 取适量样品调节 pH 至中性。

C.4.4.2 将 50 ml 硼酸溶液移入接收瓶内，确保冷凝管出口在硼酸溶液液面之下。分取 250 ml 样品，移入烧瓶中，加几滴溴百里酚蓝指示剂，必要时，用氢氧化钠溶液Ⅱ或盐酸溶液调 pH 至 6.0（指示剂呈黄色）～7.4（指示剂呈蓝色），加入 0.25 g 轻质氧化镁及数粒玻璃珠，立即连接氮球和冷凝管。加热蒸馏，使馏出液速率约为 10 ml/min，待馏出液达 200 ml 时，停止蒸馏，加水定容至 250 ml。

注 7： 蒸馏过程中，某些有机物很可能与氨同时馏出，对测定有干扰，其中有些物质（如甲醛）可以在酸性条件（pH<1）下煮沸除去。

注 8： 由于被蒸馏溶液中的氨氮从液相中逃逸主要发生在蒸馏中前期，尤其对于氨氮浓度较高的水样，氨气在水样未沸腾的前期已经从液相中大量逸出，为了保证吸收效率，开始加热一定不能过快，缓缓升温，否则易造成氨吸收不完全。

注 9： 蒸馏器清洗：向蒸馏烧瓶中加入 350 ml 水，加数粒玻璃珠，装好仪器，蒸馏到至少收集 100 ml 水，将馏出液及瓶内残留液弃去。

注 10： 所有类型样品均需采用预蒸馏方式进行前处理。

C.4.5 分析测试

C.4.5.1 标准曲线的绘制

在 8 个 50 ml 比色管中，分别加入 0 ml、0.50 ml、1.00 ml、2.00 ml、4.00 ml、6.00 ml、8.00 ml 和 10.00 ml 氨氮标准工作溶液，其所对应的氨氮含量分别为

0 μg、5.0 μg、10.0 μg、20.0 μg、40.0 μg、60.0 μg、80.0 μg 和 100 μg，加水至标线，加入 1.0 ml 酒石酸钾钠溶液，摇匀。加入纳氏试剂 1.5 ml［C.4.2.4（1）］或 1.0 ml［C.4.2.4（2）］混匀。放置 10 min（当采用商品化试剂时，根据显色情况可适当调整显色时间）后，在 420 nm 波长下，用 20 mm 比色皿，以水作参比，测量吸光度。由测得的吸光度，减去零浓度空白管的吸光度后，得到校正吸光度，绘制以氨氮含量（μg）对校正吸光度的标准曲线。

注 11：根据实际样品的浓度范围，标准曲线范围可适当调整，包含 0 mg/L 浓度点在内至少 6 个点。

注 12：标准曲线斜率范围 0.006 00～0.007 80，截距≤±0.005，相关系数不得小于 0.999 0。

注 13：在使用商品化纳氏试剂时，需弄清该试剂的主要成分是二氯化汞还是碘化汞，最终确认纳氏试剂的加入量。

C.4.5.2　试样测定

取经预处理的水样 50 ml（若水样中氨氮浓度超过 2 mg/L，可适当少取水样体积），按与校准曲线相同的步骤测量吸光度。

注 14：采用蒸馏法－硼酸吸收液法测定结果有时存在严重偏低情况，可将吸收后的硼酸溶液用氢氧化钠溶液Ⅱ调 pH 至 7～9（碱性不宜过大，否则待测氨氮可转化为氨气逃逸）后再加入掩蔽剂、纳氏试剂测定，如果出现红色沉淀，说明水样的酸碱性不符合要求。

C.4.5.3　实验室空白试验

以无氨水代替水样，测定实验室空白样品。

C.4.5.4　计算

水样中氨氮的质量浓度（以 N 计）按以下公式计算：

$$\rho = \frac{A_s - A_b - a}{b \times V} \tag{3}$$

式中：ρ——水样中氨氮的质量浓度，mg/L；

A_s——水样的吸光度；

A_b——实验室空白的吸光度；

a——校准曲线的截距；

b——校准曲线的斜率；

V——所取水样的体积，ml。

当测定结果 <10.0 mg/L 时，保留至小数点后两位；当测定结果≥10.0 mg/L 时，保留 3 位有效数字。

C.4.6 质量保证和质量控制

C.4.6.1 每批样品至少测定一个实验室空白，实验室空白的吸光度应≤0.060。

C.4.6.2 精密度控制：每批样品（≤20 个）应至少测定 10% 的平行双样，样品数量少于 10 个时，应测定一个平行双样，当样品含量≤1.0 mg/L 时，平行双样测定结果的相对偏差应≤20%；当样品含量为＞ 1.0 mg/L 时，平行双样测定结果的相对偏差应≤15%。

C.4.6.3 准确度控制：每批次样品（≤20 个），应至少测定一个有证标准样品和一个基体加标回收样品（前处理前加标），有证标准样品的测定值应在允许的范围内。样品含量≤1.0 mg/L 时，加标回收率为 70%～130%；样品含量为>1.0 mg/L 时，加标回收率为 80%～120%。

C.5 总磷的测定（钼酸铵分光光度法）（参考 GB/T 11893—89）

C.5.1 方法原理

在中性条件下用过硫酸钾使试样消解，将所含磷全部氧化为正磷酸盐。在酸性介质中，正磷酸盐与钼酸铵反应，在锑盐存在下生成磷钼杂多酸后，立即被抗坏血酸还原，生成蓝色的络合物。

当样品体积为 25 ml 时，本方法的检出限为 0.01 mg/L，测定下限为 0.04 mg/L。

C.5.2 试剂

C.5.2.1 硫酸（H_2SO_4）：密度为 1.84 g/ml。

C.5.2.2 硫酸（H_2SO_4）：l+l。

C.5.2.3 硫酸：c（1/2 H_2SO_4）≈ l mol/L。

将 27 ml 硫酸（2.1）加入到 973 ml 水中。

C.5.2.4 过硫酸钾：50 g/L 溶液。

将 5 g 过硫酸钾（$K_2S_2O_8$）溶解于水，并稀释至 100 ml。

C.5.2.5　抗坏血酸：100 g/L 溶液。

溶解 10 g 抗坏血酸（$C_6H_8O_6$）于水中，并稀释至 100 ml。此溶液贮于棕色的试剂瓶中，在冷处可稳定几周。如出现变色或浑浊不可使用。

C.5.2.6　钼酸盐溶液

溶解 13 g 钼酸铵［$(NH_4)_6Mo_7O_{24}\cdot 4H_2O$］于 100 ml 水中，溶解 0.35 g 酒石酸锑钾［$KSbC_4H_4O_7\cdot 1/2H_2O$］于 100 ml 水中，在不断搅拌下把钼酸铵溶液徐徐加到 300 ml 硫酸（C.5.2.2）中，加酒石酸锑钾溶液并且混合均匀。此溶液贮存于棕色试剂瓶中，在冷处可保存 2 个月。

C.5.2.7　氢氧化钠（NaOH）：1 mol/L。

40 g 氢氧化钠溶于水，并稀释至 1 L。

C.5.2.8　氢氧化钠（NaOH）：6 mol/L。

240 g 氢氧化钠溶于水，并稀释至 1 L。

C.5.2.9　磷标准贮备溶液

称取 0.219 7±0.001 g 于 110℃温度下干燥 2 h 并在干燥器中放冷的磷酸二氢钾（KH_2PO_4），用水溶解后转移至 1 000 ml 容量瓶中，加入大约 800 ml 水、加 5 ml 硫酸（C.5.2.2）用水稀释至标线并混匀。1.00 ml 此标准溶液含 50.0 μg 磷。本溶液在玻璃瓶中可贮存至少 6 个月。也可直接购买市售有证磷标准溶液。

C.5.2.10　磷标准使用溶液

将 10.0 ml 的磷标准贮备溶液（C.5.2.9）转移至 250 ml 容量瓶中，用水稀释至标线并混匀。每毫升此标准溶液含 2.0 μg 磷。使用当天配制。

C.5.2.11　浊度－色度补偿液

混合两个体积硫酸（C.5.2.2）和一个体积抗坏血酸溶液（C.5.2.5），使用当天配制。

C.5.2.12　本标准所用试剂除另有说明外，均应使用符合国家标准的分析试剂和蒸馏水或同等纯度的水。

C.5.3　仪器和设备

C.5.3.1　高压蒸气消毒器或一般压力锅（1.1～1.4 kg/cm^2）。

C.5.3.2　50 ml 比色管。

C.5.3.3 分光光度计。

C.5.3.4 实验室其他常用设备。

注 1： 所有玻璃器皿推荐使用稀盐酸或稀硝酸浸泡，也可用不含磷酸盐的洗涤剂清洗。

C.5.4 前处理

取 25.0 ml 样品于 50 ml 比色管中（C.5.3.2）。取样时应仔细摇匀，以得到溶解部分和悬浮部分均具有代表性的试样。如样品中含磷浓度较高，试样体积可以减少。

C.5.5 分析测试

C.5.5.1 空白试样

按样品前处理的步骤进行空白试验，用水代替试样，并加入与测定时相同体积的试剂。

C.5.5.2 测定

（1）过硫酸钾消解

样品在消解前，应调节至中性后摇匀取样。每个样品取两份试样，其中一份作为参比试样使用，另一份作为实际水样用于分析测定。向每份试样中加 4 ml 过硫酸钾（C.5.2.4），将比色管的盖子盖紧后，用一小块布和线将玻璃塞扎紧或用其他方法固定，放在大烧杯中置于高压蒸气消毒器（C.5.3.1）中加热，待压力达到 1.1 kg/cm^2，相应温度为 120℃时，保持 30 min 后停止加热。待压力表读数降至零后，取出放冷。

（2）发色

对于参比试样消解液，只加入 3 ml 浊度 - 色度补偿液（C.5.2.11）；对于分析测定用的实际水样消解液，分别加入 1 ml 抗坏血酸溶液（C.5.2.5）混匀，30 s 后加 2 ml 钼酸盐溶液（C.5.2.6）充分混匀。

（3）分光光度测量

室温下放置 15 min 后，使用光程为 30 mm 比色皿，分别在 700 nm 波长处，以水做参比，测定吸光度。从试样的吸光度中扣除参比试样的吸光度后，从对应的工作曲线［C.5.5.2（4）］上查得磷的含量。

注 2： 室温低于 13℃时，可在 20～30℃水浴中显色 15 min 。比色皿用后应以稀硝酸浸泡片刻，以除去吸附的钼蓝有色物。显色 15 min 时，需要尽快测定吸光度，放置越久，测定结果越低。

（4）校准曲线的绘制

取 7 支比色管（C.5.3.2）分别加入 0.0 ml、0.50 ml、1.00 ml、3.00 ml、5.00 ml、10.0 ml、15.0 ml 磷酸盐标准溶液（C.5.2.10）。加水至 25 ml。然后按测定步骤［C.5.5.2（1）、C.5.5.2（2）和 C.5.5.2（3）］进行测定。以水做参比，测定吸光度。扣除空白试验的吸光度后，和对应的磷的含量绘制工作曲线。

C.5.5.3　结果计算与表示

总磷含量以 C（mg/L）表示，按下式计算：

$$C = \frac{m}{V} \quad (4)$$

式中：m——试样测得含磷量，μg；

V——测定用试样体积，ml。

当测定结果＜10.0 mg/L 时，保留至小数点后两位；当测定结果≥10.0 mg/L 时，保留 3 位有效数字。

C.5.6　质量保证和质量控制

C.5.6.1　实验室空白：每批样品（≤20 个）至少测定一个实验室空白样品，空白样品测定值应低于方法检出限。

C.5.6.2　校准曲线：线性相关系数应达到 0.999 以上。

C.5.6.3　每批样品（≤20 个）应测定一个校准曲线中间点浓度的标准溶液，其测定结果与校准曲线该点浓度的相对误差应≤10%。否则，需重新绘制校准曲线。

C.5.6.4　精密度控制：每批样品（≤20 个）应至少测定 10% 的平行双样，样品数量少于 10 个时，应测定 1 个平行双样。当样品含量≤0.03 mg/L 时，平行双样测定结果的相对偏差应≤25%；当样品含量＞0.03 mg/L 时，平行双样测定结果的相对偏差应≤10%。

C.5.6.5　准确度控制：每批样品（≤20 个）至少测定一个有证标准样品和一个基体加标回收样品，有证标准样品的测定值应在允许的范围内。样品含量≤0.03 mg/L 时，加标回收率为 70%～130%；样品含量＞0.03 mg/L 时，加标回收率为 80%～120%。

C.5.7 注意事项

砷的浓度大于 2 mg/L 干扰测定，用硫代硫酸钠去除；硫化物的浓度大于 2 mg/L 干扰测定，通氮气去除；铬的浓度大于 50 mg/L 干扰测定，用亚硫酸钠去除；亚硝酸盐的浓度大于 1 mg/L 有干扰，用氧化消解或加氨磺酸均可以除去；铁的浓度为 20 mg/L 时，使结果偏低 5%；铜的浓度达 10 mg/L 时不干扰；氟化物的浓度小于 70 mg/L 时也不干扰；水中大多数常见离子对显色的影响可以忽略。

C.6 总氮的测定（碱性过硫酸钾消解紫外分光光度法）（参考 HJ 636—2012）

C.6.1 方法原理

温度在 120～124℃条件下，碱性过硫酸钾溶液使样品中含氮化合物的氮转化为硝酸盐，采用紫外分光光度法于波长 220 nm 和 275 nm 处，分别测定吸光度 A_{220} 和 A_{275}，按以下公式计算校正吸光度 A，总氮（以 N 计）含量与校正吸光度 A 成正比。

$$A = A_{220} - 2A_{275} \tag{5}$$

当样品量为 10 ml 时，本方法的检出限为 0.05 mg/L，测定范围为 0.20～7.00 mg/L。

C.6.2 试剂

除非另有说明，分析时均使用符合国家标准的分析纯试剂，实验用水为无氨水或新制备的去离子水。

C.6.2.1 无氨水

实验室纯水器直接制备，或直接购买市售纯水，需检验确定满足实验空白要求。

C.6.2.2 氢氧化钠（NaOH）

含氮量应小于 0.000 5%

C.6.2.3 过硫酸钾（$K_2S_2O_8$）

含氮量应小于 0.000 5%。

C.6.2.4 硝酸钾（KNO_3）：基准试剂或优级纯。

在 105～110℃下烘干 2 h，在干燥器中冷却至室温。

C.6.2.5　浓盐酸：ρ(HCl)=1.19 g/mL。

C.6.2.6　浓硫酸：ρ(H_2SO_4)=1.84 g/mL。

C.6.2.7　盐酸溶液：1+9。

C.6.2.8　硫酸溶液：1+35。

C.6.2.9　氢氧化钠溶液Ⅰ：ρ(NaOH)=200 g/L。

称取 20.0 g 氢氧化钠溶于少量水中，稀释至 100 ml。

C.6.2.10　氢氧化钠溶液Ⅱ：ρ(NaOH)=20 g/L。

量取 10.0 ml 氢氧化钠溶液 I，用水稀释至 100 ml。

C.6.2.11　碱性过硫酸钾溶液

称取 40.0 g 过硫酸钾溶于 600 ml 水中（可置于 50℃水浴中加热至全部溶解）；另称取 15.0 g 氢氧化钠溶于 300 ml 水中。待氢氧化钠溶液温度冷却至室温后，混合两种溶液定容至 1 000 ml，存放于聚乙烯瓶中，可低温保存 7 d。

注 1：在碱性过硫酸钾溶液配制过程中，温度过高会导致过硫酸钾分解失效，因此要控制水浴温度在 60℃以下，而且应待氢氧化钠溶液温度冷却至室温后，再将其与过硫酸钾溶液混合、定容。

C.6.2.12　硝酸钾标准贮备液：ρ(N) = 100 mg/L。

称取 0.721 8 g 硝酸钾溶于适量水，移至 1 000 ml 容量瓶中，用水稀释至标线，混匀。加入 1～2 ml 三氯甲烷作为保护剂，在 0～10℃暗处保存，可稳定 180 d。也可直接购买市售有证标准溶液。

C.6.2.13　硝酸钾标准使用液：ρ(N) = 10.0 mg/L。

量取 10.00 ml 硝酸钾标准贮备液至 100 ml 容量瓶中，用水稀释至标线，混匀，临用现配。

C.6.3　仪器和设备

C.6.3.1　紫外分光光度计：具 10 mm 石英比色皿。

C.6.3.2　高压蒸汽灭菌器：最高工作压力处于 1.1 ～1.4 kg/cm^2；最高工作温度为 120～124℃。

注 2：使用高压蒸汽灭菌器时，应定期检定压力表，并检查橡胶密封圈密封情况，避免因漏气而减压。高压蒸汽灭菌器应每周清洗。

C.6.3.3 具塞磨口玻璃比色管：25 ml。

注 3： 实验中所用的玻璃器皿应用盐酸溶液（C.6.2.7）或硫酸溶液（C.6.2.8）浸泡，用自来水冲洗后再用无氨水冲洗数次，洗净后立即使用。为降低比色管空白，可在比色管中加入 15ml 左右纯水消解 1～2 次。

C.6.3.4 一般实验室常用仪器和设备。

注 4： 测定应在无氨的实验室环境中进行，避免环境交叉污染对测定结果产生影响；实验所用的器皿和高压蒸汽灭菌器等均应无氨污染。

C.6.4 前处理

取适量样品用氢氧化钠溶液Ⅱ（C.6.2.10）或（1+35）硫酸溶液（C.6.2.8）调节 pH 至 5～9，待测。

C.6.5 分析测试

C.6.5.1 校准曲线的绘制

分别量取 0 ml、0.20 ml、0.50 ml、1.00 ml、3.00 ml 和 7.00 ml 硝酸钾标准使用液于 25 ml 具塞磨口玻璃比色管中，其对应的总氮（以 N 计）含量分别为 0 μg、2.00 μg、5.00 μg、10.0 μg、30.0 μg 和 70.0 μg。加水稀释至 10.00 ml，再加入 5.00 ml 碱性过硫酸钾溶液，塞紧管塞，用纱布和线绳扎紧管塞，以防弹出。将比色管置于高压蒸汽灭菌器中，加热至顶压阀吹气，关阀，继续加热至 120℃开始计时，在 120～124℃温度条件下保持 30 min。自然冷却、开阀放气，移去外盖，取出比色管冷却至室温，按住管塞将比色管中的液体颠倒混匀 2～3 次。

注 5： 若比色管在消解过程中出现管口或管塞破裂，应重新取样分析。

每个比色管分别加入（1+9）盐酸溶液 1.0 ml，用水稀释至 25 ml 标线，盖塞混匀。使用 10 mm 石英比色皿，在紫外分光光度计上，以水作参比，分别于波长 220 nm 和 275 nm 处测定吸光度。零浓度的校正吸光度 Ab、其他标准系列的校正吸光度 A_s 及其差值 A_r 按式（6）式（7）式（8）进行计算。以总氮（以 N 计）含量（μg）为横坐标，对应的 A_r 值为纵坐标，绘制校准曲线。

$$A_b = A_{b220} - 2A_{b275} \tag{6}$$

$$A_s = A_{s220} - 2A_{s275} \tag{7}$$

$$A_r = A_s - A_b \tag{8}$$

式中：A_b——零浓度（空白）溶液的校正吸光度；

A_{b220}——零浓度（空白）溶液于波长 220 nm 处的吸光度；

A_{b275}——零浓度（空白）溶液于波长 275 nm 处的吸光度；

A_s——标准溶液的校正吸光度；

A_{s220}——标准溶液于波长 220 nm 处的吸光度；

A_{s275}——标准溶液于波长 275 nm 处的吸光度；

A_r——标准溶液校正吸光度与零浓度（空白）溶液校正吸光度的差。

C.6.5.2　试样测定

量取 10.00 ml 试样于 25 ml 具塞磨口玻璃比色管中，按照上述步骤进行测定。

注 6：试样中的含氮量超过 70 μg 时，可减少取样量并加水稀释至 10.00 ml。

注 7：总氮分析的实验室应避免硝酸的使用，以免给分析过程带来污染。

C.6.5.3　空白试验

用 10.00 ml 水代替试样，按照样品测定步骤进行测定。

C.6.5.4　计算

参照式（6）～式（8）计算试样校正吸光度和空白试验校正吸光度差值 A_r，样品中总氮的质量浓度（以 N 计）按以下公式进行计算。

$$\rho = \frac{(A_r - a)}{bV} \times f \tag{9}$$

式中：ρ——样品中总氮的质量浓度，mg/L；

A_r——试样的校正吸光度与空白试验校正吸光度的差值；

a——校准曲线的截距；

b——校准曲线的斜率；

V——试样体积，ml；

f——稀释倍数。

当测定结果＜10.0 mg/L 时，保留至小数点后两位；当测定结果≥10.0 mg/L 时，保留 3 位有效数字。

C.6.6 质量保证和质量控制

C.6.6.1 校准曲线的相关系数 r 应≥0.999。

C.6.6.2 每批样品（≤20 个）至少测定一个实验室空白样品，空白样品的校正吸光度 A_b 应小于 0.030。超过该值时应检查实验用水、试剂（主要是氢氧化钠和过硫酸钾）纯度、器皿和高压蒸汽灭菌器的污染状况。

C.6.6.3 每批样品（≤20 个）应测定一个校准曲线中间点浓度的标准溶液，其测定结果与校准曲线该点浓度的相对误差应≤10%。否则，需重新绘制校准曲线。

C.6.6.4 精密度控制

每批样品（≤20 个）至少测定 10% 的平行双样，样品数量少于 10 个时，应至少测定一个平行双样，当样品含量≤1.00 mg/L 时，平行双样测定结果的相对偏差应≤10%；当样品含量>1.00 mg/L 时，平行双样测定结果的相对偏差应≤5%。测定结果以平行双样的平均值报出。

C.6.6.5 准确度控制

每批样品（≤20 个）至少测定一个有证标准样品和一个基体加标样品，有证标准样品的测定值应在允许的范围内。样品数量少于 10 个时，应至少测定一个基体加标样品，加标回收率应为 90%～110%。

附件 2

地表水自动监测仪器通信协议
技术要求

（试行）

中国环境监测总站

2019 年 12 月

前　言

为贯彻《中华人民共和国环境保护法》和《中华人民共和国水污染防治法》，保护环境，保障人体健康，加强环境管理，规范和指导地表水自动监测站点现场的数据采集传输仪与在线监测仪器之间的数据通信，制定本技术要求。

本技术要求明确了地表水自动监测站点现场数据采集传输仪与在线监测仪器之间的数据传输通信方式及通信过程，制定了监测设备之间交互通信的技术实现方式，定义和规范了相关的名词定义及信息编码，适用于固定式，简易式，小型式，水站固定平台和浮船式等地表水自动监测站现场端设备数据采集及远程控制的通信要求。

本技术要求由中国环境监测总站组织制订。

本技术要求主要起草人：李东一、姚志鹏、刘允、陈亚男、杨凯、蒙良庆、罗忠福、薛孙富、李旭冉。

本技术要求由中国环境监测总站解释。

地表水自动监测仪器通信协议技术要求（试行）

1　适用范围

本技术要求适用于地表水自动监测站点现场的数据采集传输仪与在线监测仪器之间的数据通信，规定了通信过程及数据命令的格式，给出了代码定义，本技术要求允许扩展，但扩展内容时不得与本技术要求中所使用或保留的控制命令相冲突。

2　规范性引用文件

本技术要求内容引用了下列文件中的条款。凡是未注明日期的引用文件，其有效版本适用于本技术要求。

HJ 212—2017　污染物在线监控（监测）系统数据传输标准

GB/T 19582—2008　基于 Modbus 协议的工业自动化网络规范

3　术语和定义

下列术语和定义适用于本技术要求。

3.1　在线监测仪器 online monitoring instrument

在线监测仪器是安装在地表水自动监测点现场，用于监测地表水环境质量的设备，包括监控（监测）仪器、流量（速）计等。

3.2　数据采集传输仪 data acquisition and transmission instrument

采集各种类型监控仪器仪表的数据、完成数据存储及与上位机数据传输通信功能的单片机、工控机、嵌入式计算机、可编程自动化控制器（PLC）或可编程控制器，以下简称数采仪或基站。

3.3　常规五参数 conventional five parameters

地表水水质监测中的五项常规项目：水温、pH、溶解氧、电导率和浊度。

4　系统结构

在线监测仪器与数采仪之间通信协议采用 Modbus RTU 标准，数采仪作为

Modbus 主机，每台在线监测仪器作为 Modbus 从机。

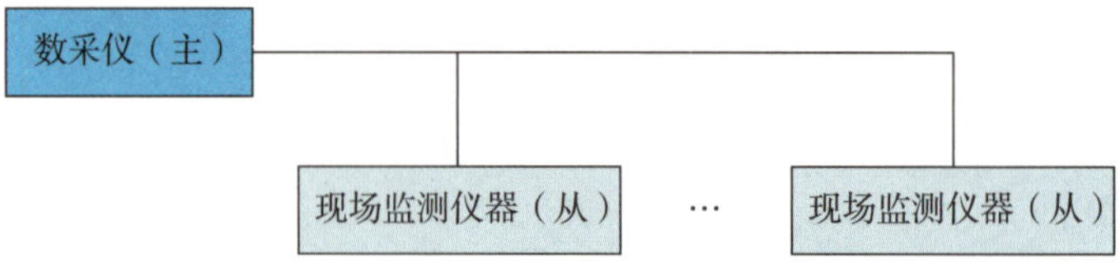

图 1　Modbus 主从通信系统结构

协议适用接口描述：

①适用于 RS-485 通信接口通信；

②每个 RS-485 接口可以同时连接多个在线监测仪器；

③适用于 RS-232 通信接口通信；

④也可扩展用于 TCP/IP 通信方式；

⑤注意扩展用于 TCP/IP 通信方式情况下不是采用 Modbus TCP，而是 Modbus RTU 直接承载在 TCP/IP 上。

5　协议层次

在线监测仪器与数采仪之间通信协议采用 Modbus RTU 标准，可承载在多种通信接口上。

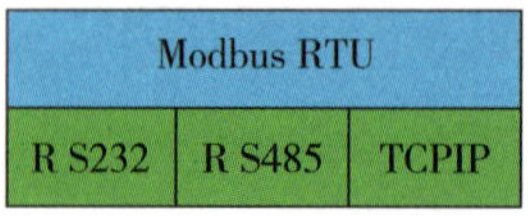

图 2　Modbus RTU 协议层次

6　通信协议

在线监测仪器与数采仪之间通信协议采用 Modbus RTU 标准，通过 Modbus 寄存器定义通信数据内容。

6.1　Modbus RTU

6.1.1　报文帧结构

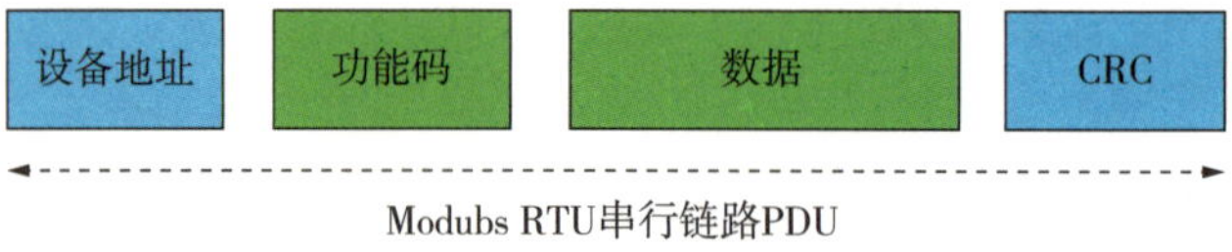

图 3　Modbus RTU 串行链路 PDU

表 1　Modbus 报文结构

名称	类型	长度（字节）	描述
设备地址	BYTE	1	对应仪器中的设备地址，用于区分挂在同一个 485 总线下不同在线监测仪器。取值范围 1～247
功能码	BYTE	1	功能码定义见 6.1.2
数据	BYTE［n］	N	变长数据，伴随功能码、应答模式不同而不同
CRC	WORD	2	Modbus CRC16 校验结果

6.1.2　功能码定义

表 2　Modbus 功能码定义

代码	功能	数据类型	备注
0x03	读	整形、浮点、字符	读多个寄存器
0x10	写	整形、浮点、字符	写多个寄存器

6.1.3　报文应答格式

6.1.3.1　功能码（0x03）读

主机请求：

设备地址	功能码	寄存器地址	寄存器数量	CRCH	CRCL
1B	1B	2B	2B	1B	1B

设备地址：主控板地址，为 0x01 ～ 0xF7 可选；

功能码：为 0x03；

寄存器地址：要读取数据的存放开始地址；

寄存器数量：要读取的寄存器的个数；

从机应答：

设备地址	功能码	数据字节数	数据	CRCH	CRCL
1B	1B	1B	...	1B	1B

设备地址：下位机地址，为 0x01 ～ 0xF7 可选；

功能码：为 0x03；

数据字节数：寄存器数量 ×2；

数据：N =（寄存器数量 ×2）BYTE；

错误应答：

设备地址（1BYTE）+ 出错功能码 + 错误类型（1BYTE）+CRC 校验

注意出错功能码是功能码 BYTE 最高位取反得到。如 0x03 出错功能码为 0x83

错误类型：

01 非法功能；

02 非法数据地址；

03 非法数据值；

04 从站设备故障；

05 确认；

06 从属设备忙。

注：以上错误类型为 Modbus RTU 标准含义。

示例：

读取命令：

01 03 00 00 00 02 C4 0B（设备地址 01）

02 03 00 00 00 02 C4 38（设备地址 02）

其中设备地址（01）+ 功能码（03）+ 寄存器起始地址（00 00）+ 寄存器数量（00 02 即指数据长度为 2 个字）+CRC 校验（C4 0B）

应答报文：

01 03 04 41 CB 42 B7 EF 27

设备地址（01）+ 功能码（03）+ 数据字节数（04）+ 读取数据（实际为 16 进制数 42 B7 41 CB 对应的浮点型数据为 91.63）+ CRC 校验（EF 27）。

6.1.3.2 功能码（0x10）写

主机请求：

设备地址	功能码	寄存器地址	寄存器数量	字节数	DATA	CRCH	CRCL
1B	1B	2B	2B	1B	…	1B	1B

设备地址：主控板地址，为 0x01～0xF7 可选；

功能码：为 0x10；

寄存器地址：要读取数据的存放开始地址；

寄存器数量：要写入寄存器的个数；

字节数：写入数据的字节数；

数据：要写入的数据。

注意如写一个寄存器，则寄存器数量为 1，字节数为 2，数据为一个 Word。

从机应答：

设备地址	功能码	寄存器地址	寄存器数量	CRCH	CRCL
1B	1B	2B	2B	1B	1B

示例：

主机发送：01 10 00 6B 00 02 04 00 0F 06 08 86 51

从机回复：01 10 00 6B 00 02 30 14

错误应答：设备地址（1BYTE）+ 出错功能码 + 错误类型（1BYTE）+CRC 校验

注意出错功能码是功能码 BYTE 最高位取反得到。如 0x03 出错功能码为 0x83。

错误类型：

01 非法功能；

02 非法数据地址；

03 非法数据值；

04 从站设备故障；

05 确认；

06 从站设备忙。

注：以上错误类型为 Modbus RTU 标准含义。

6.1.4　应用规约

表 3　Modbus 数据类型定义

数据类型	描述及要求
BYTE	无符号单字节整型（字节，8 位）
WORD	无符号 2 字节整型（字，16 位）
DWORD	无符号 4 字节整型（双字，32 位）

续表

数据类型	描述及要求
FLOAT	4 字节浮点数型（字节，32 位）IEEE 754 标准
DOUBLE	8 字节浮点数型（字节，64 位）
BYTE［n］	N 字节
STRING	GBK 编码，采用 0 终结符，若无数据，则放一个 0 终结符
CHAR［n］	N 个字符，ASCII
DATE	日期类型 6 字节 年（BYTE）- 月（BYTE）- 日（BYTE）- 时（BYTE）- 分（BYTE）- 秒（BYTE） 其中：年 =byte+2000，月：1—12，日：1—31，时：0—23，分：0—59，秒：0—59 数值格式：BCD 码

数据字节序定义：

协议采用大端模式（big-endian）来传递 WORD、DWORD、FLOAT、DOUBLE。

对于 DWORD、FLOAT、DOUBLE，字间顺序按照小端模式（little-endian）排列。

6.2　数据内容定义

表 4　仪器数据内容分类

分类	名称	描述
基本参数	工作状态	仪器当前工作状态
	测量模式	仪器当前测试模式
	测量数据	包括测量数值、数据时间、数据标识
	告警信息	仪器部件、分析系统、预处理告警等
	故障信息	仪器故障
管控信息	关键参数	包括设定参数（如消解时长）、运行参数（如斜率、截距）
远程控制	控制命令	水样测试、标样核查、零点核查、跨度核查等

6.2.1　工作状态

仪器工作状态：仪表当前的测量工作状态，编码和控制命令编码一样。

表 5　仪器工作状态定义

编码	描述	备注
0	空闲	
1	水样测试	
2	标样核查	
3	零点核查	测量结果与水样测试分开寄存器输出
4	跨度核查	测量结果与水样测试分开寄存器输出
5	空白测试	测量结果与水样测试分开寄存器输出
6	平行样测试	测量结果与水样测试分开寄存器输出
7	加标回收	测量结果与水样测试分开寄存器输出
8	空白校准	
9	标样校准	
10	初始化（清洗）	
19	标定	
…	可扩展	

6.2.2　测量数据

表 6　仪器测量数据内容定义

编号	名称	备注
1	因子编码	编码规则，取国家地表水自动监测系统通信协议要求因子编码后五位整数
2	测量数值单位	见附表 B-3 单位编码
3	数据时间	测量启动时间
4	测量数值	见附表，数据修约规则表
5	数据标识	见附表，单位标识表

6.2.3　控制命令

表 7　控制命令定义

编码	名称	参数个数	参数说明	备注
1	启动测量	无		
2	标样核查	无		
3	零点核查	无		

续表

编码	名称	参数个数	参数说明	备注
4	跨度核查	无		
5	空白测试	无		
6	平行样测试	无		
7	加标回收	无		
8	空白校准	无		
9	标样校准	无		
10	初始化（清洗）	无		
11	停止测试	无		
12	仪器重启	无		重启仪器系统
13	校时	3 个寄存器	Date 类型：数据格式 BCD 码	如：2017-01-01 00：00：00 表示为 170101000000
14	模式设置	1 个寄存器	Word 类型： 1 连续模式 2 周期模式 3 定点模式 4 受控模式 5 手动模式	1 连续模式：仪器自动 24 h 不间断测试水样； 2 周期模式：按设置好的时间间隔自动测试水样； 3 定点模式：整点测试； 4 受控模式：接受外部基站或数采仪反控； 5 手动模式：维护模式，不会自动测试，也不接外部控制命令
15	测量间隔设置	1 个寄存器	Word 类型：单位：min	X ≥ 30 min，周期模式有效
16	零点核查间隔设置	1 个寄存器	Word 类型：单位：min	X ≥ 30 min，周期模式有效
17	跨度核查间隔设置	1 个寄存器	Word 类型：单位：min	X ≥ 30 min，周期模式有效
18	标样核查间隔设置	1 个寄存器	Word 类型：单位：min	X ≥ 30 min，周期模式有效
…				

注：测量间隔设置、零点核查间隔设置，跨度核查间隔设置等均是在仪器工作模式设置为周期模式情况下才会自动测试的，否则无效，例如，如果是受控模式，则仪器仅会接受基站的反控命令工作。常规五参数比较特殊，可以不实现反控以及标定间隔设置、测量间隔设置、核查间隔设置、测量模式设置。

6.2.4　管控信息

管控信息包括关键参数、反馈状态、告警信息。考虑不同类型仪器之间差异、不同厂家同类分析仪分析方法差异，管控信息按照“仪器类别 + 国标行标分析方法”来分类定义管控信息基本内容，并允许各个厂家根据自身特点扩展差异部分，但扩展内容不应与管控信息基本内容定义相冲突。对于没有采用国标、行标分析方法的仪器，允许厂家进行单独定义和扩展。

表 8　地表水常见九种参数仪器的分析方法

<table>
<tr><th colspan="2">参数名称</th><th colspan="2">测量方法</th><th>测量方法标准</th><th>仪表技术规范</th></tr>
<tr><td rowspan="6">常规五参数</td><td>pH</td><td colspan="2">pH 玻璃电极</td><td>GB 13195—91</td><td rowspan="2">HJ/T 96—2003</td></tr>
<tr><td>水温</td><td colspan="2">温度传感器法</td><td>GB 6920—86</td></tr>
<tr><td rowspan="2">溶解氧</td><td colspan="2">电化学探头法</td><td rowspan="2">HJ 506—2009</td><td rowspan="2">HJ/T 99—2003</td></tr>
<tr><td colspan="2">荧光法</td></tr>
<tr><td>电导率</td><td colspan="2">电极法</td><td>《水和废水监测分析方法》（第四版）</td><td>HJ/T 97—2003</td></tr>
<tr><td>浊度</td><td colspan="2">光散射法</td><td>《水和废水监测分析方法》（第四版）</td><td>HJ/T 98—2003</td></tr>
<tr><td colspan="2">总磷</td><td colspan="2">过硫酸钾消解 - 钼酸铵光度法</td><td>GB 11893—89</td><td>HJ/T 103—2003</td></tr>
<tr><td colspan="2">总氮</td><td colspan="2">碱性过硫酸钾消解紫外分光光度法</td><td>GB 11894—89
HJ 636—2012</td><td>HJ/T 102—2003</td></tr>
<tr><td colspan="2" rowspan="6">高锰酸盐指数</td><td rowspan="6">高锰酸钾酸性氧化法</td><td>ORP 电极电位 - 滴定法</td><td rowspan="3">GB 11892—89</td><td rowspan="6">HJ/T 100—2003</td></tr>
<tr><td>吸光度 - 滴定法</td></tr>
<tr><td>直接分光光度法</td></tr>
<tr><td>ORP 电极 - 滴定法</td><td rowspan="3">GB 17378.4—2007</td></tr>
<tr><td>吸光度 - 滴定法</td></tr>
<tr><td>直接分光光度法</td></tr>
<tr><td colspan="2" rowspan="4">氨氮</td><td rowspan="3">光度法</td><td>纳氏试剂光度法</td><td>HJ 535—2009</td><td rowspan="4">HJC-ZY-2009</td></tr>
<tr><td>水杨酸光度法</td><td>HJ 536—2009</td></tr>
<tr><td>蒸馏逐出比色法</td><td>HJ 537—2009</td></tr>
<tr><td>电极法</td><td>离子选择电极法</td><td>HZ-HJ-SZ-0136</td></tr>
</table>

6.2.4.1 高锰酸盐指数、氨氮、总磷、总氮

表 9 监测项目关键参数表

名称	数据类型	单位	适用范围
测量精度	16 位整型	无	通用
消解温度	16 位整型	℃	通用
消解时间	16 位整型	min	通用
量程下限	32 位浮点	与测量单位一致	通用
量程上限	32 位浮点	与测量单位一致	通用
曲线斜率 k	32 位浮点	无	通用
曲线截距 b	32 位浮点	无	通用
标定日期	DATE 类型	Date 类型	通用
标液一浓度	32 位浮点	与测量单位一致	通用
标液一信号值	32 位浮点	无	通用
标液二浓度	32 位浮点	与测量单位一致	通用
标液二信号值	32 位浮点	无	通用
标液三浓度	32 位浮点	与测量单位一致	扩展
标液三信号值	32 位浮点	无	扩展
标液四浓度	32 位浮点	与测量单位一致	扩展
标液四信号值	32 位浮点	无	扩展
标液五浓度	32 位浮点	与测量单位一致	扩展
标液五信号值	32 位浮点	无	扩展
线性相关系数（R 或 R^2）	32 位浮点	无	通用
试剂余量	32 位整型	%	扩展（前 16 位试剂编号，后 16 位余量）
测量滴定值或吸光度	32 位浮点	无	通用
空白校准时间	Date 类型	Date 类型	通用
标准样校准时间	Date 类型	Date 类型	通用
检出限值	32 位浮点	与测量单位一致	通用
校准系数	32 位浮点	无	扩展，固定为（0.95～1.05），一般为 1.0
设备序列号	WORD［6］	无	通用

注：以上适用范围一列中，通用表示针对除常规五参数以外所有分析方法，扩展表示非通用或扩展功能关联的参数，以下表格中同此含义。

表 10　告警信息

告警码	描述	适用范围
0	无告警	通用
1	缺试剂告警	通用
2	缺水样告警	通用
3	缺纯水告警	通用
4	缺标液告警	通用
5	仪表漏液告警	扩展
6	标定异常告警	扩展
7	超量程告警	通用
8	加热异常告警	通用
9	低试剂预警	扩展
10	超上限告警	通用
11	超下限告警	通用
12	仪表内部其他异常	通用
13	滴定异常告警	通用（滴定法独有）
14	电极异常告警	通用（ORP 电位滴定法独有）
15	量程切换告警	扩展
16	参数设置告警	扩展
17	pH 电极电位异常	扩展（五参数）
18	电导率电极异常	扩展（五参数）
19	浊度光度异常	扩展（五参数）
20	溶解氧电极异常	扩展（电化学探头法独有）
21	溶解氧光强异常	扩展（荧光法独有）
可扩展		

表 11　故障信息

故障码	描述	适用范围
0	无故障	
1	电机故障	通用
2	温度故障	通用
3	通信故障	通用
4	滴定故障	通用
可扩展		

6.2.4.2 常规五参数

表 12 常规五参数关键参数

名称	数据类型	单位	适用范围
测量精度	WORD	无	通用
pH 量程下限	32 位浮点	无	扩展
pH 量程上限	32 位浮点	无	扩展
溶解氧量程下限	32 位浮点	mg/L	扩展
溶解氧量程上限	32 位浮点	mg/L	扩展
电导率量程下限	32 位浮点	μS/cm	扩展
电导率量程上限	32 位浮点	μS/cm	扩展
浊度量程下限	32 位浮点	NTU	扩展
浊度量程上限	32 位浮点	NTU	扩展
pH 电极电位	32 位浮点	见寄存器定义表	扩展
溶解氧电极电位	32 位浮点	见寄存器定义表	扩展（电化学探头法独有）
溶解氧荧光强度	32 位浮点	见寄存器定义表	扩展（荧光法独有）
电导率电极电位	32 位浮点	见寄存器定义表	扩展
浊度散光量	32 位浮点	见寄存器定义表	扩展
设备序列号	WORD［6］	无	扩展

6.2.4.3 其他因子参数

参照上述监测因子，进行相应扩展。

6.3 寄存器定义

表 13 寄存器地址区间划

区间名称	开始地址偏移	结束地址偏移	寄存器数量	描述
测量数据区	0x1000	0x107F	128	测量数据区
状态告警区	0x1080	0x109F	32	工作状态、告警、故障等
关键参数区	0x10A0	0x10FE	95	关键参数、反馈状态
控制命令区	0x1200		1+n	控制命令 1+ 命令参数 n

考虑到有仪器集成多个监测因子时（如集成总磷总氮、集成总磷氨氮），每个参数分配一个 Modbus 地址来区分即可，这样每个参数的测量数据区的寄存器地址都是相同的，不用考虑通道偏移问题，而且也不受通道的限制。

6.3.1　测量数据区

表 14　测量数据区寄存器定义

区间名称	寄存器偏移	数据类型	寄存器描述	读写	备注
测量数据区	0x1000～0x1001	DWORD	因子编码	R	整型
	0x1002	WORD	单位	R	
	0x1003～0x1004	FLOAT	标样参考值	R	
	0x1005～0x1007	DATE	水样数据时间	R	
	0x1008～0x1009	FLOAT	水样实测值	R	
	0x100A～0x100F	CHAR［12］	水样数据标识	R	
	0x1010～0x1012	DATE	标样数据时间	R	
	0x1013～0x1014	FLOAT	标样实测值	R	
	0x1015～0x101A	CHAR［12］	标样数据标识	R	
	0x101B～0x101D	DATE	空白数据时间	R	
	0x101E～0x101F	FLOAT	空白实测值	R	
	0x1020～0x1025	CHAR［12］	空白数据标识	R	
	0x1026～0x1028	DATE	零点核查数据时间	R	
	0x1029～0x102A	FLOAT	零点核查实测值	R	
	0x102B～0x1030	CHAR［12］	零点核查数据标识	R	
	0x1031～0x1033	DATE	跨度核查数据时间	R	
	0x1034～0x1035	FLOAT	跨度核查实测值	R	
	0x1036～0x103B	CHAR［12］	跨度核查数据标识	R	
	0x103C～0x103E	DATE	加标回收数据时间	R	
	0x103F～0x1040	FLOAT	加标回收实测值	R	
	0x1041～0x1046	CHAR［12］	加标回收数据标识	R	
	0x1047～0x1049	DATE	平行样数据时间	R	
	0x104A～0x104B	FLOAT	平行样实测值	R	
	0x104C～0x1051	CHAR［12］	平行样数据标识	R	
	0x1052～0x107F			R	预留

6.3.2 状态告警区

表 15 状态告警区寄存器定义

区间名称	寄存器偏移	数据类型	寄存器描述	读写	备注
状态告警区	0x1080 0x1081 0x1082	DATE	系统时间	R	仪器系统时间
	0x1083	WORD	工作状态	R	同命令编码一致
	0x1084	WORD	测量模式	R	1 连续模式 2 周期模式 3 定点模式 4 受控模式 5 手动模式
	0x1085	WORD	告警代码	R	
	0x1086	WORD	故障代码	R	
	0x1087	WORD	日志代码	R	自定义
	0x1088	WORD	软件版本	R	
	0x1089	WORD	测量间隔	R	min
	0x108A	WORD	零点核查间隔	R	min
	0x108B	WORD	跨度核查间隔	R	min
	0x108C	WORD	标样核查间隔	R	min
	0x108D–0x109F			R	预留

6.3.3 关键参数区

表 16 关键参数区寄存器定义表

名称	寄存器偏移	数据类型	寄存器描述	读写	备注
关键参数	0x10A0	WORD	测量精度	R	小数位数
	0x10A1	WORD	消解温度	R	单位℃
	0x10A2	WORD	消解时长	R	单位 min
	0x10A3	FLOAT	量程下限	R	
	0x10A4			R	

续表

名称	寄存器偏移	数据类型	寄存器描述	读写	备注
关键参数	0x10A5	FLOAT	量程上限	R	
	0x10A6			R	
	0x10A7	FLOAT	曲线斜率 *k*	R	
	0x10A8			R	
	0x10A9	FLOAT	曲线截距 *b*	R	
	0x10AA			R	
	0x10AB	DATE	标定日期	R	
	0x10AC			R	
	0x10AD			R	
	0x10AE	FLOAT	标液一浓度	R	
	0x10AF			R	
	0x10B0	FLOAT	标液一 测量过程值	R	信号值
	0x10B1			R	
	0x10B2	FLOAT	标液二浓度	R	
	0x10B3			R	
	0x10B4	FLOAT	标液二 测量过程值	R	信号值
	0x10B5			R	
	0x10B6	FLOAT	标液三浓度	R	
	0x10B7			R	
	0x10B8	FLOAT	标液三 测量过程值	R	信号值
	0x10B9			R	
	0x10BA	FLOAT	标液四	R	
	0x10BB			R	
	0x10BC	FLOAT	标液四 测量过程值	R	信号值
	0x10BD			R	
	0x10BE	FLOAT	标液五	R	
	0x10BF			R	
	0x10C0	FLOAT	标液五 测量过程值	R	信号值
	0x10C1			R	
	0x10C2	FLOAT	线性相关系数 （R 或 R^2）	R	R 或 R^2
	0x10C3			R	

续表

名称	寄存器偏移	数据类型	寄存器描述	读写	备注
关键参数	0x10C4	DWORD	试剂余量	R	
	0x10C5			R	
	0x10C6	FLOAT	测量滴定值或吸光度	R	
	0x10C7			R	
	0x10C8	DATE	空白校准时间	R	
	0x10C9			R	
	0x10CA			R	
	0x10CB	DATE	标样校准时间	R	
	0x10CC			R	
	0x10CD			R	
	0x10CE	FLOAT	检出限值	R	
	0x10CF			R	
	0x10D0	FLOAT	校准系数	R	
	0x10D1				
	0x10D2	WORD［6］	设备序列号	R	
	0x10D3				
	0x10D4				
	0x10D5				
	0x10D6				
	0x10D7				
	0x10D8	FLOAT	二次多项式系数	R	扩展（直线方程时为0）
	0x10D9				
	……	可扩展			

6.3.4 控制命令区

表17 控制命令区寄存器定义

名称	寄存器偏移	数据类型	寄存器描述	读写	备注
控制命令区	0x1200	WORD	控制命令码	W	
	0x1201	BYTE［n］	控制命令参数	W	当控制命令码为时间校准命令时，该字段为6字节的DATE
	……				
	0x12FF				

6.3.5　常规五参数

表 18　常规五参数寄存器定义

名称	寄存器偏移	数据类型	寄存器描述	读写	备注
关键参数	0x10A0	WORD	测量精度	R	小数位数
	0x10A1 0x10A2	FLOAT	pH 量程下限	R	
	0x10A3 0x10A4	FLOAT	pH 量程上限	R	
	0x10A5 0x10A6	FLOAT	溶解氧量程下限	R	
	0x10A7 0x10A8	FLOAT	溶解氧量程上限	R	
	0x10A9 0x10AA	FLOAT	电导率量程下限	R	
	0x10AB 0x10AC	FLOAT	电导率量程上限	R	
	0x10AD 0x10AE	FLOAT	浊度量量程下限	R	
	0x10AF 0x10B0	FLOAT	浊度量量程上限	R	
	0x10B1 0x10B2	FLOAT	pH 电极电位	R	
	0x10B3 0x10B4	FLOAT	溶解氧电极电位	R	
	0x10B5 0x10B6	FLOAT	溶解氧荧光强度	R	溶解氧电极电位或荧光强度
	0x10B7 0x10B8	FLOAT	电导率电极电位	R	
	0x10B9 0x10BA	FLOAT	浊度散光量	R	

续表

名称	寄存器偏移	数据类型	寄存器描述	读写	备注
关键参数	0x10BB	WORD［6］	设备序列号	R	
	0x10BC				
	0x10BD				
	0x10BE				
	0x10BF				
	0x10C0				
	……	可扩展			

6.4 通信报文示例

6.4.1 错误应答报文

表 19 错误应答报文示例

错误码	错误类型	示例报文
0x01	非法功能	01 83 01 80 f0
0x02	非法数据地址	01 83 02 c0 f1
0x03	非法数据值	01 83 03 01 31
0x04	从站设备故障	01 83 04 40 f3
0x06	从站设备忙	01 83 06 c1 32

注：这里的 0x83 是出错功能码，是请求报文功能码字节最高位取反得到。如 0x03 出错功能码为 0x83。

6.4.2 数据读取报文

6.4.2.1 数据读取

请求报文：01 03 10 00 00 10 40 C6

应答报文：01 03 20 52 0B 00 00 00 01 00 00 3F 00 17 01 01 00 00 00 1E B8 3E 85 4E 00 00 00 00 00 00 00 00 00 00 00 78 89

解析过程：

52 0B 00 00 表示因子编码 21003：氨氮

00 01 表示单位：mg/L

00 00 3F 00 表示标样参考浓度：0.5

17 01 01 00 00 00 表示数据时间：2017-01-01 00：00：00

1E B8 3E 85 表示水样测试结果：0.26

4E 00 00 00 00 00 00 00 00 00 00 00 表示标识：N

如果标识为 T 则标识包为：54 00 00 00 00 00 00 00 00 00 00 00

如果标识为 lr 则标识包为：6C 72 00 00 00 00 00 00 00 00 00 00

6.4.3　参数读写报文

表 20　参数读写报文示例

操作名称	示例报文
读取测量模式	请求报文：01 03 10 81 00 01 D0 E2 应答报文：01 03 02 00 04 B9 87 00 04 表示读取到测量模式是受控模式，接受基站反控命令运行

6.4.4　控制报文

表 21　控制报文示例

操作名称	示例报文
启动测量	请求报文：01 10 12 00 00 01 02 00 01 55 91 应答报文：01 10 12 00 00 01 04 B1
零点核查	请求报文：01 10 12 00 00 01 02 00 03 D4 50 应答报文：01 10 12 00 00 01 04 B1
跨度核查	请求报文：01 10 12 00 00 01 02 00 04 95 92 应答报文：01 10 12 00 00 01 04 B1
时间校准	请求报文：01 10 12 00 00 04 08 00 0d 17 01 01 00 00 00 6C 73 应答报文：01 10 12 00 00 04 C4 B2 17 01 01 00 00 00 表示设置时间 2017-01-01 00：00：00
设置运行模式	请求报文：01 10 12 00 00 02 04 00 0e 00 04 47 0F 应答报文：01 10 12 00 00 02 44 B0

附录 A

1 CRC 生成过程

Modbus CRC16 生成 CRC 的过程为：

将一个 16 位寄存器装入十六进制 FFFF（全 1），将之称作 CRC 寄存器；

将报文的第一个 8 位字节与 16 位 CRC 寄存器的低字节异或，结果置于 CRC 寄存器；

将 CRC 寄存器右移 1 位（向 LSB 方向），MSB 充零提取并检测 LSB；

（如果 LSB 为 0）：重复步骤 3（另一次移位）；

（如果 LSB 为 1）：对 CRC 寄存器异或多项式值 0xA001（1010 0000 0000 0001）；

重复步骤 3 和 4，直到完成 8 次移位。当做完此操作后，将完成对 8 位字节的完整操作；

对报文中的下一个字节重复步骤 2 到 5，继续此操作直至所有报文被处理完毕；

CRC 寄存器中的最终内容为 CRC 值；

当放置 CRC 值于报文时，采用大端方式存储，高字节在前，低字节在后。例如，如果 CRC 值为十六进制 0x1241，则第一个字节存放 0x12，第二个字节存放 0x41。

参考实现代码：

```
unsignedshort CRC16 (unsigned char *ptr, unsigned intlen)
{
        unsignedshortcrc=0xFFFF;
        unsignedinti, j;
        for(j=0; j<len; j++)
        {
                crc=crc ^*ptr++;
                for( i=0; i<8; i++ )
```

```
        {
            if((crc&0x0001)>0)
            {
                crc=crc>>1;
                crc=crc^ 0xa001;
            }
            else
            {
                crc=crc>>1;
            }
        }
    }
    return(crc);
}
```

2　设备序列号生成方式

设备唯一标识，这个标识固化在设备中，用于唯一标识一个设备。

设备序列号由 EPC-96 编码转化的字符串组成，即设备序列号由 24 个 0～9，A～F 的字符组成：

EPC-96 编码结构				
名称	标头	厂商识别代码	对象分类代码	序列号
长度（比特）	8	28	24	36

固化存储方式：以 EPC-96 编码结构存储，占 12 个字节（Byte），上位机提取设备序列号需要转化成字符串，由 24 个 0～9、A～F 的字符组成。

3　留样器通信协议

采用 Modbus RTU 协议，功能定义见表 A-1，寄存器定义见表 A-2。

表 A-1　功能内容定义

分类	名称	描述
状态	分配器位置	获取当前采样瓶号
	留样器状态	—

续表

分类	名称	描述
控制	启动采样泵	—
	停止采样泵	—
	排空	—

表 A-2 寄存器定义

名称	寄存器偏移	数据类型	寄存器描述	备注
启动采样泵	0x0005	WORD	启动采样泵	恒定写 1
停止采样泵	0x0006	WORD	停止采样泵	恒定写 1
排空	0x0007	WORD	排空	写 0～24： 0 代表排所有瓶号 1～24 代表排空瓶号
分配器位置	0x0030	WORD	分配器位置	当前采样瓶号
留样器状态	0x0031	WORD	工作状态	0：正常； 1：自动采样程序运行中

附录 B

表 B-1　数据修约

序号	中文名称	缺省计量单位（浓度）	缺省数据类型（数据修约）	单位编码
1	水温	℃	N3.1	0：标准单位
2	pH	无量纲	N3.2	0：标准单位
3	溶解氧	mg/L	N3.2	0：标准单位
4	浑浊度	NTU	N3.2	0：标准单位
5	电导率	μS/cm	N3.2	0：标准单位
6	高锰酸盐指数	mg/L	N3.1	0：标准单位
7	化学需氧量（COD）	mg/L	N3	0：标准单位
8	五日生化需氧量（BOD_5）	mg/L	N3.1	0：标准单位
9	氨氮（NH_3-N）	mg/L	N3.2	0：标准单位
10	总磷（以 P 计）	mg/L	N3.2	0：标准单位
11	总氮（湖、库以 N 计）	mg/L	N3.2	0：标准单位
12	铜	mg/L	N3.5	0：标准单位
13	锌	mg/L	N3.4	0：标准单位
14	氟化物（以 F^- 计）	mg/L	N3.3	0：标准单位
15	硒	mg/L	N3.4	0：标准单位
16	砷	mg/L	N3.4	0：标准单位
17	汞	mg/L	N3.5	0：标准单位
18	镉	mg/L	N3.5	0：标准单位
19	铬	mg/L	N3.3	0：标准单位
20	六价铬	mg/L	N3.3	0：标准单位
21	铅	mg/L	N3.5	0：标准单位
22	氰化物	mg/L	N3.3	0：标准单位
23	挥发酚	mg/L	N3.4	0：标准单位
24	石油类	mg/L	N3.2	0：标准单位
25	阴离子表面活性剂	mg/L	N3.2	0：标准单位
26	硫化物	mg/L	N3.3	0：标准单位

续表

序号	中文名称	缺省计量单位（浓度）	缺省数据类型（数据修约）	单位编码
27	粪大肠菌群	个 /L	N9	0：标准单位
28	硫酸盐（以 SO_4^{2-} 计）	mg/L	N3.2	0：标准单位
29	氯化物（以 Cl 计）	mg/L	N3.2	0：标准单位
30	硝酸盐（以 N 计）	mg/L	N3.2	0：标准单位
31	铁	mg/L	N3.2	0：标准单位
32	锰	mg/L	N3.2	0：标准单位
33	三氯甲烷	mg/L	N3.4	0：标准单位
34	四氯化碳（四氯甲烷）	mg/L	N3.5	0：标准单位
35	三溴甲烷	mg/L	N3.3	0：标准单位
36	二氯甲烷	mg/L	N3.4	0：标准单位
37	1,2- 二氯乙烷	mg/L	N3.4	0：标准单位
38	环氧氯丙烷	mg/L	N3.2	0：标准单位
39	氯乙烯	mg/L	N3.3	0：标准单位
40	1,1- 二氯乙烯	mg/L	N3.6	0：标准单位
41	1,2- 二氯乙烯	mg/L	N3.6	0：标准单位
42	三氯乙烯	mg/L	N3.4	0：标准单位
43	四氯乙烯	mg/L	N3.4	0：标准单位
44	氯丁二烯	mg/L	N3.3	0：标准单位
45	六氯丁二烯	mg/L	N3.5	0：标准单位
46	苯乙烯	mg/L	N3.2	0：标准单位
47	甲醛	mg/L	N3.2	0：标准单位
48	乙醛	mg/L	N3.2	0：标准单位
49	丙烯醛	mg/L	N3.3	0：标准单位
50	三氯乙醛	mg/L	N3.3	0：标准单位
51	苯	mg/L	N3.5	0：标准单位
52	甲苯	mg/L	N3.3	0：标准单位
53	乙苯	mg/L	N3.3	0：标准单位
54	二甲苯①	mg/L	N3.3	0：标准单位
55	异丙苯	mg/L	N3.4	0：标准单位
56	氯苯	mg/L	N3.2	0：标准单位

续表

序号	中文名称	缺省计量单位（浓度）	缺省数据类型（数据修约）	单位编码
57	1,2- 二氯苯	mg/L	N3.3	0：标准单位
58	1,4- 二氯苯	mg/L	N3.3	0：标准单位
59	三氯苯②	mg/L	N3.5	0：标准单位
60	四氯苯③	mg/L	N3.5	0：标准单位
61	六氯苯	mg/L	N3.5	0：标准单位
62	硝基苯	mg/L	N3.4	0：标准单位
63	二硝基苯④	mg/L	N3.1	0：标准单位
64	2,4- 二硝基甲苯	mg/L	N3.4	0：标准单位
65	2,4,6- 三硝基甲苯	mg/L	N3.1	0：标准单位
66	硝基氯苯⑤	mg/L	N3.4	0：标准单位
67	2,4- 二硝基氯苯	mg/L	N3.1	0：标准单位
68	2,4- 二氯苯酚	mg/L	N3.4	0：标准单位
69	2,4,6- 三氯苯酚	mg/L	N3.5	0：标准单位
70	五氯酚	mg/L	N3.6	0：标准单位
71	苯胺	mg/L	N3.3	0：标准单位
72	联苯胺	mg/L	N3.4	0：标准单位
73	丙烯酰胺	mg/L	N3.5	0：标准单位
74	丙烯腈	mg/L	N3.2	0：标准单位
75	邻苯二甲酸二丁酯	mg/L	N3.4	0：标准单位
76	邻苯二甲酸二（2- 乙基已基）酯	mg/L	N3.4	0：标准单位
77	水合肼	mg/L	N3.3	0：标准单位
78	四乙基铅	mg/L	N3.4	0：标准单位
79	吡啶	mg/L	N3.3	0：标准单位
80	松节油	mg/L	N3.2	0：标准单位
81	苦味酸	mg/L	N3.3	0：标准单位
82	丁基黄原酸	mg/L	N3.3	0：标准单位
83	活性氯	mg/L	N3.3	0：标准单位
84	滴滴涕	mg/L	N3.4	0：标准单位
85	林丹	mg/L	N3.6	0：标准单位

续表

序号	中文名称	缺省计量单位（浓度）	缺省数据类型（数据修约）	单位编码
86	环氧七氯	mg/L	N3.6	0：标准单位
87	对硫磷	mg/L	N3.5	0：标准单位
88	甲基对硫磷	mg/L	N3.5	0：标准单位
89	马拉硫磷	mg/L	N3.5	0：标准单位
90	乐果	mg/L	N3.5	0：标准单位
91	敌敌畏	mg/L	N3.5	0：标准单位
92	敌百虫	mg/L	N3.6	0：标准单位
93	内吸磷	mg/L	N3.4	0：标准单位
94	百菌清	mg/L	N3.4	0：标准单位
95	甲萘威	mg/L	N3.2	0：标准单位
96	溴氰菊酯	mg/L	N3.4	0：标准单位
97	阿特拉津	mg/L		0：标准单位
98	苯并［*a*］芘	mg/L	N3.6	0：标准单位
99	甲基汞	mg/L	N3.8	0：标准单位
100	多氯联苯⑥	mg/L		0：标准单位
101	微囊藻毒素 -LR	mg/L	N3.5	0：标准单位
101	黄磷	mg/L	N3.4	0：标准单位
102	钼	mg/L	N3.5	0：标准单位
103	钴	mg/L	N3.5	0：标准单位
104	铍	mg/L	N3.5	0：标准单位
105	硼	mg/L	N3.2	0：标准单位
106	锑	mg/L	N3.5	0：标准单位
107	镍	mg/L	N3.5	0：标准单位
108	钡	mg/L	N3.5	0：标准单位
109	钒	mg/L	N3.5	0：标准单位
110	钛	mg/L	N3.4	0：标准单位
111	铊	mg/L	N3.6	0：标准单位
112	总有机碳（TOC）	mg/L	N3.2	0：标准单位
113	蓝绿藻	mg/L	N3.2	0：标准单位
114	叶绿素 a	ug/L	N9	0：标准单位

续表

序号	中文名称	缺省计量单位（浓度）	缺省数据类型（数据修约）	单位编码
115	藻密度	万个 /L	N9	0：标准单位
116	总大肠菌群	个 /L	N9	0：标准单位
117	耐热大肠菌群	个 /L	N9	0：标准单位
118	细菌总数	个 /L	N9	0：标准单位
119	大肠埃希氏菌	个 /L	N9	0：标准单位
120	溶解性总固体	mg/L	N4	0：标准单位
121	亚硝酸盐	mg/L	N2.3	0：标准单位
122	（正）磷酸盐	mg/L	N3.3	0：标准单位
123	综合生物毒性（发光菌）	%	N3.3	0：标准单位
124	综合生物毒性（鱼法）	%	N3.3	0：标准单位
125	对、间二甲苯	mg/L	N3.3	0：标准单位

注：①二甲苯：指对二甲苯、间二甲苯、邻二甲苯。
②三氯苯：指 1,2,3- 三氯苯、1,2,4- 三氯苯、1,3,5- 三氯苯。
③四氯苯：指 1,2,3,4- 四氯苯、1,2,3,5- 四氯苯、1,2,4,5- 四氯苯。
④二硝基苯：指对 - 二硝基苯、间 - 二硝基苯、邻 - 二硝基苯。
⑤硝基氯苯：指对 - 硝基氯苯、间 - 硝基氯苯、邻 - 硝基氯苯。
⑥多氯联苯：指 PCB-1016、PCB-1221、PCB-1232、PCB-1242、PCB-1248、PCB-1254、PCB-1260。

表 B-2　数据标记

标识	标识定义	说明	适用范围
N	正常	测量数据正常有效	通用
T	超上限	监测浓度超仪器测量上限	通用
L	超下限	监测浓度超仪器下限或小于检出限	通用
D	仪器故障	仪器故障	通用
F	仪器通信故障	仪器数据采集失败	通用
M	维护调试数据	在线监控（监测）仪器仪表处于维护（调试）期间产生的数据	通用
lr	缺试剂		通用
lp	缺纯水		通用
lw	缺水样		通用
ls	缺标样		通用

表 B-3 单位编码

编码	单位
0	μg/L
1	mg/L
2	ppm
3	mg/m^3
4	cm
5	ppb
6	$μg/m^3$
7	%
8	nmol/mol
9	μmol/mol
10	个 /L
11	MPN/100ml
12	ng/m^3
13	NTU
14	无量纲
15	ms/cm
16	μs/cm
17	℃
18	g/L
19	mmol/L
20	$μgC/m^3$

附件 3

地表水自动监测系统通信协议技术要求

（试行）

中国环境监测总站

2019 年 12 月

前 言

为贯彻《中华人民共和国环境保护法》和《中华人民共和国水污染防治法》，保护环境，保障人体健康，加强环境管理，规范和指导地表水水质自动监测站数据采集端与上位机之间的数据传输，制定本技术要求。

本技术要求明确了地表水水质自动监测站与数据监测运维管理平台之间的数据传输通信方式及通信过程，制定了远程平台和现场端交互通信的技术实现方式，定义和规范了相关的名词定义及信息编码，适用于固定式，简易式，小型式，水站固定平台和浮船式等地表水自动监测站现场和对应的数据监测运维管理平台数据交互及远程控制的通信要求。

本技术要求由中国环境监测总站组织制订。

本技术要求主要起草人：李东一、姚志鹏、刘允、陈亚男、杨凯、蒙良庆、罗忠福、薛孙富、李旭冉。

本技术要求由中国环境监测总站解释。

地表水自动监测系统通信协议技术要求（试行）

1　适用范围

本技术要求适用于地表水水质自动监测站数据采集端与上位机之间的数据传输，规定了传输的过程及数据命令的格式，给出了代码定义，本技术要求允许扩展，但扩展内容时不得与本技术要求中所使用或保留的控制命令相冲突。

2　技术要求引用文件

本技术要求内容引用了下列文件中的条款。凡是未注明日期的引用文件，其有效版本适用于本技术要求。

HJ 212—2017　污染物在线监控（监测）系统数据传输标准

GB/T 19582—2008　基于 Modbus 协议的工业自动化网络规范

HJ 525—2009　水污染物名称代码

3　术语和定义

下列术语和定义适用于本技术要求。

3.1　在线监测仪器

是安装在地表水自动测站现场，用于监测地表水环境质量并完成与现场机通信传输的设备，包括水质分析仪、流量（速）计等。

3.2　地表水水质自动监测站

指完成地表水水质自动监测的现场部分，一般由站房、采配水、控制、检测、数据传输等全部或者数个单元组成，简称水站。

3.3　数据采集传输仪

采集各种类型监控仪器仪表的数据、完成数据存储及与上位机数据传输通信功能的单片机、工控机、嵌入式计算机、可编程自动化控制器（PLC）或可编程控制器等，以下简称数采仪或基站。

3.4 现场机

安装于水质自动监测站点的在线监测仪器和数采仪统称为现场机。

3.5 上位机

是安装在各级环保部门、通过传输网络与数采仪连接并对其发出查询和控制等指令的数据接收和数据处理系统，包括计算机及计算机软件等，本技术要求简称上位机。

3.6 地表水水质自动监测系统

由地表水水质自动监测站和地表水水质自动监测平台组成称为自动监测系统。

4 系统结构

4.1 结构说明

地表水在线监测系统从底层逐级向上可分为现场机、传输网络和上位机（平台）三个层次。上位机通过传输网络与现场机）进行通信（包括发起、数据交换、应答等）。

4.2 地表水在线监测系统构成方式

现场有一套或多套监控仪器，监控仪器仪表具有数字输出接口，连接到独立的数据采集传输仪，上位机通过传输网络与现场机进行通信（包括发起、数据交换、应答等），如图 1 所示。

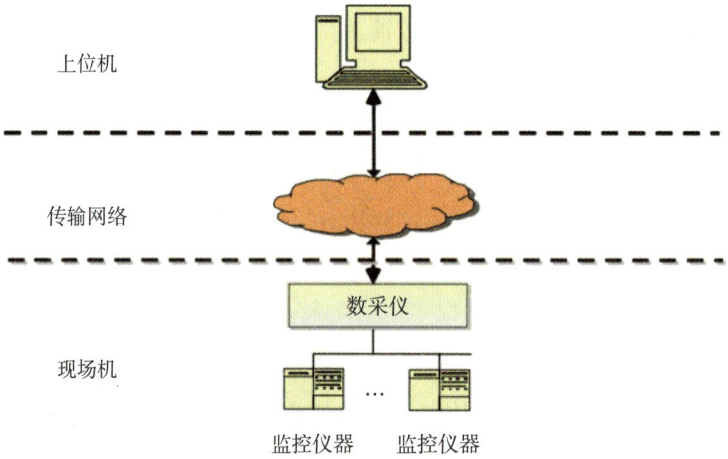

图 1 监测系统构成方式

5　协议层次

现场机与上位机之间基于计算机网络传输数据，具体的组网方式不作限制。

本技术要求规定的数据传输协议应用于 TCP/IP 的应用层，即现场机与上位机之间进行通信时，交换消息的内容和规范，在 TCP/IP 传输层，规定使用 TCP 协议。

6　协议内容

6.1　应答模式

完整的命令由请求方发起、响应方应答组成，具体步骤如下：

①请求方发送请求命令给响应方；

②响应方接到请求后，向请求方发送请求应答（握手完成）；

③请求方收到请求应答后，等待响应方回应执行结果；如果请求方未收到请求应答，按请求回应超时处理；

④响应方执行请求操作；

⑤响应方发送执行结果给请求方；

⑥请求方收到执行结果，命令完成；如果请求方没有接收到执行结果，按执行超时处理。

6.2　超时重发机制

6.2.1　请求回应的超时

一个请求命令发出后在规定的时间内未收到回应，视为超时；

超时后重发，重发超过规定次数后仍未收到回应视为通信不可用，通信结束；

超时时间根据具体的通信方式和任务性质可自定义；

超时重发次数根据具体的通信方式和任务性质可自定义。

6.2.2　执行超时

请求方在收到请求回应（或一个分包）后规定时间内未收到返回数据或命令执行结果，认为超时，命令执行失败，请求操作结束。

缺省超时及重发次数定义（可扩展）如表 1 所示。

表 1 缺省超时及重发次数定义

通信类型	缺省超时定义 /s	重发次数
GPRS	10	3
CDMA	10	3
ADSL	5	3
WCDMA	10	3
TD-SCDMA	10	3
CDMA2000	10	3
PLC	10	3
TD-LTE	10	3
FDD-LTE	10	3
WIMAX	10	3

6.3 通信协议数据结构

所有的通信包都是由 ASCII 码（汉字除外，采用 GB2312 码，8 位，1 字节）字符组成。通信协议数据结构如图 2 所示。

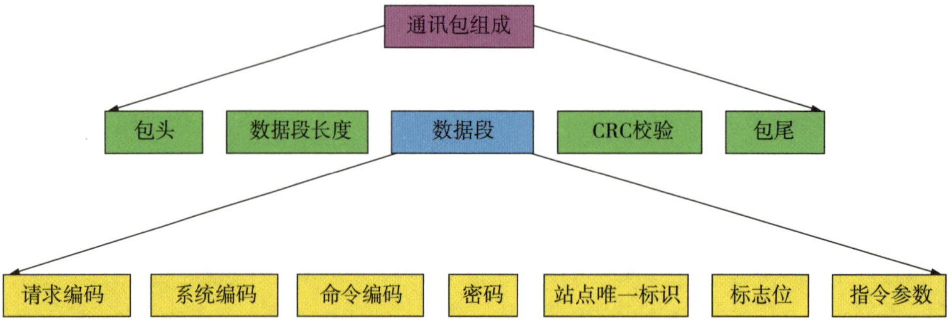

图 2 通信协议数据结构

通信包结构见表 2，所有的通信包都是由 ACSII 码字符组成，标点符号为英文半角，且通信包中不含空格。其中每部分具体组成见表 3，其中长度为最大长度，不足位数按实际位数。

表 2 通信包结构

包头	数据段长度	数据段（见 6.5）	CRC 校验	包尾

6.4　通信包

通信包结构组成，见表 3。

表 3　通信包结构组成

名称	类型	长度	描述
包头	字符	2	固定为 ##
数据段长度	十进制整数	4	数据段的 ASCⅡ 字符数，如：长 255，则写为 “0255”
数据段	字符	0<n<1024	变长的数据，详见 6.5 章节的表 4 “数据段结构组成表”
CRC 校验	十六进制整数	4	数据段的校验结果
包尾	字符	2	固定为 <CR> <LF>（回车，换行）

6.5　数据段结构组成

数据段结构组成见表 4，其中长度为最大长度，不足位数按实际位数。

表 4　数据段结构组成

<table>
<tr><th>名称</th><th>类型</th><th>长度</th><th>描述</th></tr>
<tr><td>请求编码 QN</td><td>字符</td><td>20</td><td>精确到毫秒的时间戳：QN=YYYYMMDDhhmmsszzz，用来唯一标识一次命令交互</td></tr>
<tr><td>系统编码 ST</td><td>字符</td><td>5</td><td>地表水 ST=21 系统编码，系统编码取值详见 “系统编码表”</td></tr>
<tr><td>命令编码 CN</td><td>字符</td><td>7</td><td>CN= 命令编码，详见 “命令编码表”</td></tr>
<tr><td>访问密码 PW</td><td>字符</td><td>9</td><td>PW= 访问密码</td></tr>
<tr><td>站点唯一标识 MN</td><td>字符</td><td>13</td><td>MN= 地表水用于站点编码唯一标识</td></tr>
<tr><td>应答标志 Flag</td><td>整数</td><td>3</td><td>Flag= 标志位，这个标志位包含标准版本号、是否拆分包、数据是否应答。<table><tr><td>V5</td><td>V4</td><td>V3</td><td>V2</td><td>V1</td><td>V0</td><td>D</td><td>A</td></tr></table>V5 ～ V0：标准版本号；Bit：000000 表示标准 HJ/T 212—2005，000001 表示标准 HJ/T 212—2017，000010 表示本次标准修订版本号。
A：命令是否应答；Bit：1—应答，0—不应答。
D：是否有数据包序号；Bit：1—数据包中包含包号和总包数两部分，0—数据包中不包含包号和总包数两部分。
示例：Flag=8 表示标准版本为本次修订版本号，数据段不需要拆分并且命令不需要应答</td></tr>
</table>

续表

名称	类型	长度	描述
总包数 PNUM	字符	9	PNUM 指示本次通信中总共包含的包数 注：不分包时可以没有本字段，与标志位有关
包号 PNO	字符	8	PNO 指示当前数据包的包号 注：不分包时可以没有本字段，与标志位有关
指令参数 CP	字符	—	CP=&& 数据区 &&，数据区定义见 6.6 章节

6.6 数据区

6.6.1 数据区结构定义

字段与其值用“=”连接；在数据区中，同一项目的不同分类值间用“,”来分隔，不同项目之间用“；”来分隔。

6.6.2 数据区数据类型

C4：表示最多 4 位的字符型字符串，不足 4 位按实际位数；

N5：表示最多 5 位的数字型字符串，不足 5 位按实际位数；

N14.2：用可变长字符串形式表达的数字型，表示 14 位整数和 2 位小数，带小数点，带符号，最大长度为 18；

YYYY：日期年，如 2016 表示 2016 年；

MM：日期月，如 09 表示 9 月；

DD：日期日，如 23 表示 23 日；

hh：时间小时；

mm：时间分钟；

ss：时间秒；

zzz：时间毫秒。

6.6.3 数据区字段定义

字段名要区分大小写，单词的首个字符为大写，其他部分为小写。

字段名	描述	字符集	宽度	取值及描述
SystemTime	系统时间	0～9	N14	YYYYMMDDhhmmss
ExeRtn	执行结果回应代码	0～9	N3	取值详见 6.6.5 章节“执行结果定义表”

续表

字段名	描述	字符集	宽度	取值及描述
QnRtn	请求应答结果	0～9	N3	取值详见 6.6.4 章节“请求命令返回表”
DataTime	监测时间	0～9	N14	YYYYMMDDhhmmss
xxx-Rtd	监测值	0～9	—	“xxx”是监测指标编码，污染监测因子编码取值详见附录 A
xxx-Avg	小时数据监测值	0～9	—	“xxx”是监测指标编码，污染监测因子编码取值详见附录 A
xxx-Flag	监测数据标识	A～Z/0～9	C1	参见 6.6.6 章节“数据标记表”
xxx-WaterTime	水样测试时间	0～9	N3.2	加标回收：加标前水样测试数据时间 平行样测试：第 1 次测量数据时间
xxx-Water	水样值	0-9	N3.2	加标回收：加标前水样测试值，单位为 mg/L 平行样测试：第 1 次水样测试值，单位为 mg/L
xxx-StandardValue	标样标准浓度	0～9	N3.2	
xxx-SpanValue	仪器跨度值	0～9	N3.2	
xxx-Volume	加标体积	0～9	N14	
xxx-DVolume	加标水杯定容体积	0～9	N14	
BeginTime	开始时间	0～9	N14	YYYYMMDDhhmmss
EndTime	截止时间	0～9	N14	YYYYMMDDhhmmss
Time	流程时间	0～9	N4	单位为 s
PolId	监测因子编码	0～9/a～z/A～Z	C6	
NewPW	新密码	0～9/a～z/A～Z	C6	
RunMode	系统运行模式	0～9	N1	0：维护模式；1：常规（间歇）模式；2：应急（连续）模式；3：质控模式
SystemTask	系统当前任务	0～9	N2	0：停机；1：待机；2：调试（手动）；3：水样采集；4：沉砂；5：进样；6：仪表测试分析；7：反吹；8：清洗；9：除藻

续表

字段名	描述	字符集	宽度	取值及描述
VaseNo	留样瓶编号	0～9	N2	取值范围为 $0<n\leqslant 99$
RtdInterval	实时数据间隔	0～9	N4	单位为 min
RunInterval	测试间隔	0～9	N4	单位为 h，取值 $0<n\leqslant 24$
Overtime	超时时间	0～9	N4	单位为 s，默认为 10s
ReCount	重发次数	0～9	N1	默认为 3 次
xxx-Info	现场端信息	—	—	“xxx”是现场端信息编码，详见附录 A
InfoId	现场端信息编码	0～9/a～z	C6	取值见附录 A

6.6.4 请求命令返回表

编号	描述	备注
1	准备执行请求	
2	请求被拒绝	
3	PW 错误	
4	MN 错误	
5	ST 错误	
6	Flag 错误	
7	QN 错误	
8	CN 错误	
9	系统繁忙不能执行	
100	未知错误	

6.6.5 执行结果定义表

编号	描述	备注
1	执行成功	
2	执行失败，但不知道原因	
3	命令请求条件错误	
4	通信超时	

续表

编号	描述	备注
5	系统繁忙不能执行	
6	系统故障	
100	没有数据	

6.6.6　数据标记表

标识	标识定义	说 明
N	正常	测量数据正常有效
T	超上限	监测浓度超仪器测量上限
L	超下限	监测浓度超仪器下限或小于检出限
P	电源故障	系统电源故障，可由是否为 UPS 来供电进行判断
D	仪器故障	仪器故障
B	仪器离线	仪器离线（数据通信正常）
Z	取水点无水样	取水点没有水样或采水泵未正常上水
S	手工输入数据	现场软件手工输入的补测值（补测数据）
M	维护调试数据	在线监控（监测）仪器仪表处于维护（调试）期间产生的数据
hd	现场启动测试	现场人员通过基站监测系统以手工即时执行的方式发出的命令，并让仪器自动完成操作，包括水样测试、标样核查测试、加标回收测试、零点核查、跨度核查等

6.6.7　命令编码

命令名称	命令编码		命令类型	描述
	上位机向现场端	现场端向上位机		
参数命令				
心跳包命令		9015	上传命令	用于判断网络连接在线状态
设置超时时间及重发次数	1000		请求命令	用于上位机设置现场机的超时时间及重发次数，超时时间及重发次数参考取值参见示例表 1
提取现场机时间	1011		请求命令	用于提取现场机的系统时间
上传现场机时间		1011		用于上传现场机时间
设置现场机时间	1012		请求命令	用于设置现场机的系统时间

续表

命令名称	命令编码		命令类型	描述
	上位机向现场端	现场端向上位机		
提取实时数据间隔	1061			提取实时数据间隔
上传实时数据间隔		1061		上传实时数据间隔
设置实时数据间隔	1062			指定实时数据间隔
设置数采仪密码	1072		请求命令	用于设置数采仪基站软件的密码
预留参数命令				预留命令范围 1074～1999
数据命令				
取监测指标实时数据	2011		请求命令	用于启动数采仪上传实时数据
上传监测指标实时数据		2011	上传命令	用于数采仪上传监测指标实时数据
提取测量数据	2061		请求命令	用于上位机提取数采仪的地表水小时历史数据
上传测量数据		2061	上传命令	用于上传数采仪地表水小时历史数据
提取核查数据	2062		请求命令	用于上位机提取数采仪质控核查数据
上传核查数据		2062	上传命令	用于上传数采仪质控核查数据
提取加标回收数据	2063		请求命令	用于上位机提取数采仪质控加标回收测试数据
上传加标回收数据		2063	上传命令	用于上传数采仪质控加标回收测试数据
提取平行样测试数据	2064		请求命令	用于上位机提取数采仪质控平行样测试数据
上传平行样测试数据		2064	上传命令	用于上传数采仪质控平行样测试数据
提取零点核查数据	2065		请求命令	用于上位机提取数采仪质控零点核查数据
上传零点核查数据		2065	上传命令	用于上传数采仪质控零点核查数据
提取跨度核查数据	2066		请求命令	用于上位机提取数采仪质控跨度核查数据

续表

命令名称	命令编码		命令类型	描述
	上位机向现场端	现场端向上位机		
上传跨度核查数据		2066	上传命令	用于上传数采仪质控跨度核查数据
上传数采仪开机时间		2081	上传命令	用于数采仪自动上报数采仪开机时间
预留数据命令				预留命令范围 2082～2999
控制命令				
手动远程留样	3015		请求命令	用于上位机启动即时留样
上传仪表信息（日志）		3020	上传命令	
提取仪表信息（日志）	3020		请求命令	
上传仪表信息（状态）		3020	上传命令	
提取仪表信息（状态）	3020		请求命令	
上传仪表信息（参数）		3020	上传命令	
提取仪表信息（参数）	3020		请求命令	
设置仪表信息（参数）	3021	3021	请求命令	
提取现场系统信息	3040		请求命令	
提取现场经纬度及环境信息	3041	3041	请求命令	
远程切换运行模式	3042		请求命令	0：维护模式； 1：常规（间歇）模式； 2：应急（连续）模式； 3：质控模式
远程重启现场数采仪	3043		请求命令	

续表

命令名称	命令编码		命令类型	描述
	上位机向现场端	现场端向上位机		
远程启动系统单次测试	3044		请求命令	用于上位机启动即时采样测试
启动单台仪表标液核查	3080		请求命令	
启动单台仪表加标回收	3081		请求命令	
启动单台仪表平行样测试	3082		请求命令	
启动单台仪表零点核查	3083		请求命令	
启动单台仪表跨度核查	3084		请求命令	
启动空白校准	3085		请求命令	仪器采用蒸馏水测试结果对仪器进行校准的过程
启动标样校准	3086		请求命令	仪器采用标准溶液测试结果对仪器校准系数或工作曲线方程进行校准的过程
预留数据命令				预留命令范围 3090～3999
交互命令				
请求应答		9011		用于数采仪回应接收上位机请求命令是否有效
执行结果		9012		用于数采仪回应接收上位机请求命令执行结果
通知应答	9013	9013		回应通知命令
数据应答	9014	9014		数据应答命令
预留交互命令				预留命令范围 9015～9999

6.7 数据类型及上传时间间隔

序号	通信命令名称	通信命令代码	上传时间间隔
1	监测指标实时数据	2011	按设置的间隔
2	监测指标五参数小时数据	2061	1 h

续表

序号	通信命令名称	通信命令代码	上传时间间隔
3	监测指标其他参数数据	2061	4 h
4	监测指标核查数据	2062	事件触发
5	监测指标加标回收数据	2063	事件触发
6	监测指标平行样数据	2064	事件触发
7	监测指标零点核查数据	2065	事件触发
8	监测指标跨度核查数据	2066	事件触发
9	数采仪开机时间	2081	每次启动上传
10	留样信息	3015	事件触发
11	仪器 / 数采仪信息（日志）	3020	事件触发
12	仪器 / 数采仪信息（状态）	3020	按心跳包间隔（5 min）
13	仪器信息（参数）	3020	4 h

附录 A
（规范性附录）

1 常用监测指标编码表

表 A-1 水监测指标编码（可扩展）

所扩展的因子编码应符合 HJ 525—2009 标准要求；数据修约仅为平台软件显示各监测指标小数点位数提供参考依据。

序号	编码	中文名称	缺省计量单位（浓度）	缺省数据类型（数据修约）
1	w01010	水温	℃	N3.1
2	w01001	pH	无量纲	N3.2
3	w01009	溶解氧	mg/L	N3.2
4	w01003	浑浊度	NTU	N3.2
5	w01014	电导率	μS/cm	N3.2
6	w01019	高锰酸盐指数	mg/L	N3.1
7	w01018	化学需氧量（COD）	mg/L	N3
8	w01017	五日生化需氧量（BOD_5）	mg/L	N3.1
9	w21003	氨氮（NH_3-N）	mg/L	N3.2
10	w21011	总磷（以 P 计）	mg/L	N3.2
11	w21001	总氮（湖、库以 N 计）	mg/L	N3.2
12	w20122	铜	mg/L	N3.5
13	w20123	锌	mg/L	N3.4
14	w21017	氟化物（以 F^- 计）	mg/L	N3.3
15	w20128	硒	mg/L	N3.4
16	w20141	砷	mg/L	N3.4
17	w20111	汞	mg/L	N3.5
18	w20115	镉	mg/L	N3.5
19	w20116	铬	mg/L	N3.3
20	w20117	六价铬	mg/L	N3.3
21	w20120	铅	mg/L	N3.5

续表

序号	编码	中文名称	缺省计量单位（浓度）	缺省数据类型（数据修约）
22	w21016	氰化物	mg/L	N3.3
23	w23002	挥发酚	mg/L	N3.4
24	w22001	石油类	mg/L	N3.2
25	w19002	阴离子表面活性剂	mg/L	N3.2
26	w21019	硫化物	mg/L	N3.3
27	w02003	粪大肠菌群	个 /L	N9
28	w21038	硫酸盐（以 SO_4^{2-} 计）	mg/L	N3.2
29	w21022	氯化物（以 Cl 计）	mg/L	N3.2
30	w21007	硝酸盐（以 N 计）	mg/L	N3.2
31	w20125	铁	mg/L	N3.2
32	w20124	锰	mg/L	N3.2
33	w24004	三氯甲烷	mg/L	N3.4
34	w24005	四氯化碳（四氯甲烷）	mg/L	N3.5
35	w24009	三溴甲烷	mg/L	N3.3
36	w24003	二氯甲烷	mg/L	N3.4
37	w24017	1,2- 二氯乙烷	mg/L	N3.4
38	w24024	环氧氯丙烷	mg/L	N3.2
39	w24046	氯乙烯	mg/L	N3.3
40	w24047	1,1- 二氯乙烯	mg/L	N3.6
41	w24048	1,2- 二氯乙烯	mg/L	N3.6
42	w24049	三氯乙烯	mg/L	N3.4
43	w24050	四氯乙烯	mg/L	N3.4
44	w24062	氯丁二烯	mg/L	N3.3
45	w24064	六氯丁二烯	mg/L	N3.5
46	w25038	苯乙烯	mg/L	N3.2
47	w31001	甲醛	mg/L	N3.2
48	w31002	乙醛	mg/L	N3.2
49	w31004	丙烯醛	mg/L	N3.3
50	w31003	三氯乙醛	mg/L	N3.3
51	w25002	苯	mg/L	N3.5

续表

序号	编码	中文名称	缺省计量单位（浓度）	缺省数据类型（数据修约）
52	w25003	甲苯	mg/L	N3.3
53	w25004	乙苯	mg/L	N3.3
54	w25005	二甲苯①	mg/L	N3.3
55	w25034	异丙苯	mg/L	N3.4
56	w25010	氯苯	mg/L	N3.2
57	w25011	1,2- 二氯苯	mg/L	N3.3
58	w25013	1,4- 二氯苯	mg/L	N3.3
59	w25014	三氯苯②	mg/L	N3.5
60	w25016	四氯苯③	mg/L	N3.5
61	w25019	六氯苯	mg/L	N3.5
62	w25023	硝基苯	mg/L	N3.4
63	w25027	二硝基苯④	mg/L	N3.1
64	w25030	2,4- 二硝基甲苯	mg/L	N3.4
65	w25032	2,4,6- 三硝基甲苯	mg/L	N3.1
66	w25020	硝基氯苯⑤	mg/L	N3.4
67	w25022	2,4- 二硝基氯苯	mg/L	N3.1
68	w23020	2,4- 二氯苯酚	mg/L	N3.4
69	w23022	2,4,6- 三氯苯酚	mg/L	N3.5
70	w23025	五氯酚	mg/L	N3.6
71	w26001	苯胺	mg/L	N3.3
72	w26002	联苯胺	mg/L	N3.4
73	w26048	丙烯酰胺	mg/L	N3.5
74	w99010	丙烯腈	mg/L	N3.2
75	w29002	邻苯二甲酸二丁酯	mg/L	N3.4
76	w29004	邻苯二甲酸二（2- 乙基己基）酯	mg/L	N3.4
77	w21009	水合肼	mg/L	N3.3
78	w20047	四乙基铅	mg/L	N3.4
79	w25052	吡啶	mg/L	N3.3
80	w22007	松节油	mg/L	N3.2
81	w23036	苦味酸	mg/L	N3.3

续表

序号	编码	中文名称	缺省计量单位（浓度）	缺省数据类型（数据修约）
82	w32003	丁基黄原酸	mg/L	N3.3
83	w21023	活性氯	mg/L	N3.3
84	w33007	滴滴涕	mg/L	N3.4
85	w33005	林丹	mg/L	N3.6
86	w99003	环氧七氯	mg/L	N3.6
87	w33020	对硫磷	mg/L	N3.5
88	w33021	甲基对硫磷	mg/L	N3.5
89	w33022	马拉硫磷	mg/L	N3.5
90	w33019	乐果	mg/L	N3.5
91	w33010	敌敌畏	mg/L	N3.5
92	w33011	敌百虫	mg/L	N3.6
93	w33025	内吸磷	mg/L	N3.4
94	w33012	百菌清	mg/L	N3.4
95	w33047	甲萘威	mg/L	N3.2
96	w33052	溴氰菊酯	mg/L	N3.4
97	w33029	阿特拉津	mg/L	
98	w25043	苯并［*a*］芘	mg/L	N3.6
99	w20136	甲基汞	mg/L	N3.8
100	w27001	多氯联苯⑥	mg/L	
101	w99004	微囊藻毒素 -LR	mg/L	N3.5
101	w21013	黄磷	mg/L	N3.4
102	w20061	钼	mg/L	N3.5
103	w20038	钴	mg/L	N3.5
104	w20127	铍	mg/L	N3.5
105	w20023	硼	mg/L	N3.2
106	w20004	锑	mg/L	N3.5
107	w20121	镍	mg/L	N3.5
108	w20012	钡	mg/L	N3.5
109	w20101	钒	mg/L	N3.5
110	w20095	钛	mg/L	N3.4

续表

序号	编码	中文名称	缺省计量单位（浓度）	缺省数据类型（数据修约）
111	w20089	铊	mg/L	N3.6
112	w01020	总有机碳（TOC）	mg/L	N3.2
113	w01022	蓝绿藻	mg/L	N3.2
114	w01016	叶绿素 a	μg/L	N9
115	w19011	藻密度	cells/ml	N9
116	w02004	总大肠菌群	个 /L	N9
117	w02005	耐热大肠菌群	个 /L	N9
118	w02006	细菌总数	个 /L	N9
119	w02007	大肠埃希氏菌	个 /L	N9
120	w01006	溶解性总固体	mg/L	N4
121	w21006	亚硝酸盐	mg/L	N2.3
122	w21015	（正）磷酸盐	mg/L	N3.3
123	w01023	综合生物毒性（发光菌）	%	N3.3
124	w01024	综合生物毒性（鱼法）	%	N3.3
125	w25073	对、间二甲苯	mg/L	N3.3

注：①二甲苯：指对二甲苯、间二甲苯、邻二甲苯。
②三氯苯：指 1,2,3- 三氯苯、1,2,4- 三氯苯、1,3,5- 三氯苯。
③四氯苯：指 1,2,3,4- 四氯苯、1,2,3,5- 四氯苯、1,2,4,5- 四氯苯。
④二硝基苯：指对 - 二硝基苯、间 - 二硝基苯、邻 - 二硝基苯。
⑤硝基氯苯：指对 - 硝基氯苯、间 - 硝基氯苯、邻 - 硝基氯苯。
⑥多氯联苯：指 PCB-1016、PCB-1221、PCB-1232、PCB-1242、PCB-1248、PCB-1254、PCB-1260。

表 A-2　环境监测指标编码（可扩展）

编码	中文名称	缺省计量单位（浓度）	缺省数据类型
e01001	温度	℃	N3.2
e01002	湿度	%	N3.2
e01003	电压（市电）	V	N3.2
e01004	电压（系统）	V	N3.2
e01005	水压 1（源水压）	P	N3.3
e01006	水压 2（出口）	P	N3.3
e01007	水压 3	P	N3.3
e01008	水压 4	P	N3.3
e01101	经度	度	—

续表

编码	中文名称	缺省计量单位（浓度）	缺省数据类型
e01102	纬度	度	—
e01201	水位	m	N3.2
e01202	流速	m/s	N3.2
e01203	瞬时流量	m^3/s	N6.2
e01204	累积流量	m^3	N6.2
e01301	风速	m/s	N3.2
e01302	风向	方位	N3.2
e01303	降水量	mm	N3.2
e01401	里程	km	N6.1

表 A-3　现场端设备分类编码

序号	类别	代码
1	在线监控（监测）仪器仪表	1
2	数据采集传输仪	2
3	辅助设备	3
4	预留扩展	4～5

表 A-4　现场端信息分类编码

序号	类别	代码
1	日志	1
2	状态	2
3	参数	3
4	预留扩展	4～5

2　现场端信息编码表

表 A-5　现场端信息编码（可扩展）

序号	编码	中文名称	缺省计量单位	缺省数据类型	描述
在线监控（监测）仪器仪表（日志）					
1	i11001	运行日志	—	C890	日志信息在“//”之间，使用 GB 2312 编码

续表

序号	编码	中文名称	缺省计量单位	缺省数据类型	描述
在线监控（监测）仪器仪表（状态）					
1	i12001	工作状态	无量纲	N2	空闲（0）、水样测试（1）、标液核查（2）、零点核查（3）、跨度核查（4）、空白测试（5）、平行样测试（6）、加标回收（7）、空白校准（8）、标样校准（9）、初始化（10）、停止测试（11）
2	i12002	分析仪与数采仪通信状态	无量纲	N1	正常（0）、异常（1）
3	i12003	反应试剂余量	%		百分比数值，最少试剂余量值
4	i12031	分析仪报警状态	无量纲	N2	无告警（0）、缺试剂告警（1）、缺水样告警（2）、缺蒸馏水告警（3）、缺标液告警（4）、仪表漏液告警（5）、标定异常告警（6）、超量程告警（7）、加热异常（8）、低试剂预警（9）、超上限告警（10）、超下限告警（11）、仪表内部其它异常（12）、滴定异常告警（13）、电极异常告警（14）、量程切换告警（15）、参数设置告警（16）、PH电极电位异常（17）、电导率电极异常（18）、浊度光度异常（19）、溶解氧电极异常（20）、溶解氧光强异常（21）
在线监控（监测）仪器仪表（参数）					
1	i13001	测量量程	—	—	单位、数据类型根据实际自定义，氨氮、总磷、化学需氧量均用
2	i13002	测量精度	—	—	单位、数据类型根据实际自定义，氨氮、总磷、化学需氧量均用，测量小数位
3	i13003	测量间隔	min	N4	氨氮、总磷、化学需氧量均用，水样测试时间周期
4	i13004	消解温度	℃	N3.1	
5	i13005	消解时长	min	N2	
6	i13006	空白校准时间	年月日时分秒	YYYYMMDDHHMMSS	最近一次空白校准时间

续表

序号	编码	中文名称	缺省计量单位	缺省数据类型	描述
7	i13007	曲线截距	—	—	单位、数据类型根据实际自定义
8	i13008	曲线斜率	—	—	单位、数据类型根据实际自定义
9	i13009	测量检出限	—	—	单位、数据类型根据实际自定义
10	i13010	测量信号值			测量电压值、电流值、滴定值、吸光度或者保留时间
11	i13011	线性相关系数（R^2）			
12	i13012	二次多项式系数			
13	i13013	标准样校准时间	年月日时分秒	YYYY MMDD HHMMSS	最近一次标准样校准时间
14	i13014	稀释倍数			
15	i13015	三项式系数			
16	i13016	空白标定系数			
17	i13017	量程系数			
数据采集传输仪（日志）					
1	i21001	运行日志	—	C890	日志信息在“//”之间，使用GB2312编码
数据采集传输仪（状态）					
1	i22001	工作状态	无量纲	N1	运行（0）、停机（1）、故障（2）、维护（3）
2	i22002	用户状态	无量纲	N1	普通用户（0）、管理员（1）、维护人员（2）
3	i22003	数采仪与上位机通信状态	无量纲	N1	正常（0）、异常（1）

3 循环冗余校验（CRC）算法

CRC 校验（Cyclic Redundancy Check）是一种数据传输错误检查方法。本协议采用 ANSI CRC16，简称 CRC16。

CRC16 码由传输设备计算后加入到数据包中。接收设备重新计算接收数据包的 CRC16 码，并与接收到的 CRC16 码比较，如果两值不同，则有误。

CRC16 校验字节的生成步骤如下：

① CRC16 校验寄存器赋值为 0xFFFF；

②取被校验串的第一个字节赋值给临时寄存器；

③临时寄存器与 CRC16 校验寄存器的高位字节进行“异或”运算，赋值给 CRC16 校验寄存器；

④取 CRC16 校验寄存器最后一位赋值给检测寄存器；

⑤把 CRC16 校验寄存器右移一位；

⑥若检测寄存器值为 1，CRC16 校验寄存器与多项式 0xA001 进行“异或”运算，赋值给 CRC16 校验寄存器；

⑦重复步骤④～⑥，直至移出 8 位；

⑧取被校验串的下一个字节赋值给临时寄存器；

⑨重复步骤③～⑧，直至被校验串的所有字节均被校验；

⑩返回 CRC16 校验寄存器的值。

校验码按照先高字节后低字节的顺序存放。CRC 校验算法示例：

函数：CRC16_Checkout

描述：CRC16 循环冗余校验算法。

参数一：*puchMsg：需要校验的字符串指针

参数二：usDataLen：要校验的字符串长度

返回值：返回 CRC16 校验码

```
unsigned int CRC16_Checkout ( unsigned char *puchMsg, unsigned int usDataLen )
{
    unsigned int i, j, crc_reg, check;
    crc_reg = 0xFFFF;
```

```
    for（i=0;i<usDataLen;i++）{
        crc_reg =（crc_reg>>8）^ puchMsg[ i ];
        for（j=0;j<8;j++）{
            check = crc_reg & 0x0001;
            crc_reg >>= 1;
            if（check==0x0001）{
                crc_reg ^= 0xA001;
            }
        }
    }
    return crc_reg;
}
```

示例：

##0089QN=20160801085857223;ST=21;CN=1062;PW=123456;MN=A110000_0001;Flag=9;CP=&&RtdInterval=10&&3480\r\n，其中 3480 为 CRC16 校验码，是对数据段 QN=20160801085857223;ST=21;CN=1062;PW=123456;MN=A110000_0001;Flag=9;CP=&&RtdInterval=10&& 进行 CRC16 校验所得的校验码。

附录 B
（资料性附录）

1 通信命令示例和拆分包及应答机制示例

附录 B 示例中 QN=20160801085857223 表示在 2016 年 8 月 1 日 8 时 58 分 57 秒 223 毫秒触发一个命令请求，ST=21 表示系统类型为地表水质量监测，MN=A110000_0001 表示设备唯一标识，PW=123456 表示设备访问密码。

2 通信命令示例

表 B-1 心跳包命令（9015）

类别	项目		示例 / 说明
使用命令	现场机	发送心跳	QN=20160801085857223;ST=21;CN=9015;PW=123456;MN=A110000_0001;Flag=9;CP=&&&&
	上位机	返回数据应答	QN=20160801085857223;ST=91;CN=9014;PW=123456;MN=A110000_0001;CP=&&QnRtn=1&&
说明	1. 按 5 min 间隔报送到上位机 2. 心跳包 Flag=8，上位机则不应答		

表 B-2 设置超时时间及重发次数（1000）

类别	项目		示例 / 说明
使用命令	上位机	发送“设置超时时间及重发次数”	QN=20160801085857223;ST=21;CN=1000;PW=123456;MN=A110000_0001;Flag=9;CP=&&OverTime=5;ReCount=3&&
	数采仪	返回请求应答	QN=20160801085857223;ST=91;CN=9011;PW=123456;MN=A110000_0001;Flag=8;CP=&&QnRtn=1&&
	数采仪	返回执行结果	QN=20160801085857223;ST=91;CN=9012;PW=123456;MN=A110000_0001;Flag=8;CP=&&ExeRtn=1&&
使用字段	Overtime		超时时间，单位为 s
	ReCount		重发次数
	QnRtn		请求应答结果
	ExeRtn		请求执行结果

续表

类别	项目	示例 / 说明
执行过程	1. 上位机发送“设置超时时间及重发次数”请求命令，等待数采仪回应； 2. 数采仪接收“设置超时时间及重发次数”请求命令，回应“请求应答”； 3. 上位机接收“请求应答”，根据请求应答标志 QnRtn 的值决定是否等待数采仪执行结果； 4. 数采仪执行“设置超时时间及重发次数”请求命令，返回“执行结果”； 5. 上位机接收“执行结果”，根据执行结果标志 ExeRtn 的值判断请求是否完成，请求执行完毕	

表 B-3　提取现场机时间（1011）

类别	项目		示例 / 说明
使用命令	上位机	发送“提取现场机时间”	QN=20160801085857223;ST=21;CN=1011;PW=123456;MN=A110000_0001;Flag=9;CP=&&PolId=w01018&&
	数采仪	返回请求应答	QN=20160801085857223;ST=91;CN=9011;PW=123456;MN=A110000_0001;Flag=8;CP=&&QnRtn=1&&
	数采仪	发送“提取现场机时间”响应	QN=20160801085857223;ST=21;CN=1011;PW=123456;MN=A110000_0001;Flag=8;CP=&&PolId=w01018;SystemTime=20160801085857&&
	数采仪	返回执行结果	QN=20160801085857223;ST=91;CN=9012;PW=123456;MN=A110000_0001;Flag=8;CP=&&ExeRtn=1&&
使用字段	PolId		在线监控（监测）仪器仪表对应监测指标编码
	SystemTime		现场机时间
	QnRtn		请求应答结果
	ExeRtn		请求执行结果
执行过程	1. 上位机发送“提取现场机时间”请求命令，等待数采仪回应； 2. 数采仪接收“提取现场机时间”请求命令，回应“请求应答”； 3. 上位机接收“请求应答”，根据请求应答标志 QnRtn 的值决定是否等待数采仪响应命令； 4. 数采仪执行“提取现场机时间”请求命令，发送“提取现场机时间”响应命令； 5. 上位机接收“提取现场机时间”响应命令并执行，等待数采仪执行结果； 6. 数采仪返回“执行结果”； 7. 上位机接收“执行结果”，根据执行结果标志 ExeRtn 的值判断请求是否完成，请求执行完毕； 示例中返回的系统时间 20160801085857 表示 2016 年 8 月 1 日 8 时 58 分 57 秒提取现场机时间时，数据区中如果含有监测指标编码则表示上位机提取对应监测指标编码的现场机的时间		

表 B-4 设置现场机时间（1012）

类别	项目		示例 / 说明
使用命令	上位机	发送“设置现场机时间”	QN=20160801085857223;ST=21;CN=1012;PW=123456;MN=A110000_0001;Flag=9;CP=&&PolId=w01018;SystemTime=20160801085857&&
	数采仪	返回请求应答	QN=20160801085857223;ST=91;CN=9011;PW=123456;MN=A110000_0001;Flag=8;CP=&&QnRtn=1&&
	数采仪	返回执行结果	QN=20160801085857223;ST=91;CN=9012;PW=123456;MN=A110000_0001;Flag=8;CP=&&ExeRtn=1&&
使用字段	PolId		在线监控（监测）仪器仪表对应监测指标编码
	SystemTime		上位机系统时间
	QnRtn		请求应答结果
	ExeRtn		请求执行结果
执行过程	1. 上位机发送“设置现场机时间”请求命令，等待数采仪回应； 2. 数采仪接收“设置现场机时间”请求命令，回应“请求应答”； 3. 上位机接收“请求应答”，根据请求应答标志 QnRtn 的值决定是否等待数采仪执行结果； 4. 数采仪执行“设置现场机时间”请求命令，返回“执行结果”； 5. 上位机接收“执行结果”，根据执行结果标志 ExeRtn 的值判断请求是否完成，请求执行完毕； 设置现场机时间时，数据区中如果含有监测指标编码则表示上位机设置对应监测指标编码的在线监控（监测）仪器仪表的时间		
说明	必须在待机状态下远程才可以执行该反控命令		

表 B-5 提取实时数据间隔（1061）

类别	项目		示例 / 说明
使用命令	上位机	发送“提取实时数据间隔”	QN=20160801085857223;ST=21;CN=1061;PW=123456;MN=A110000_0001;Flag=9;CP=&&&&
	数采仪	返回请求应答	QN=20160801085857223;ST=91;CN=9011;PW=123456;MN=A110000_0001;Flag=8;CP=&&QnRtn=1&&
	数采仪	发送“提取实时数据间隔”响应	QN=20160801085857223;ST=21;CN=1061;PW=123456;MN=A110000_0001;Flag=8;CP=&&RtdInterval=10&&
	数采仪	返回执行结果	QN=20160801085857223;ST=91;CN=9012;PW=123456;MN=A110000_0001;Flag=8;CP=&&ExeRtn=1&&
使用字段	RtdInterval		实时数据间隔（单位为 min）
	QnRtn		请求应答结果
	ExeRtn		请求执行结果

续表

类别	项目	示例 / 说明
执行过程	1. 上位机发送“提取实时数据间隔”请求命令，等待数采仪回应； 2. 数采仪接收“提取实时数据间隔”请求命令，回应“请求应答”； 3. 上位机接收“请求应答”，根据请求应答标志 QnRtn 的值决定是否等待数采仪响应命令； 4. 数采仪执行“提取实时数据间隔”请求命令，发送“提取实时数据间隔”响应命令； 5. 上位机接收“提取实时数据间隔”响应命令并执行，等待数采仪执行结果； 6. 数采仪返回“执行结果”； 7. 上位机接收“执行结果”，根据执行结果标志 ExeRtn 的值判断请求是否完成，请求执行完毕。 建议实时数据上传间隔 10min/ 次，实时数据上传间隔根据实时业务需求灵活可配置	

表 B-6　设置实时数据间隔（1062）

类别	项目		示例 / 说明
使用命令	上位机	发送“设置实时数据间隔”	QN=20160801085857223;ST=21;CN=1062;PW=123456; MN=A110000_0001;Flag=9;CP=&&RtdInterval=10&&
	数采仪	返回请求应答	QN=20160801085857223;ST=91;CN=9011;PW=123456; MN=A110000_0001;Flag=8;CP=&&QnRtn=1&&
	数采仪	发送“提取实时数据间隔”响应	QN=20160801085857223;ST=91;CN=9012;PW=123456; MN=A110000_0001;Flag=8;CP=&&ExeRtn=1&&
使用字段	RtdInterval		实时数据间隔（单位为 min）
	QnRtn		请求应答结果
	ExeRtn		请求执行结果
执行过程	1. 上位机发送“设置实时数据间隔”请求命令，等待数采仪回应； 2. 数采仪接收“设置实时数据间隔”请求命令，回应“请求应答”； 3. 上位机接收“请求应答”，根据请求应答标志 QnRtn 的值决定是否等待数采仪执行结果； 4. 数采仪执行“设置实时数据间隔”请求命令，返回“执行结果”； 5. 上位机接收“执行结果”，根据执行结果标志 ExeRtn 的值判断请求是否完成，请求执行完毕。 建议实时数据上传间隔 10 min/ 次，实时数据上传间隔根据实时业务需求灵活可配置		

表 B-7 设置数采仪密码（1072）

类别	项目		示例 / 说明
使用命令	上位机	发送“设置数采仪访问密码”请求	QN=20160801085857223;ST=21;CN=1072;PW=123456;MN=A110000_0001;Flag=9;CP=&&NewPW=654321&&
	数采仪	返回请求应答	QN=20160801085857223;ST=91;CN=9011;PW=123456;MN=A110000_0001;Flag=8;CP=&&QnRtn=1&&
	数采仪	返回执行结果	QN=20160801085857223;ST=91;CN=9012;PW=123456;MN=A110000_0001;Flag=8;CP=&&ExeRtn=1&&
使用字段	NewPW		新的数采仪访问密码
	QnRtn		请求应答结果
	ExeRtn		请求执行结果
执行过程	1. 上位机发送“设置现场数采仪访问密码”请求命令，等待现场数采仪回应； 2. 现场数采仪接收“设置现场数采仪访问密码”请求命令，回应“请求应答”； 3. 上位机接收“请求应答”，根据请求应答标志 QnRtn 的值决定是否等待现场数采仪执行结果； 4. 现场数采仪执行“设置现场数采仪访问密码”请求命令，返回“执行结果”； 5. 上位机接收“执行结果”，根据执行结果标志 ExeRtn 的值判断请求是否完成，请求执行完毕； 6. 现场数采仪可以是分体式工控机、一体嵌入式工控机、也可以是 RTU 或 ADAM5510 等数据采集控制单元		
说明	设置数采仪访问密码为数采仪最高权限级别密码		

表 B-8 上传监测指标实时数据（2011）

类别	项目		示例 / 说明
使用命令	数采仪	上传监测指标实时数据	QN=20160801085857223;ST=21;CN=2011;PW=123456;MN=A110000_0001;Flag=9;CP=&&DataTime=20160801085800;w01001-Rtd=63.0，w01001-Flag=N;w01003-Rtd=63.0，w01003-Flag=N;w01009-Rtd=63.0，w01009-Flag=N;w01010-Rtd=63.0，w01010-Flag=N;…&&
	上位机	返回数据应答	QN=20160801085857223;ST=91;CN=9014;PW=123456;MN=A110000_0001;Flag=8;CP=&&&&
使用字段	DataTime		数据时间，表示一个时间点，时间精确到分钟，按照设置的实时数据间隔（单位为 min）传输。20160801085800 表示上传数据为 2016 年 8 月 1 日 8 时 58 分的监测指标实时数据
	xxx-Rtd		监测指标 w01001 实时数据
	xxx-Flag		监测指标 w01001 实时数据标记

续表

类别	项目	示例 / 说明
执行过程	1. 数采仪以上传监测指标实时数据间隔为周期发送“监测指标实时数据”； 2. 上位机接收“上传监测指标实时数据”命令并执行，根据标志 Flag 的值决定是否返回“数据应答”； 3. 如果“上传监测指标实时数据”命令需要数据应答，数采仪接收“数据应答”，请求执行完毕	

表 B-9　提取监测指标实时数据（2011）

类别	项目		示例 / 说明
使用命令	上位机	发送“提取监测指标实时数据”请求	QN=20160801085857223;ST=21;CN=2011;PW=123456;MN=A110000_0001;Flag=9;CP=&&BeginTime=20160801080000;EndTime=20160801180000&&
	数采仪	返回请求应答	QN=20160801085857223;ST=91;CN=9011;PW=123456;MN=A110000_0001;Flag=8;CP=&&QnRtn=1&&
	数采仪	上传监测指标实时数据	QN=20160801085857223;ST=21;CN=2011;PW=123456;MN=A110000_0001;Flag=9;CP=&&DataTime=20160801085800;w01001-Rtd=63.0，w01001-Flag=N;w01003-Rtd=63.0，w01003-Flag=N;w01009-Rtd=63.0，w01009-Flag=N;w01010-Rtd=63.0，w01010-Flag=N;…&&
	数采仪	返回执行结果	QN=20160801085857223;ST=91;CN=9012;PW=123456;MN=A110000_0001;Flag=8;CP=&&ExeRtn=1&&
使用字段	DataTime		数据时间，表示一个时间点，时间精确到分钟。20160801085800 表示上传数据为 2016 年 8 月 1 日 8 时 58 分的监测指标实时数据
	BeginTime		历史请求的起始时间，精确到分钟
	EndTime		历史请求的截止时间，精确到分钟
	xxx-Rtd		监测指标 w01003、w01009、w01010 实时数据
	xxx-Flag		监测指标 w01003、w01009、w01010 实时数据标记
	QnRtn		请求应答结果
	ExeRtn		请求执行结果
执行过程	1. 上位机发送“取监测指标实时数据”请求命令，等待数采仪回应； 2. 数采仪接收“取监测指标实时数据”请求命令，回应“请求应答”； 3. 上位机接收“请求应答”，根据请求应答标志 QnRtn 的值决定是否等待数采仪执行结果； 4. 数采仪执行“取监测指标实时数据”请求命令，返回“执行结果”； 5. 上位机接收“执行结果”，根据执行结果标志 ExeRtn 的值判断请求是否完成，请求执行完毕		

表 B-10　上传监测指标小时数据（2061）

类别	项目		示例 / 说明
使用命令	数采仪	上传监测指标小时数据	QN=20160801090000001;ST=21;CN=2061;PW=123456;MN=A110000_0001;Flag=9;CP=&&DataTime=20160801080000;w01001-Avg=7.5，w01001-Flag=N;w01018-Avg=40.1，w01018-Flag=N;…&&
	上位机	返回数据应答	QN=20160801090000001;ST=91;CN=9014;PW=123456;MN=A110000_0001;Flag=8;CP=&&&&
使用字段	DataTime		数据时间，表示一个时间点，时间精确到小时，按照设置的小时数据间隔（单位为 h）传输。20160801080000 表示上传数据为 2016 年 8 月 1 日 8 时的监测指标小时数据
	xxx-Avg		监测指标 w01001、w01018 的小时平均值
	xxx-Flag		监测指标 w01001、w01018 小时数据标记
	QnRtn		请求应答结果
	ExeRtn		请求执行结果
执行过程	1. 数采仪以小时为周期发送“上报监测指标小时数据”命令； 2. 上位机接收“上报监测指标小时数据”命令并执行，根据标志 Flag 的值决定是否返回“数据应答”； 3. 如果“上报监测指标小时数据”命令需要数据应答，数采仪接收“数据应答”，请求执行完毕		
说明	监测指标小时数据标记取值使用如下规则：如果监测指标数据在 4 h 测量周期内出现一个异常值，则监测指标小时数据标记为异常，否则监测指标小时数据标记为正常		

表 B-11　提取监测指标小时数据（2061）

类别	项目		示例 / 说明
使用命令	上位机	发送“提取监测指标小时历史数据”请求	QN=20160801085857223;ST=21;CN=2061;PW=123456;MN=A110000_0001;Flag=9;CP=&&BeginTime=20160801080000;EndTime=20160801080000&&
	数采仪	返回请求应答	QN=20160801085857223;ST=91;CN=9011;PW=123456;MN=A110000_0001;Flag=8;CP=&&QnRtn=1&&
	数采仪	上传监测指标小时数据	QN=20160801085857223;ST=21;CN=2061;PW=123456;MN=A110000_0001;Flag=8;CP=&&DataTime=20160801080000;w01001-Avg=7.5，w01001-Flag=N;w01018-Avg=40.1，w01018-Flag=N;…&&
	数采仪	返回执行结果	QN=20160801085857223;ST=91;CN=9012;PW=123456;MN=220582;Flag=8;CP=&&ExeRtn=1&&

续表

类别	项目	示例 / 说明
使用字段	DataTime	数据时间，表示一个时间点，时间精确到小时，按照设置的小时数据间隔（单位为 h）传输。20160801080000 表示上传数据为 2016 年 8 月 1 日 8 时的监测指标小时数据
	BeginTime	历史请求的起始时间，精确到分钟
	EndTime	历史请求的截止时间，精确到分钟
	xxx-Avg	监测指标 w01001、w01018 的小时平均值
	xxx-Flag	监测指标 w01001、w01018 的小时数据标记
执行过程	1. 上位机发送“取监测指标小时历史数据”请求命令，等待数采仪回应； 2. 数采仪接收“取监测指标小时历史数据”请求命令，回应“请求应答”； 3. 上位机接收“请求应答”，根据请求应答标志 QnRtn 的值决定是否等待数采仪历史数据上报； 4. 数采仪执行“取监测指标小时历史数据”请求命令； 5. 数采仪依次上报请求时间段内监测指标小时数据； 6. 上位机接收“上传监测指标小时数据”命令并执行，等待数采仪执行结果； 7. 数采仪返回“执行结果”； 8. 上位机接收“执行结果”，根据执行结果标志 ExeRtn 的值判断请求是否完成，请求执行完毕	

表 B-12　上传监测指标核查数据（2062）

类别	项目		示例 / 说明
使用命令	数采仪	上传监测指标核查数据	QN=20160801090000001;ST=21;CN=2062;PW=123456;MN=A110000_0001;Flag=9;CP=&&DataTime=20160801080000;w01001-Check=63.0，w01001-StandardValue=60，w01001-Flag=N;w01003-Check=43.0，w01003-StandardValue=40，w01003-Flag=N;w01009-Check=13.0，w01009-StandardValue=10，w01009-Flag=N;…&&
	上位机	返回数据应答	QN=20160801090000001;ST=91;CN=9014;PW=123456;MN=A110000_0001;Flag=8;CP=&&&&
使用字段	DataTime		数据时间，表示一个时间点，时间精确到分钟。20160801080000 表示上传数据为 2016 年 8 月 1 日 8 时的监测指标核查数据
	xxx-Check		监测指标 w01001、w01003、w01009 核查数据
	xxx-StandardValue		监测指标 w01001、w01003、w01009 标样标准浓度
	xxx-Flag		监测指标 w01001、w01003、w01009 查核数据标记
	QnRtn		请求应答结果
	ExeRtn		请求执行结果

续表

类别	项目	示例 / 说明
执行过程	1. 数采仪发送“上报监测指标核查数据”命令； 2. 上位机接收“上报监测指标核查数据”命令并执行，根据标志 Flag 的值决定是否返回“数据应答”； 3. 如果“上报监测指标核查数据”命令需要数据应答，数采仪接收“数据应答”，请求执行完毕	
说明	中心平台端应具备针对本次核查标准样浓度录入、编辑功能，盲样核查标准设置为 0，以便和该命令数据（仪表测量的核查数据）进行比对并计算相对误差等业务功能的实现	

表 B-13　提取监测指标核查数据（2062）

类别	项目		示例 / 说明
使用命令	上位机	发送“提取监测指标核查数据”请求	QN=20160801085857223;ST=21;CN=2062;PW=123456;MN=A110000_0001;Flag=9;CP=&&BeginTime=20160801080000;EndTime=20160801080000&&
	数采仪	返回请求应答	QN=20160801085857223;ST=91;CN=9011;PW=123456;MN=A110000_0001;Flag=8;CP=&&QnRtn=1&&
	数采仪	上传监测指标核查数据	QN=20160801085857223;ST=21;CN=2062;PW=123456;MN=A110000_0001;Flag=8;CP=&&DataTime=20160801080000;w01001-Check=63.0，w01001-StandardValue=60，w01001-Flag=N;w01003-Check=43.0，w01003-StandardValue=40，w01003-Flag=N;w01009-Check=13.0，w01009-StandardValue=10，w01009-Flag=N;…&&
	数采仪	返回执行结果	QN=20160801085857223;ST=91;CN=9012;PW=123456;MN=A110000_0001;Flag=8;CP=&&ExeRtn=1&&
使用字段	DataTime		数据时间，表示一个时间点，时间精确到分钟。20160801080000 表示上传数据为 2016 年 8 月 1 日 8 时 00 分的监测指标核查数据
	BeginTime		历史请求的起始时间，精确到分钟
	EndTime		历史请求的截止时间，精确到分钟
	xxx-Check		监测指标 w01001、w01003、w01009 核查数据
	xxx-StandardValue		监测指标 w01001、w01003、w01009 标样标准浓度
	xxx-Flag		监测指标 w01001、w01003、w01009 核查数据标记

续表

类别	项目	示例 / 说明
执行过程	1. 上位机发送“取监测指标查核历史数据”请求命令，等待数采仪回应； 2. 数采仪接收“取监测指标查核历史数据”请求命令，回应“请求应答”； 3. 上位机接收“请求应答”，根据请求应答标志 QnRtn 的值决定是否等待数采仪查核数据上报； 4. 数采仪执行“取监测指标查核历史数据”请求命令； 5. 数采仪依次上报请求时间段内监测指标查核数据； 6. 上位机接收“上传监测指标查核数据”命令并执行，等待数采仪执行结果； 7. 数采仪返回“执行结果”； 8. 上位机接收“执行结果”，根据执行结果标志 ExeRtn 的值判断请求是否完成，请求执行完毕	

表 B-14　上传监测指标加标回收数据（2063）

类别	项目		示例 / 说明
使用命令	数采仪	上传监测指标加标回收数据	QN=20160801090000001;ST=21;CN=2063;PW=123456;MN=A110000_0001;Flag=9;CP=&&DataTime=20160801080000;w01001-Check–63.0，w01001-WaterTime=20160801080000，w01001-Water=45.23，w01001-Chroma=1000，w01001-Volume=0.2，w01001-DVolume=200，w01003-Flag=N;w01018-Check=63.0，w01018-WaterTime=20160801080000，w01018-Water=45.23，w01018-Chroma=1000，w01018-Volume=0.2，w01018-DVolume=200，w01018-Flag=N;…&&
	上位机	返回数据应答	QN=20160801090000001;ST=91;CN=9014;PW=123456;MN=A110000_0001;Flag=8;CP=&&&&
使用字段	DataTime		数据时间，表示一个时间点，时间精确到分钟。20160801080000 表示上传数据为 2016 年 8 月 1 日 8 时 00 分的监测指标加标回收数据
	xxx-WaterTime		加标前水样测试数据时间，该数据时间从在线分析仪表中读取并保持一致
	xxx-Water		监测指标 w01001、w01018 加标前水样测试值，单位为 mg/L
	xxx-Check		监测指标 w01001、w01018 加标回收数据，单位为 mg/L
	xxx-Chroma		监测指标 w01001、w01018 加标母液浓度，单位为 mg/L
	xxx-Volume		监测指标 w01001、w01018 加标体积，单位为 ml
	xxx-DVolume		监测指标 w01001、w01018 加标水杯定容体积，单位为 ml
	xxx-Flag		监测指标 w01001、w01018 加标回收数据标记
	QnRtn		请求应答结果
	ExeRtn		请求执行结果

续表

类别	项目	示例 / 说明
执行过程	1. 数采仪发送“上报监测指标加标回收数据”命令； 2. 上位机接收“上报监测指标加标回收数据”命令并执行，根据标志 Flag 的值决定是否返回“数据应答”； 3. 如果“上报监测指标加标回收数据”命令需要数据应答，数采仪接收“数据应答”，请求执行完毕	
说明	中心平台端应具备针对本次加标回收所涉及到相关参数（加标母液浓度 mg/L；加标体积 ml；加标水杯定容体积 ml）的录入功能，以便平台计算加标回收率等业务功能的实现	

表 B-15　提取监测指标加标回收数据（2063）

类别	项目		示例 / 说明
使用命令	上位机	发送“提取监测指标加标回收数据”请求	QN=20160801085857223;ST=21;CN=2063;PW=123456;MN=A110000_0001;Flag=9;CP=&&BeginTime=20160801080000;EndTime=20160801080000&&
	数采仪	返回请求应答	QN=20160801085857223;ST=91;CN=9011;PW=123456;MN=A110000_0001;Flag=8;CP=&&QnRtn=1&&
	数采仪	上传监测指标加标回收数据	QN=20160801085857223;ST=21;CN=2063;PW=123456;MN=A110000_0001;Flag=8;CP=&&DataTime=20160801080000;w01001-Check=63.0，w01001-WaterTime=20160801080000，w01001-Water=45.23，w01001-Chroma=1000，w01001-Volume=0.2，w01001-DVolume=200，w01003-Flag=N;w01018-Check=63.0，w01018-WaterTime=20160801080000，w01018-Water=45.23，w01018-Chroma=1000，w01018-Volume=0.2，w01018-DVolume=200，w01018-Flag=N;…&&
	数采仪	返回执行结果	QN=20160801085857223;ST=91;CN=9012;PW=123456;MN=A110000_0001;Flag=8;CP=&&ExeRtn=1&&
使用字段	DataTime		数据时间，表示一个时间点，时间精确到分钟。20160801080000 表示上传数据为 2016 年 8 月 1 日 8 时 00 分的监测指标加标回收数据
	BeginTime		历史请求的起始时间，精确到分钟
	EndTime		历史请求的截止时间，精确到分钟
	xxx-WaterTime		加标前水样测试数据时间，该数据时间从在线分析仪表中读取并保持一致

续表

类别	项目	示例 / 说明
使用字段	xxx-Water	监测指标 w01001、w01018 加标前水样测试值，单位为 mg/L
	xxx-Check	监测指标 w01001、w01018 加标回收数据，单位为 mg/L
	xxx-Chroma	监测指标 w01001、w01018 加标母液浓度，单位为 mg/L
	xxx-Volume	监测指标 w01001、w01018 加标体积，单位为 ml
	xxx-DVolume	监测指标 w01001、w01018 加标水杯定容体积，单位为 ml
	xxx-Flag	监测指标 w01001、w01018 加标回收数据标记
	QnRtn	请求应答结果
	ExeRtn	请求执行结果
执行过程	1. 上位机发送“取监测指标加标回收数据”请求命令，等待数采仪回应； 2. 数采仪接收“取监测指标加标回收数据”请求命令，回应“请求应答”； 3. 上位机接收“请求应答”，根据请求应答标志 QnRtn 的值决定是否等待数采仪加标回收数据上报； 4. 数采仪执行“取监测指标加标回收历史数据”请求命令； 5. 数采仪依次上报请求时间段内监测指标加标回收数据； 6. 上位机接收“上传监测指标加标回收数据”命令并执行，等待数采仪执行结果； 7. 数采仪返回“执行结果”； 8. 上位机接收“执行结果”，根据执行结果标志 ExeRtn 的值判断请求是否完成，请求执行完毕	

表 B-16　上传监测指标平行样测试数据（2064）

类别	项目		示例 / 说明
使用命令	数采仪	上传监测指标平行样测试数据	QN=20160801090000001;ST=21;CN=2064;PW=123456;MN=A110000_0001;Flag=9;CP=&&DataTime=20160801080000;w01001-Check=63.0，w01001-WaterTime=20160801080000，w01001-Water=45.23，w01001-Flag=N;…&&
	上位机	返回数据应答	QN=20160801090000001;ST=91;CN=9014;PW=123456;MN=A110000_0001;Flag=8;CP=&&&&
使用字段	DataTime		数据时间，表示一个时间点，时间精确到分钟。20160801080000 表示上传数据为 2016 年 8 月 1 日 8 时 00 分的监测指标平行样数据
	xxx-WaterTime		平行样测量中第 1 次监测指标 w01001 测试数据测量时间
	xxx-Water		平行样测量中第 1 次监测指标 w01001 测试数据

续表

类别	项目	示例 / 说明
使用字段	xxx-Check	平行样测量中第 2 次监测指标 w01001 测试数据
	xxx-Flag	监测指标 w01001 平行样测试数据标记
	QnRtn	请求应答结果
	ExeRtn	请求执行结果
执行过程	1. 数采仪发送“上报监测指标平行样测试数据”命令； 2. 上位机接收“上报监测指标平行样测试数据”命令并执行，根据标志 Flag 的值决定是否返回“数据应答”； 3. 如果“上报监测指标平行样测试数据”命令需要数据应答，数采仪接收“数据应答”，请求执行完毕	

表 B-17　提取监测指标平行样测试数据（2064）

类别	项目		示例 / 说明
使用命令	上位机	发送“提取监测指标平行样测试数据”请求	QN=20160801085857223;ST=21;CN=2064;PW=123456;MN=A110000_0001;Flag=9;CP=&&BeginTime=20160801080000;EndTime=20160801080000&&
	数采仪	返回请求应答	QN=20160801085857223;ST=91;CN=9011;PW=123456;MN=A110000_0001;Flag=8;CP=&&QnRtn=1&&
	数采仪	上传监测指标平行样测试数据	QN=20160801085857223;ST=21;CN=2064;PW=123456;MN=A110000_0001;Flag=8;CP=&&DataTime=20160801080000;w01001-Check=63.0，w01001-WaterTime=20160801080000，w01001-Water=45.23，w01001-Flag=N;…&&
	数采仪	返回执行结果	QN=20160801085857223;ST=91;CN=9012;PW=123456;MN=A110000_0001;Flag=8;CP=&&ExeRtn=1&&
	DataTime		数据时间，表示一个时间点，时间精确到分钟。20160801080000 表示上传数据为 2016 年 8 月 1 日 8 时 00 分的监测指标平行样数据
使用字段	BeginTime		历史请求的起始时间，精确到分钟
	EndTime		历史请求的截止时间，精确到分钟
	xxx-WaterTime		平行样测量中第 1 次监测指标 w01001 测试数据测量时间
	xxx-Water		平行样测量中第 1 次监测指标 w01001 测试数据
	xxx-Check		平行样测量中第 2 次监测指标 w01001 测试数据
	xxx-Flag		监测指标 w01001 平行样测试数据标记

续表

类别	项目	示例 / 说明
执行过程	1. 上位机发送“取监测指标平行样测试数据”请求命令，等待数采仪回应； 2. 数采仪接收“取监测指标平行样测试数据”请求命令，回应“请求应答”； 3. 上位机接收“请求应答”，根据请求应答标志 QnRtn 的值决定是否等待数采仪平行样测试数据上报； 4. 数采仪执行“取监测指标平行样测试数据”请求命令； 5. 数采仪依次上报请求时间段内监测指标平行样测试数据； 6. 上位机接收“上传监测指标平行样测试数据”命令并执行，等待数采仪执行结果； 7. 数采仪返回“执行结果”； 8. 上位机接收“执行结果”，根据执行结果标志 ExeRtn 的值判断请求是否完成，请求执行完毕	

表 B-18　上传监测指标零点核查数据（2065）

类别	项目		示例 / 说明
使用命令	数采仪	上传监测指标零点核查数据	QN=20160801090000001;ST=21;CN=2065;PW=123456;MN=A110000_0001;Flag=9;CP=&&DataTime=20160801080000;w01001-Check=63.0，w01001 StandardValue=60，w01001-SpanValue=4.0，w01001-Flag=N;w01003-Check=43.0，w01003-StandardValue=40，w01003-SpanValue=3.0，w01003-Flag=N;w01009-Check=13.0，w01009-StandardValue=10，w01009-SpanValue=3.0，w01009-Flag=N&&
	上位机	返回数据应答	QN=20160801090000001;ST=91;CN=9014;PW=123456;MN=A110000_0001;Flag=8;CP=&&&&
使用字段	DataTime		数据时间，表示一个时间点，时间精确到分钟。20160801080000 表示上传数据为 2016 年 8 月 1 日 8 时 00 分的监测指标零点核查数据
	xxx-Check		监测指标 w01001、w01003、w01009 零点核查数据
	xxx-StandardValue		监测指标 w01001、w01003、w01009 标准样浓度
	xxx-SpanValue		监测指标 w01001、w01003、w01009 仪器跨度值
	xxx-Flag		监测指标 w01001、w01003、w01009 零点核查数据标记
	QnRtn		请求应答结果
	ExeRtn		请求执行结果

续表

类别	项目	示例 / 说明
执行过程	1. 数采仪发送“上报监测指标零点核查数据”命令； 2. 上位机接收“上报监测指标零点核查数据”命令并执行，根据标志 Flag 的值决定是否返回“数据应答”； 3. 如果“上报监测指标零点核查数据”命令需要数据应答，数采仪接收“数据应答”，请求执行完毕	
说明	中心平台端应具备针对本次零点核查标准样浓度录入、编辑功能，以便和该命令数据（仪表测量的零点核查数据）进行比对并计算相对误差等业务功能的实现	

表 B-19 提取监测指标零点核查数据（2065）

类别	项目		示例 / 说明
使用命令	上位机	发送“提取监测指标零点核查数据”请求	QN=20160801085857223;ST=21;CN=2065;PW=123456;MN=A110000_0001;Flag=9;CP=&&BeginTime=20160801010000;EndTime=20160801180000&&
	数采仪	返回请求应答	QN=20160801085857223;ST=91;CN=9011;PW=123456;MN=A110000_0001;Flag=8;CP=&&QnRtn=1&&
	数采仪	上传监测指标零点核查数据	QN=20160801090000001;ST=21;CN=2065;PW=123456;MN=A110000_0001;Flag=8;CP=&&DataTime=20160801080000;w01001-Check=63.0，w01001-StandardValue=60，w01001-SpanValue=4.0，w01001-Flag=N;w01003-Check=43.0，w01003-StandardValue=40，w01003-SpanValue=3.0，w01003-Flag=N;w01009-Check=13.0，w01009-StandardValue=10，w01009-SpanValue=3.0，w01009-Flag=N&&
	数采仪	返回执行结果	QN=20160801085857223;ST=91;CN=9012;PW=123456;MN=A110000_0001；Flag=8；CP=&&ExeRtn=1&&
使用字段	BeginTime		历史请求的起始时间，精确到小时
	EndTime		历史请求的截止时间，精确到小时
	DataTime		数据时间，表示一个时间点，时间精确到分钟。20160801080000 表示上传数据为 2016 年 8 月 1 日 8 时 00 分的监测指标零点核查数据
	xxx-Check		监测指标 w01001、w01003、w01009 零点核查数据
	xxx-StandardValue		监测指标 w01001、w01003、w01009 标准样浓度
	xxx-SpanValue		监测指标 w01001、w01003、w01009 仪器跨度值
	xxx-Flag		监测指标 w01001、w01003、w01009 零点核查数据标记

续表

类别	项目	示例 / 说明
执行过程	1. 上位机发送“取监测指标零点核查历史数据”请求命令，等待数采仪回应； 2. 数采仪接收“取监测指标零点核查历史数据”请求命令，回应“请求应答”； 3. 上位机接收“请求应答”，根据请求应答标志 QnRtn 的值决定是否等待数采仪零点核查数据上报； 4. 数采仪执行“取监测指标零点核查历史数据”请求命令； 5. 数采仪依次上报请求时间段内监测指标零点核查数据； 6. 上位机接收“上传监测指标查核数据”命令并执行，等待数采仪执行结果； 7. 数采仪返回“执行结果”； 8. 上位机接收“执行结果”，根据执行结果标志 ExeRtn 的值判断请求是否完成，请求执行完毕	

表 B-20　上传监测指标跨度核查数据（2066）

类别	项目		示例 / 说明
使用命令	数采仪	上传监测指标跨度核查数据	QN=20160801090000001;ST=21;CN=2066;PW=123456;MN=A110000_0001;Flag=9;CP=&&DataTime=20160801080000;w01001-Check=63.0，w01001-StandardValue=60，w01001-SpanValue=3.0，w01001-Flag=N;w01003-Check=43.0，w01003-StandardValue=40，w01003-SpanValue=3.0，w01003-Flag=N;w01009-Check=13.0，w01009-StandardValue=10，w01009-SpanValue=3.0，w01009-Flag=N&&
	上位机	返回数据应答	QN=20160801090000001;ST=91;CN=9014;PW=123456;MN=A110000_0001;Flag=8;CP=&&&&
使用字段	DataTime		数据时间，表示一个时间点，时间精确到分钟。20160801080000 表示上传数据为 2016 年 8 月 1 日 8 时 00 分的监测指标跨度核查数据
	xxx-Check		监测指标 w01001、w01003、w01009 跨度核查数据
	xxx-StandardValue		监测指标 w01001、w01003、w01009 标准样浓度
	xxx-SpanValue		监测指标 w01001、w01003、w01009 仪器跨度值
	xxx-Flag		监测指标 w01001、w01003、w01009 跨度核查数据标记
	QnRtn		请求应答结果
	ExeRtn		请求执行结果

续表

类别	项目	示例 / 说明
执行过程	1. 数采仪发送“上报监测指标跨度核查数据”命令； 2. 上位机接收“上报监测指标跨度核查数据”命令并执行，根据标志 Flag 的值决定是否返回“数据应答”； 3. 如果“上报监测指标跨度核查数据”命令需要数据应答，数采仪接收“数据应答”，请求执行完毕	
说明	中心平台端应具备针对本次跨度核查标准样浓度录入、编辑功能，以便和该命令数据（仪表测量的跨度核查数据）进行比对并计算相对误差等业务功能的实现	

表 B-21　提取监测指标跨度核查数据（2066）

类别	项目		示例 / 说明
使用命令	上位机	发送“提取监测指标跨度核查数据”请求	QN=20160801085857223;ST=21;CN=2066;PW=123456;MN=A110000_0001;Flag=9;CP=&&BeginTime=20160801080000;EndTime=20160801080000&&
	数采仪	返回请求应答	QN=20160801085857223;ST=91;CN=9011;PW=123456;MN=A110000_0001;Flag=8;CP=&&QnRtn=1&&
	数采仪	上传监测指标跨度核查数据	QN=20160801090000001;ST=21;CN=2066;PW=123456;MN=A110000_0001;Flag=8;CP=&&DataTime=20160801080000;w01001-Check=63.0，w01001-StandardValue=60，w01001-SpanValue=3.0，w01001-Flag=N;w01003-Check=43.0，w01003-StandardValue=40，w01003-SpanValue=3.0，w01003-Flag=N;w01009-Check=13.0，w01009-StandardValue=10，w01009-SpanValue=3.0，w01009-Flag=N&&
	数采仪	返回执行结果	QN=20160801085857223;ST=91;CN=9012;PW=123456;MN=A110000_0001;Flag=8;CP=&&ExeRtn=1&&
使用字段	BeginTime		历史请求的起始时间，精确到小时
	EndTime		历史请求的截止时间，精确到小时
	DataTime		数据时间，表示一个时间点，时间精确到分钟。20160801080000 表示上传数据为 2016 年 8 月 1 日 8 时 00 分的监测指标跨度核查数据
	xxx-Check		监测指标 w01001、w01003、w01009 跨度核查数据
	xxx-StandardValue		监测指标 w01001、w01003、w01009 标准样浓度
	xxx-SpanValue		监测指标 w01001、w01003、w01009 仪器跨度值
	xxx-Flag		监测指标 w01001、w01003、w01009 跨度核查数据标记

续表

类别	项目	示例/说明
执行过程	1. 上位机发送“取监测指标跨度核查历史数据”请求命令，等待数采仪回应； 2. 数采仪接收“取监测指标跨度核查历史数据”请求命令，回应“请求应答”； 3. 上位机接收“请求应答”，根据请求应答标志 QnRtn 的值决定是否等待数采仪跨度核查数据上报； 4. 数采仪执行“取监测指标跨度核查历史数据”请求命令； 5. 数采仪依次上报请求时间段内监测指标跨度核查数据； 6. 上位机接收“上传监测指标查核数据”命令并执行，等待数采仪执行结果； 7. 数采仪返回“执行结果”； 8. 上位机接收“执行结果”，根据执行结果标志 ExeRtn 的值判断请求是否完成，请求执行完毕	

表 B-22　上传数采仪开机时间数据（2081）

类别	项目		示例/说明
使用命令	数采仪	上传数采仪开机时间数据	QN=20160801090000001;ST=21;CN=2081;PW=123456;MN=A110000_0001;Flag=9;CP=&&DataTime=20160801080000&&
	上位机	返回数据应答	QN=20160801090000001;ST=91;CN=9014;PW=123456;MN=A110000_0001;Flag=8;CP=&&&&
使用字段	DataTime		数采机开机后发送时间字段（以工控机为数据采集器，可让数据采集传输软件启动后自动发送时间）
	ExeRtn		请求执行结果
执行过程	1. 数采仪开机时间数据； 2. 上位机接收“开机时间数据”命令并执行，根据标志 Flag 的值决定是否返回“数据应答”		

表 B-23　手动远程留样（3015）

类别	项目		示例/说明
使用命令	上位机	发送“手动远程留样”请求	QN=20160801085857223;ST=21;CN=3015;PW=123456;MN=A110000_0001;Flag=9;CP=&&&&
	数采仪	返回请求应答	QN=20160801090000001;ST=91;CN=9011;PW=123456;MN=A110000_0001;Flag=8;CP=&&QnRtn=1&&
	数采仪	发送“手动远程留样”响应	QN=20160801085857223;ST=21;CN=3015;PW=123456;MN=A110000_0001;Flag=8;CP=&&DataTime=20160801085857;VaseNo=1&&
	数采仪	返回执行结果	QN=20160801085857223;ST=91;CN=9012;PW=123456;MN=A110000_0001;Flag=8;CP=&&ExeRtn=1&&

续表

类别	项目	示例 / 说明
使用字段	DataTime	留样时间
	VaseNo	留样瓶编号
	QnRtn	请求应答结果
	ExeRtn	请求执行结果
执行过程	1. 上位机发送“手动远程留样”请求命令，等待数采仪回应； 2. 数采仪接收“手动远程留样”请求命令，回应“请求应答”； 3. 上位机接收“请求应答”，根据请求应答标志 QnRtn 的值决定是否等待数采仪执行结果； 4. 数采仪执行“手动远程留样”请求命令，发送“手动远程留样”响应命令； 5. 上位机接收“手动远程留样”响应命令并执行，等待数采仪执行结果； 6. 数采仪执行“手动远程留样”请求命令，返回“执行结果”； 7. 上位机接收“执行结果”，根据执行结果标志 ExeRtn 的值判断请求是否完成，请求执行完毕	

表 B-24　上传留样信息（3015）

类别	项目		示例 / 说明
使用命令	数采仪	上传“超标留样”信息	QN=20160801085857223;ST=21;CN=3015;PW=123456;MN=A110000_0001;Flag=9;CP=&&DataTime=20160801085857;VaseNo=1&&
	上位机	返回数据应答	QN=20160801085857223;ST=91;CN=9014;PW=123456;MN=A110000_0001;Flag=8;CP=&&&&
使用字段	DataTime		留样时间
	VaseNo		留样瓶编号
执行过程	1. 当发现超标留样时，数采仪主动“超标留样”信息到上位机； 2. 上位机接收“上传超标留样信息”命令并执行，根据标志 Flag 的值决定是否返回“数据应答”； 3. 如果“上传超标留样信息”命令需要数据应答，数采仪接收“数据应答”，请求执行完毕		

表 B-25　上传仪表 / 数采仪信息（日志）（3020）

类别	项目		示例 / 说明
使用命令	数采仪	上传水质监测系统信息（日志）	QN=20160801085857223;ST=21;CN=3020;PW=123456;MN=A110000_0001;Flag=9;CP=&&DataTime=20100301145000;PolId=w01018，i11001-Info=//清洗管路//;PolId=w01019，i11001-Info=//清洗管路//&&
	上位机	返回数据应答	QN=20160801085857223;ST=91;CN=9014;PW=123456;MN=A110000_0001;Flag=8;CP=&&&&

续表

类别	项目	示例 / 说明
使用字段	PolId	在线监控（监测）仪器仪表对应监测指标编码，w01018 编码表示 COD 在线监控（监测）仪器仪表
	DataTime	数据时间，表示一个时间点，时间精确到秒；20160801085857 表示 2016 年 8 月 1 日 8 时 58 分 57 秒的参数
	i11001-Info	在线监控（监测）仪器仪表 COD 的日志信息，参见附录 A
执行过程	1. 分析仪表有新的日志产生时发送“上传分析仪表信息”命令； 2. 上位机接收“上传水质监测系统信息”命令并执行，根据标志 Flag 的值决定是否返回“数据应答”； 3. 如果“上传水质监测系统信息”命令需要数据应答，数采仪接收“数据应答”，请求执行完毕	
说明	1. 日志可以使用中文，日志必须在一对“//”之间，使用 GB 2312 编码； 2. 如果上报的信息中与“PolId”无关，应不出现“PolId”字样，以下“信息上报”类同； 3. 日志长度必须小于 890 个字节； 4. 支持多个仪表设备同时发送数据信息以分号分隔； 5. 当发送数采仪（系统）日志，PolId 定义为 w00000； 6. 数采仪日志编码：i21001	

表 B-26　提取仪表 / 数采仪信息（日志）（3020）

类别	项目		示例 / 说明
使用命令	上位机	发送“提取现场机信息”请求	QN=20160801085857223;ST=21;CN=3020;PW=123456;MN=A110000_0001;Flag=9;CP=&&PolId=w01018，InfoId=i11001;BeginTime=20160801010522，EndTime=20160801085857&&
	数采仪	返回请求应答	QN=20160801085857223;ST=91;CN=9014;PW=123456;MN=A110000_0001;Flag=8;CP=&&&&
	数采仪	上传现场机信息	QN=20160801085857335;ST=21;CN=3020;PW=123456;MN=A110000_0001;Flag=8;CP=&&DataTime=20160801082857;PolId=w01018，i11001-Info=//时间校准//&&
	数采仪	返回执行结果	QN=20160801085857223;ST=91;CN=9012;PW=123456;MN=A110000_0001;Flag=8;CP=&&ExeRtn=1&&

续表

类别	项目	示例 / 说明
使用字段	PolId	在线监控（监测）仪器仪表对应监测指标编码，w01018 编码表示 COD 在线监控（监测）仪器仪表
	InfoId	在线监控（监测）设备信息编码
	BeginTime	历史请求的起始时间，精确到秒
	EndTime	历史请求的截止时间，精确到秒
	DataTime	数据时间，表示一个时间点，时间精确到秒;20160801085857 表示 2016 年 8 月 1 日 8 时 58 分 57 秒的参数
	i11001-Info	在线监控（监测）仪器仪表 COD 的日志信息，参见附录 A
	QnRtn	请求应答结果
	ExeRtn	请求执行结果
执行过程	1. 上位机发送“提取数采仪信息”请求命令，等待数采仪回应； 2. 数采仪接收“提取数采仪信息”请求命令，回应“请求应答”； 3. 上位机接收“请求应答”，根据请求应答标志 QnRtn 的值决定是否等待数采仪历史数据上报； 4. 数采仪执行“提取现场机信息”请求命令； 5. 数采仪循环上报请求时间段内所查询历史日志记录； 6. 上位机接收“提取现场机信息”命令并执行，等待数采仪执行结果； 7. 数采仪返回“执行结果”； 8. 上位机接收“执行结果”，根据执行结果标志 ExeRtn 的值判断请求是否完成，请求执行完毕	
说明	1. 日志可以使用中文，日志必须在一对“//”之间，使用 GB2312 编码； 2. 如果上报的信息中与“PolId”无关，应不出现“PolId”字样，以下“信息上报”类同； 3. 日志长度必须小于 890 个字节； 4. 支持多个仪表设备同时发送数据信息以分号分隔； 5. 当发送数采仪（系统）日志，PolId 定义为 w00000； 6. 数采仪日志编码：i21001	

表 B-27　上传仪表 / 数采仪信息（状态）（3020）

类别	项目		示例 / 说明
使用命令	数采仪	上传现场机信息（状态）	QN=20160801085857223;ST=21;CN=3020;PW=123456; MN=A110000_0001;Flag=9;CP=&&DataTime=20100301145000; PolId=w01018，i12001-Info=1，i12003-Info=0&&
	上位机	返回数据应答	QN=20160801085857223;ST=91;CN=9014;PW=123456; MN=A110000_0001;Flag=8;CP=&&&&

续表

类别	项目	示例 / 说明
使用字段	PolId	在线监控（监测）仪器仪表对应监测指标编码，w01018 编码表示 COD 在线监控（监测）仪器仪表
	DataTime	数据时间，表示一个时间点，时间精确到秒；20160801085857 表示 2016 年 8 月 1 日 8 时 58 分 57 秒的参数
	i12001-Info	在线监控（监测）仪器仪表 COD 的工作状态是维护状态，参见附录 A
	i12003-Info	在线监控（监测）仪器仪表 COD 报警状态是正常，参见附录 A
执行过程	1. 分析仪表有新的日志产生时发送“上传分析仪表信息”命令； 2. 上位机接收“上传现场机信息”命令并执行，根据标志 Flag 的值决定是否返回“数据应答”； 3. 如果“上传现场机信息”命令需要数据应答，数采仪接收“数据应答”，请求执行完毕	
说明	1. 支持多个仪表设备同时发送数据信息以分号分隔； 2. 当发送数采仪（系统）日志，PolId 定义为 w00000； 3. 数采仪状态编码：i22001	

表 B-28　提取仪表 / 数采仪信息（状态）（3020）

类别	项目		示例 / 说明
使用命令	上位机	发送“提取现场机信息”请求	QN=20160801085857223;ST=21;CN=3020;PW=123456; MN=A110000_0001;Flag=9;CP=&&PolId=w01018， InfoId=i12001&&
	数采仪	返回请求应答	QN=20101110010101001;ST=91;CN=9011;PW=123456; MN=A110000_0001;Flag=8;CP=&&QnRtn=1&&
	数采仪	发送“提取现场机信息”响应	QN=20160801085857223;ST=21;CN=3020;PW=123456; MN=A110000_0001;Flag=8;CP=&&DataTime=20100301145000; PolId=w01018，i12001-Info=1&&
	数采仪	返回执行结果	QN=20160801085857223;ST=91;CN=9012;PW=123456; MN=A110000_0001;Flag=8;CP=&&ExeRtn=1&&
使用字段	PolId		在线监控（监测）仪器仪表对应监测指标编码，w01018 编码表示 COD 在线监控（监测）仪器仪表
	InfoId		在线监控（监测）设备信息编码
	DataTime		数据时间，表示一个时间点，时间精确到秒；20160801085857 表示 2016 年 8 月 1 日 8 时 58 分 57 秒的参数

续表

类别	项目	示例 / 说明
使用字段	i12001-Info	在线监控（监测）仪器仪表 COD 的工作状态是维护状态，参见附录 B
	QnRtn	请求应答结果
	ExeRtn	请求执行结果
执行过程	1. 上位机发送“提取现场机信息”请求命令，等待数采仪回应； 2. 数采仪接收“提取现场机信息”请求命令，回应“请求应答”； 3. 上位机接收“请求应答”，根据请求应答标志 QnRtn 的值决定是否等待数采仪历史数据上报； 4. 数采仪执行“提取现场机信息”请求命令； 5. 数采仪循环上报请求时间段内所查询历史日志记录； 6. 上位机接收“提取现场机信息”命令并执行，等待数采仪执行结果； 7. 数采仪返回“执行结果”； 8. 上位机接收“执行结果”，根据执行结果标志 ExeRtn 的值判断请求是否完成，请求执行完毕	
说明	1. 日志可以使用中文，日志必须在一对“//”之间，使用 GB2312 编码； 2. 如果上报的信息中与“PolId”无关，应不出现“PolId”字样，以下“信息上报”类同； 3. 日志长度必须小于 890 个字节； 4. 支持多个仪表设备同时发送数据信息以分号分隔； 5. 当发送数采仪（系统）日志，PolId 定义为 w00000； 6. 数采仪状态编码：i22001	

表 B-29 上传仪表信息（参数）（3020）

类别	项目		示例 / 说明
使用命令	数采仪	上传现场机信息（参数）	QN=20160801085857223;ST=21;CN=3020;PW=123456; MN=A110000_0001;Flag=9;CP=&&DataTime=20160801085857; PolId=w01018，i13004-Info=168.0，i13005-Info=40&&
	上位机	返回数据应答	QN=20160801085857223;ST=91;CN=9014;PW=123456; MN=A110000_0001;Flag=8;CP=&&&&
使用字段	PolId		在线监控（监测）仪器仪表对应监测指标编码，w01018 编码表示 COD 在线监控（监测）仪器仪表
	DataTime		数据时间，表示一个时间点，时间精确到秒；20160801085857 表示 2016 年 8 月 1 日 8 时 58 分 57 秒的参数
	i13004-Info		在线监控（监测）仪器仪表 COD 的消解温度是 168℃，参见附录 A

续表

类别	项目	示例 / 说明
使用字段	i13005-Info	在线监控（监测）仪器仪表 COD 的消解时长是 40 min，参见附录 A
执行过程	1. 分析仪表有新的日志产生时发送“上传分析仪表信息”命令； 2. 上位机接收“上传现场机信息”命令并执行，根据标志 Flag 的值决定是否返回“数据应答”； 3. 如果“上传现场机信息”命令需要数据应答，数采仪接收“数据应答”，请求执行完毕	
说明	1. 日志可以使用中文，日志必须在一对“//”之间，使用 GB 2312 编码； 2. 如果上报的信息中与“PolId”无关，应不出现“PolId”字样，以下“信息上报”类同； 3. 日志长度必须小于 890 个字节； 4. 支持多个仪表设备同时发送数据信息以分号分隔； 5. 当发送数采仪（系统）日志，PolId 定义为 w00000	

表 B-30　提取仪表信息（参数）（3020）

类别	项目		示例 / 说明
使用命令	上位机	发送“提取现场机信息”请求	QN=20160801085857223;ST=21;CN=3020;PW=123456;MN=A110000_0001;Flag=9;CP=&&PolId=w01018，InfoId=i13004&&
	数采仪	返回请求应答	QN=20160801085857223;ST=91;CN=9011;PW=123456;MN=A110000_0001;Flag=8;CP=&&QnRtn=1&&
	数采仪	发送“提取现场机信息”响应	QN=20160801085857223;ST=21;CN=3020;PW=123456;MN=A110000_0001;Flag=8;CP=&&DataTime=20160801085857;PolId=w01018，i13004-Info=168.0&&
	数采仪	返回执行结果	QN=20160801085857223;ST=91;CN=9012;PW=123456;MN=A110000_0001;Flag=8;CP=&&ExeRtn=1&&
使用字段	PolId		在线监控（监测）仪器仪表对应监测指标编码，w01018 编码表示 COD 在线监控（监测）仪器仪表
	InfoId		在线监控（监测）设备信息编码
	DataTime		数据时间，表示一个时间点，时间精确到秒；20160801085857 表示 2016 年 8 月 1 日 8 时 58 分 57 秒的参数
	i13004-Info		在线监控（监测）仪器仪表 COD 的消解温度是 168 ℃，参见附录 A
	QnRtn		请求应答结果
	ExeRtn		请求执行结果

续表

<table>
<tr><th>类别</th><th>项目</th><th>示例 / 说明</th></tr>
<tr><td>执行过程</td><td colspan="2">1. 上位机发送“提取现场机信息”请求命令，等待数采仪回应；
2. 数采仪接收“提取现场机信息”请求命令，回应“请求应答”；
3. 上位机接收“请求应答”，根据请求应答标志 QnRtn 的值决定是否等待数采仪历史数据上报；
4. 数采仪执行“提取现场机信息”请求命令；
5. 数采仪循环上报请求时间段内所查询历史日志记录；
6. 上位机接收“提取现场机信息”命令并执行，等待数采仪执行结果；
7. 数采仪返回“执行结果”；
8. 上位机接收“执行结果”，根据执行结果标志 ExeRtn 的值判断请求是否完成，请求执行完毕</td></tr>
<tr><td>说明</td><td colspan="2">1. 日志可以使用中文，日志必须在一对“//”之间，使用 GB 2312 编码；
2. 如果上报的信息中与“PolId”无关，应不出现“PolId”字样，以下“信息上报”类同；
3. 日志长度必须小于 890 个字节；
4. 支持多个仪表设备同时发送数据信息以分号分隔；
5. 当发送数采仪（系统）日志，PolId 定义为 w00000</td></tr>
</table>

表 B-31　设置仪表信息（参数）（3021）

<table>
<tr><th>类别</th><th colspan="2">项目</th><th>示例 / 说明</th></tr>
<tr><td rowspan="3">使用命令</td><td>上位机</td><td>发送“设置现场机参数”请求</td><td>QN=20160801085857223;ST=21;CN=3021;PW=123456;MN=A110000_0001;Flag=9;CP=&&PolId=w01018，InfoId=i13004，i13004-Info=168.0&&</td></tr>
<tr><td>数采仪</td><td>返回请求应答</td><td>QN=20160801085857223;ST=91;CN=9011;PW=123456;MN=A110000_0001;Flag=8;CP=&&QnRtn=1&&</td></tr>
<tr><td>数采仪</td><td>返回执行结果</td><td>QN=20160801085857223;ST=91;CN=9012;PW=123456;MN=A110000_0001;Flag=8;CP=&&ExeRtn=1&&</td></tr>
<tr><td rowspan="5">使用字段</td><td colspan="2">PolId</td><td>在线监控（监测）仪器仪表对应监测指标编码，w01018 编码表示 COD 在线监控（监测）仪器仪表</td></tr>
<tr><td colspan="2">InfoId</td><td>在线监控（监测）设备信息编码</td></tr>
<tr><td colspan="2">i13004-Info</td><td>在线监控（监测）仪器仪表 COD 的消解温度是 168℃，参见附录 A</td></tr>
<tr><td colspan="2">QnRtn</td><td>请求应答结果</td></tr>
<tr><td colspan="2">ExeRtn</td><td>请求执行结果</td></tr>
</table>

续表

类别	项目	示例 / 说明
执行过程	1. 上位机发送“提取现场机信息”请求命令，等待数采仪回应； 2. 数采仪接收“提取现场机信息”请求命令，回应“请求应答”； 3. 上位机接收“请求应答”，根据请求应答标志 QnRtn 的值决定是否等待数采仪历史数据上报； 4. 数采仪执行“提取现场机信息”请求命令； 5. 数采仪循环上报请求时间段内所查询历史日志记录； 6. 上位机接收“提取现场机信息”命令并执行，等待数采仪执行结果； 7. 数采仪返回“执行结果”； 8. 上位机接收“执行结果”，根据执行结果标志 ExeRtn 的值判断请求是否完成，请求执行完毕	
说明	1. 设置现场机参数命令用于监控中心远程设置现场机的参数； 2. 支持多个仪表设备同时发送数据信息以分号分隔； 3. 当发送数采仪（系统）日志，PolId 定义为 w00000； 4. 必须在待机状态下远程才可以执行该反控命令	

表 B-32　提取现场系统信息（3040）

类别	项目		示例 / 说明
使用命令	上位机	发送“取现场系统信息”请求	QN=20040516010101001;ST=21;CN=3040;PW=123456; MN=A110000_0001;Flag=9;CP=&&&&
	数采仪	返回请求应答	ST=91;CN=9011;PW=123456;MN=A110000_0001; Flag=8;CP=&&QN=20040516010101001;QnRtn=1&&
	数采仪	发送“取现场系统信息”响应	QN=20040516010101001;ST=21;CN=3040;PWD=123456; MN=A110000_0001;Flag=8;CP=&&RunMode=1; PumpState=3;SystemTask=0;ValveCount=2; ValveStateList=0|0;SandTime=1800;SandCleanTime=10; SandWaitTime=10;MeasureWaitTime=10;CleanOutPipe Time=10;CleanInPipeTime=10;RtdInterval=1;RunInterval=2; SystemAlarm=01|02|03;SystemTime=20130730150254&&
	数采仪	返回执行结果	QN=20040516010101001;ST=91;CN=9012; PW=123456;MN=A110000_0001;Flag=8; CP=&&ExeRtn=1&&
使用字段	QN		请求编号
	RunMode		系统运行模式：0—维护模式；1—常规（间歇）模式； 2—应急（连续）模式；3—质控模式

续表

类别	项目	示例 / 说明
使用字段	PumpState	系统采水泵状态：1—只用泵一；2—只用泵二；3—双泵交替
	SystemTask	系统当前任务：0—停机；1—待机；2—调试（手动）；3—水样采集；4—沉砂；5—进样；6—仪表测试分析；7—反吹；8—清洗；9—除藻
	ValveCount	系统控制阀数量
	ValveStateList	系统控制阀状态列表：ValveStateList=0|1（依次标注每个控制阀的状态，0 表示关，1 表示开）
	SandTime	沉砂时间 /s
	SandCleanTime	沉砂池清洗时间 /s
	SandWaitTime	水样静置时间 /s
	MeasureWaitTime	等待仪表测量时间 /s
	CleanOutPipeTime	清洗外管路时间 /s
	CleanInPipeTime	清洗内管路时间 /s
	AirCleanTime	反吹时间 /s
	AirCleanInterval	反吹间隔 /s
	WcleanTime	清洗时间 /s
	WcleanInterval	清洗间隔 /s
	AlgClean	除藻选择（为 0 时不开除藻，为 1 时开除藻）
	RtdInterval	实时数据传输周期 /min
	RunInterval	系统运行周期 /h
	SystemAlarm	00 为无报警； 01 为断电报警； 02 为采样管路欠压（源水泵故障）； 03 为进样管路欠压（进样泵 / 增加泵故障）
	SystemTime	系统当前时间
	QnRtn	请求返回结果
执行过程		

表 B-33　提取现场经纬度及环境信息（3041）

类别	项目		示例 / 说明
使用命令	上位机	发送“提取现场经纬度及环境信息”请求	QN=20040516010101001;ST=21;CN=3041;PW=123456;MN=A110000_0001;Flag=9;CP=&&&&
	数采仪	请求应答	ST=91;CN=9011;PW=123456;MN=A110000_0001;Flag=8;CP=&&QN=20040516010101001;QnRtn=1&&
	数采仪	上传提取现场经纬度及环境信息	QN=20040516010101001;ST=21;CN=3041;PWD=123456;MN=A110000_0001;Flag=8;CP=&&DataTime=20150310000907;Lng=118.23456789;Lat=23.12345678;Temp=25.34;Hum=85;Volt=12.7&&
	数采仪	返回执行结果	QN=20040516010101001;ST=91;CN=9012;PW=123456;MN=A110000_0001;Flag=8;CP=&&ExeRtn=1&&
使用字段	QN		请求编号
	DataTime		数据日期时间
	Lng		经度
	Lat		纬度
	Volt		电压 /V
	Temp		温度 /℃
	Hum		湿度 /%
	QnRtn		请求返回结果
执行过程			

表 B-34　远程切换运行模式（3042）

类别	项目		示例 / 说明
使用命令	上位机	运行模式	QN=20101108134245102;ST=21;CN=3042;PW=123456;MN=A110000_0001;Flag=9;CP=&&RunMode=2&&
	数采仪	返回请求应答	QN=20101108134245102;ST=91;CN=9011;PW=123456;MN=A110000_0001;Flag=8;CP=&&QnRtn=1&&
	数采仪	返回执行结果	QN=20101108134245102;ST=91;CN=9012;PW=123456;MN=A110000_0001;Flag=8;CP=&&ExeRtn=1&&
使用字段	QN		请求编号
	QnRtn		请求返回结果
	RunMode		请求编号：0—维护模式；1—常规（间歇）模式；2—应急（连续）模式；3—质控模式
	ExeRtn		请求执行结果

续表

类别	项目	示例 / 说明
执行过程		
说明	应急模式：即当发生污染事故或其他重要事件需要中断当前系统正常测试流程，通过此命令实现立即中断当前流程即可采水样测试	

表 B-35　远程重启现场数采仪（3043）

类别	项目		示例 / 说明
使用命令	上位机	重启数采仪	QN=20101108134245102;ST=21;CN=3043;PW=123456;MN=A110000_0001;Flag=9;CP=&&&&
	数采仪	返回请求应答	QN=20101108134245102;ST=91;CN=9011;PW=123456;MN=A110000_0001;Flag=8;CP=&&QnRtn=1&&
	数采仪	返回执行结果	QN=20101108134245102;ST=91;CN=9012;PW=123456;MN=A110000_0001;Flag=8;CP=&&ExeRtn=1&&
使用字段	QN		请求编号
	QnRtn		请求返回结果
	ExeRtn		请求执行结果
执行过程			
说明	请在工控机重启之前发送“返回操作执行结果”，系统默认执行成功		

表 B-36　远程启动系统单次测试（3044）

类别	项目		示例 / 说明
使用命令	上位机	单次测量	QN=20101108135153914;ST=21;CN=3044;PW=1234560;MN=A110000_0001;Flag=9;CP=&&&&
	数采仪	返回请求应答	QN=20101108135153914;ST=91;CN=9011;PW=123456;MN=A110000_0001;Flag=8;CP=&&QnRtn=1&&
	数采仪	返回执行结果	QN=20101108134245102;ST=91;CN=9012;PW=123456;MN=A110000_0001;Flag=8;CP=&&ExeRtn=1&&
使用字段	QN		请求编号
	QnRtn		请求返回结果
	ExeRtn		请求执行结果
执行过程			
说明	必须在待机状态下远程才可以执行该反控命令		

表 B-37　启动单台仪表标液核查（3080）

类别	项目		示例 / 说明
使用命令	上位机	启动单表标液核查	QN=20101108135153914;ST=21;CN=3080;PW=123456; MN=A110000_0001;Flag=9;CP=&&PolId=w01018&&
	数采仪	返回请求应答	QN=20101108135153914;ST=91;CN=9011;PW=123456; MN=A110000_0001;Flag=8;CP=&&QnRtn=1&&
	数采仪	返回执行结果	QN=20101108135153914;ST=91;CN=9012;PW=123456; MN=A110000_0001;Flag=8;CP=&&ExeRtn=1&&
使用字段	QN		请求编号
	QnRtn		请求返回结果
	PolId		在线监控（监测）仪器仪表对应监测指标编码
	ExeRtn		请求执行结果
执行过程			
说明	必须在待机状态下远程才可以执行该反控命令		

表 B-38　启动单台仪表加标回收（3081）

类别	项目		示例 / 说明
使用命令	上位机	启动单表加标回收	QN=20101108135153914;ST=21;CN=3081;PW=123456; MN=A110000_0001;Flag=9;CP=&&PolId=w01018;Volume=0.2&&
	数采仪	返回请求应答	QN=20101108135153914;ST=91;CN=9011;PW=123456; MN=A110000_0001;Flag=8;CP=&&QnRtn=1&&
	数采仪	返回执行结果	QN=20101108135153914;ST=91;CN=9012;PW=123456; MN=A110000_0001;Flag=8;CP=&&ExeRtn=1&&
使用字段	QN		请求编号
	QnRtn		请求返回结果
	PolId		在线监控（监测）仪器仪表对应监测指标编码
	Volume		加标体积，单位 ml；如 Volume=0，则为动态加标
	ExeRtn		请求执行结果
执行过程			
说明	必须在待机状态下远程才可以执行该反控命令		

表 B-39 启动单台仪表平行样测试（3082）

类别	项目		示例 / 说明
使用命令	上位机	启动单表平行样测试	QN=20101108135153914;ST=21;CN=3082;PW=123456; MN=A110000_0001;Flag=9;CP=&&PolId=w01018&&
	数采仪	返回请求应答	QN=20040516010101001;ST=91;CN=9011;PW=123456; MN=A110000_0001;Flag=8;CP=&&QnRtn=1&&
	数采仪	返回执行结果	QN=20040516010101001;ST=91;CN=9012;PW=123456; MN=A110000_0001;Flag=8;CP=&&ExeRtn=1&&
使用字段	QN		请求编号
	QnRtn		请求返回结果
	PolId		在线监控（监测）仪器仪表对应监测指标编码
	ExeRtn		请求执行结果
执行过程			
说明	必须在待机状态下远程才可以执行该反控命令		

表 B-40 启动单台仪表零点核查（3083）

类别	项目		示例 / 说明
使用命令	上位机	启动单台仪表零点核查	QN=20101108135153914;ST=21;CN=3083;PW=123456; MN=A110000_0001;Flag=9;CP=&&PolId=w01018&&
	数采仪	返回请求应答	QN=20101108135153914;ST=91;CN=9011;PW=123456; MN=A110000_0001;Flag=8;CP=&&QnRtn=1&&
	数采仪	返回执行结果	QN=20101108135153914;ST=91;CN=9012;PW=123456; MN=A110000_0001;Flag=8;CP=&&ExeRtn=1&&
使用字段	QN		请求编号
	QnRtn		请求返回结果
	PolId		在线监控（监测）仪器仪表对应监测指标编码
	ExeRtn		请求执行结果
执行过程			
说明	必须在待机状态下远程才可以执行该反控命令		

表 B-41　启动单台仪表跨度核查（3084）

类别	项目		示例 / 说明
使用命令	上位机	启动单台仪表跨度核查	QN=20101108135153914;ST=21;CN=3084;PW=123456;MN=A110000_0001;Flag=9;CP=&&PolId=w01018&&
	数采仪	返回请求应答	QN=20101108135153914;ST=91;CN=9011;PW=123456;MN=A110000_0001;Flag=8;CP=&&QnRtn=1&&
	数采仪	返回执行结果	QN=20101108135153914;ST=91;CN=9012;PW=123456;MN=A110000_0001;Flag=8;CP=&&ExeRtn=1&&
使用字段	QN		请求编号
	QnRtn		请求返回结果
	PolId		在线监控（监测）仪器仪表对应监测指标编码
	ExeRtn		请求执行结果
执行过程			
说明	必须在待机状态下远程才可以执行该反控命令		

表 B-42　启动单台仪表空白校准（3085）

类别	项目		示例 / 说明
使用命令	上位机	启动单台仪表执行空白校准	QN=20101108135153914;ST=21;CN=3085;PW=123456;MN=A110000_0001;Flag=9;CP=&&PolId=w01018&&
	数采仪	返回请求应答	QN=20101108135153914;ST=91;CN=9011;PW=123456;MN=A110000_0001;Flag=8;CP=&&QnRtn=1&&
	数采仪	返回执行结果	QN=20101108135153914;ST=91;CN=9012;PW=123456;MN=A110000_0001;Flag=8;CP=&&ExeRtn=1&&
使用字段	QN		请求编号
	QnRtn		请求返回结果
	PolId		在线监控（监测）仪器仪表对应监测指标编码
	ExeRtn		请求执行结果
执行过程			
说明	必须在待机状态下远程才可以执行该反控命令		

表 B-43　启动单台仪表标样校准（3086）

类别	项目		示例 / 说明
使用命令	上位机	启动单台仪表执行标样校准	QN=20101108135153914;ST=21;CN=3086;PW=123456; MN=A110000_0001;Flag=9;CP=&&PolId=w01018&&
	数采仪	返回请求应答	QN=20101108135153914;ST=91;CN=9011;PW=123456; MN=A110000_0001;Flag=8;CP=&&QnRtn=1&&
	数采仪	返回执行结果	QN=20101108135153914;ST=91;CN=9012;PW=123456; MN=A110000_0001;Flag=8;CP=&&ExeRtn=1&&
使用字段	QN		请求编号
	QnRtn		请求返回结果
	PolId		在线监控（监测）仪器仪表对应监测指标编码
	ExeRtn		请求执行结果
执行过程			
说明	必须在待机状态下远程才可以执行该反控命令		